全国地层多重划分对比研究

（11）

# 北京市岩石地层

U0826617


**主　编：**鲍亦冈

**副主编：**刘振锋

**编著者：**鲍亦冈　刘振锋　王世发
崔　彬　葛世炜　刘　澄
陈海荣



中国地质大学出版社

## 内容简介

本书以《国际地层指南》和《中国地层指南及中国地层指南说明书》为指导，对北京新生代以前的地层资料进行了全面的清理核查，最终清理确定北京太古宙到白垩纪的岩石地层单位36个，其中14个单位的创名地在北京。对各地层单位均仔细而严密地考证、订正了其命名由来、划分变化沿革；厘定其含义、层型；总结其地质特征、区域展布和变化；列出岩石地层序列表，依据生物化石和同位素年龄资料确定其地质时代归属。为地层研究的科学化奠定了良好的基础。本书还把北京太古宙到白垩纪的地层系统合理地划分为5个大的自然断代，探讨了各大断代的区域构造发展背景，全面总结了各岩石地层单位的基本层序特点，进而对各大断代的岩石地层格架作了探讨，初步揭示各岩石地层单位的时空展布和演化规律，具有一定的理论深度。

**图书在版编目(CIP)数据**

北京市岩石地层/鲍亦冈主编．—武汉：中国地质大学出版社，1996.7(2020.12重印)
(全国地层多重划分对比研究；11)
ISBN 978-7-5625-1047-5

Ⅰ．北…
Ⅱ．鲍…
Ⅲ．地层学—北京市
Ⅳ．P535.21

中国版本图书馆 CIP 数据核字(2008)第 062479 号

**北京市岩石地层** 鲍亦冈　主　编

责任编辑：张晓红　　责任校对：吴琍华

出版发行：中国地质大学出版社(武汉市洪山区鲁磨路388号)　　邮编：430074
电话：(027)67883511　　传真：67883580　　E-mail：cbb @ cug.edu.cn
经　　销：全国新华书店　　http：//www.cugp.cn

开本：787毫米×1092毫米　1/16　　字数：250千字　印张：9.75
版次：1996年7月第1版　　印次：2020年12月第3次印刷
印刷：荆州市鸿盛印务有限公司　　印数：801—1300册

ISBN 978-7-5625-1047-5　　定价：29.50元

# 序

100多年来，地层学始终是地质学的重要基础学科的支柱，甚至还可以说是基础中的基础，它为近代地质学的建立和发展发挥了十分重要的作用。随着板块构造学说的提出和发展，地质科学正经历着一场深刻的变革，古老的地层学和其他分支学科一样还面临着满足社会不断进步与发展的物质需要和解决人类的重大环境问题等双重任务的挑战。为了迎接这一挑战，依靠现代科技进步及各学科之间相互渗透，地层学的研究范围将不断扩大，研究途径更为宽广，研究方法日趋多样化，并萌发出许多新的思路和学术思想，产生出许多分支学科，如生态地层学、磁性地层学、地震地层学、化学地层学、定量地层学、事件地层学、气候地层学、构造地层学和月球地层学等等，它们的综合又导致了"综合地层学"和"全球地层学"概念的提出。所有这一切，标志着地层学研究向高度综合化方向发展。

我国的地层学和与其密切相关的古生物学早在本世纪前期的创立阶段，就涌现出一批杰出的地层古生物学家和先驱，他们的研究成果奠定了我国地层学的基础。但是大规模的进展，还是从1949年以后，尤其是随着全国中小比例尺区域地质调查的有计划开展，以及若干重大科学计划的执行而发展起来的。正像我国著名的地质学家尹赞勋先生在第一届全国地层会议上所讲："区域地质调查成果的最大受益者就是地层古生物学。"1959年召开的中国第一届全国地层会议，总结了建国十年来所获的新资料，制定了中国第一份地层规范（草案），标志着我国地层学和地层工作进入了一个新的阶段。过了20年，地层学在国内的发展经历了几乎十年停滞以后，于1979年召开了中国第二届全国地层会议，会议在某种程度上吸收学习了国际地层学研究的新成果，还讨论制定了《中国地层指南及中国地层指南说明书》，为推动地层学在中国的发展，缩小同国际地层学研究水平的差距奠定了良好基础。这次会议以后所进行的一系列工作，包括应用地层单位的多重性概念所进行的地层划分对比研究、区域地层格架及地层模型的研究，现代地层学与沉积学相结合所进行的盆地分析以及1：5万区域地质填图方法的改进与完善等，都成为我国地层学进一步发展的强大推动力。为此，地质矿产部组织了一项"全国地层多重划分对比研究（清理）"的系统工程，在30个省、直辖市、自治区（含台湾省，不含上海市）范围内，自下而上由省（市、区）、大区和全国设立三个层次的课题，在现代地层学和沉积学理论指导下，对以往所建立的地层单位进行研究（清理），追溯地层单位创名的沿革，重新厘定单位含义、层型类型与特征、区域延伸与对比，消除同物异名，查清同名异物，在大范围内建立若干断代岩石地层单位的时空格架、编制符合现代地层学含义的新一代区域地层序列表，并与地层多重划分对比研究工作同步开展了省（市、区）和全国两级地层数据库的研建，对巩固地层多重划分对比研究（清理）成果，为地层学的科学化、系统化和现代化发展打下了良好基础。这项研究工作在部、省（市、区）各级领导的支持关怀下，全体研究人员经过5年的艰苦努力已圆满地完成了任务，高兴地看到许多成果已陆续要出版了。这项工作涉及的范围之广、参加的单位及人员之多、文件的时间跨度之长，以及现代科学理论与计算机技术的应用等各方面，都可以说是在我国地层学工作不断发展中具有里程碑意义的。这项研究中不同层次成果的出版问世，不仅对区域地质调查、地质图件的编测、区域矿产普查与勘查、地质科研和教学等方面都具有现实的指导作用和实用价值，而且对我国地层学的发展和科学化、系统化将起到积极的促进作用。

首次组织实施这样一项规模空前的全国性的研究工作，尽管全体参与人员付出了极大的辛勤劳动，全国项目办和各大区办进行了大量卓有成效和细致的组织协调工作，取得了巨大的成绩，但由于种种原因，难免会有疏漏甚至失误之处。即使这样，该系列研究是认识地层学真理长河中的一个相对真理的阶段，其成果仍不失其宝贵的科学意义和巨大的实用价值。我相信经过广大地质工作者的使用与检验，在修订再版时，其内容将会更加完美。在此祝贺这一系列地层研究成果的公开出版，它必将发挥出巨大社会经济效益，为地质科学的发展做出新的贡献。

程裕淇

# 前　言

地层学在地质科学中是一门奠基性的基础学科，是基础地质的基础。自从19世纪初由W史密斯奠定的基本原理和方法以来的一个半世纪中，地层学是地质科学中最活跃的一个分支学科，对现代地质学的建立和发展产生了深刻的影响，作出了不可磨灭的贡献，特别是在20世纪60年代由于板块构造学说兴起引发的一场“地学革命”，其表现更为显著。随着板块构造学的确立，沉积学和古生态学的发展，地球历史和生物演化中的灾变论思想的复兴和地质事件概念的建立，使地层学的分支学科，如时间地层学、生态地层学、地震地层学、同位素地层学、气候地层学、磁性地层学、定量地层学和构造地层学等像雨后春笋般地蓬勃发展，这种情况必然对地层学、生物地层和沉积地层等的传统理论认识和方法提出了严峻的挑战。经过20年的论战，充分体现当代国际地质科学先进思想的《国际地层指南》（英文版）于1976年见诸于世，之后在不到20年的时间里又于1979、1987、1993年连续三次进行了修改补充，陆续补充了《磁性地层极性单位》、《不整合界限地层单位》，以及把岩浆岩与变质岩等作为广义地层学范畴纳入地层指南而又补充编写了《火成岩和变质岩岩体的地层划分与命名》等内容。

国际地层学上述重大变革，对我国地学界产生了强烈冲击，十年动乱形成的政治禁锢被打开，迎来了科学的春天，先进的科学思潮像潮水般涌来，于是在1980年第二届全国地层工作会议上通过并公开出版了《中国地层指南及中国地层指南说明书》，阐述了地层多重划分概念。于1983年按地层多重划分概念和岩石地层单位填图在安徽区调队进行了首次试点。1985年《贵州省区域地质志》中地层部分吸取了地层多重划分概念进行撰写。1986年地质矿产部设立了“七五”重点科技攻关项目——“1∶5万区调中填图方法研究项目”，把以岩石地层单位填图，多重地层划分对比，识别基本地层层序等现代地层学和现代沉积学相结合的内容列为沉积岩区区调填图方法研究课题，从此拉开了新一轮1∶5万区调填图的序幕，由试点的贵州、安徽和陕西三省逐步推向全国。

1∶5万区调填图方法研究试点中遇到的最大问题是如何按照现代地层学的理论和方法来对待与处理按传统理论和方法所建立的地层单位？如果维持长期沿用的按传统理论建立的地层单位，虽然很省事，但是又如何体现现代地层学和现代沉积学相结合的理论与方法呢？这样就谈不上紧跟世界潮流，迎接这一场由板块构造学说兴起所带来的“地学革命”。如果要坚持这一技术领域的革命性变革，就要下决心花费很大力气克服人力、财力和技术性等方面的重重困难，对长期沿用的不规范化的地层单位进行彻底的清理。经过反复研究比较，我们认识到科学技术的变革也和社会经济改革的潮流一样是不可逆转的，只有坚持改革才能前进，不进则退，否则就将被历史所淘汰，别无选择。在这一关键时刻，地质矿产部和原地矿部直管局领导作出了正确决策，从1991年开始，从地勘经费中设立一项重大基础地质研究项目——全国地层多重划分对比研究项目，简称全国地层清理项目，开始了一场地层学改革的系统工程，在全国范围内由下而上地按照现代地层学的理论和方法对原有的地层单位重新明确其定义、划分对比标准、延伸范围及各类地层单位的相互关系，与此同时研建全国地层数据库，巩固地层清理成果，推动我国地层学研究和地层单位管理的规范化和现代化，指导当前和今后一个时期1：5万、1：25万等区调填图等，提高我国地层学研究水平。1991年地质矿产部原直管局将地层清理作为部指令性任务以地直发(1991)005号文和1992年以地直发(1992)014号文下发了《地矿部全国地层多重划分对比（清理）研究项目第一次工作会议纪要》，明确了各省（市、自治区）地质矿产局（厅）清理研究任务，并于1993年2月补办了专项地勘科技项目合同（编号直科专92-1），并明确这一任务分别设立部、大区和省（市、自治区）三级领导小组，实行三级管理。

部级成立全国项目领导小组

| | | |
|---|---|---|
| 组长 | 李廷栋 | 地质矿产部副总工程师 |
| 副组长 | 叶天竺 | 地质矿产部原直管局副局长 |
| | 赵 逊 | 中国地质科学院副院长 |

成立全国地层清理项目办公室，受领导小组委托对全国地层清理工作进行技术业务指导和协调以及经常性业务组织管理工作，并设立在中国地质科学院区域地质调查处（简称区调处）。

| | | |
|---|---|---|
| 项目办公室主任 | 陈克强 | 区调处处长，教授级高级工程师 |
| 副主任 | 高振家 | 区调处总工，教授级高级工程师 |
| | 简人初 | 区调处高级工程师 |
| 专家 | 张守信 | 中国科学院地质研究所研究员 |
| | 魏家庸 | 贵州省地质矿产局区调院教授级高级工程师 |
| 成员 | 姜 义 | 区调处工程师 |
| | 李 忠 | 会计师 |
| | 周统顺 | 中国地质科学院地质研究所研究员 |

大区一级成立大区领导小组，由大区内各省（市、自治区）局级领导成员和地科院沈阳、天津、西安、宜昌、成都、南京六个地质矿产研究所各推荐一名专家组成。领导小组对本大区地层清理工作进行组织、指导、协调、仲裁并承担研究的职责。下设大区办公室，负责大区地层清理的技术业务指导和经常性业务技术管理工作。在全国项目办直接领导下，成立全国地层数据库研建小组，由福建区调队和部区调处承担，负责全国和省（市、自治区）二级地层数据库软件开发研制。

各省（市、自治区）成立省级领导小组，以省（市、自治区）局总工或副总工为组长，有区调主管及有关处室负责人组成，在专业区调队（所、院）等单位成立地层清理小组，具体负责地层清理工作，同时成立省级地层数据库录入小组，按照全国地层数据库研建小组研制的软件及时将本省清理的成果进行数据录入，并检验软件运行情况，及时反馈意见，不断改进和优化软件。在全国地层清理的三个级次的项目中，省级项目是基础，因此要求各省（市、自治区）地层清理工作必须实行室内清理与野外核查相结合，清理工作与区调填图相结合，清理与研究相结合，地层清理与地层数据库建立相结合，“生产”单位与科研教学单位相结合，并强调地层清理人员要用现代地层学和现代沉积学的理论武装起来，彻底打破传统观点，统一标准内容，严格要求，高标准地完成这一历史使命。实践的结果，凡是按上述五个相结合去做的效果都比较好，不仅出了好成果，而且通过地层清理培养锻炼了一支科学技术队伍，从总体上把我国区调水平提高到一个新台阶。

三年多以来，参加全国地层清理工作的人员总数达400多人，总计查阅文献约24 000份，野外核查剖面约16 472.6 km，新测剖面70余条约300 km，清理原有地层单位有12 880个，通过清查保留的地层单位约4721个（还有省与省之间重复的），占总数36.6%，建议停止使用或废弃的单位有8159个（为同物异名或非岩石地层单位等），占总数63.4%，清查中通过实测剖面新建地层单位134个。与此同时研制了地层单位的查询、检索、命名和研究对比功能的数据库，通过各省（市、自治区）数据录入小组将12 880个地层单位（每个单位5张数据卡片）和10 000多条各类层型剖面全部录入，首次建立起全国30个（不含上海市）省（市、自治区）基础地层数据库，为全国地层数据库全面建成奠定了坚实的基础。从1994年7月—11月，分七个片对30个省（市、自治区）地层清理成果报告及数据库的数据录入进行了评审验收，到1994年底可以说基本上完成了省一级地层清理任务。1995—1996年将全面完成大区和总项目的清理研究任务。由此可见，这次全国地层清理工作无论是参加人数之多，涉及面之广，新方法新技术的应用以及理论指导的高度和研究的深度都可以堪称中国地层学研究的第三个里程碑。这一系统工程所完成的成果，不仅是这次直接参加清理的400多人的成果，而且亦应该归功于全国地层工作者、区域地质调查者、地层学科研与教学人员以及为地层工作做过贡献的普查勘探人员。全国地层清理成果的公开出版，必将对提高我国地层学研究水平，统一岩石地层划分和命名指导区调填图，加强地层单位的管理以及地质勘察和科研教学等方面发挥重要的作用。

鉴于本次地层清理工作和地层数据库的研建是过去从未进行过的一项研究性很强的系统工程，涉及的范围很广，时间跨度长达100多年，参加该项工作的人员多达300～400人，由于时间短，经费有限，人员水平不一，文献资料掌握程度等种种主客观原因，尽管所有人员都尽了最大努力，但是在本书中少数地层单位的名称、出处、命名人和命名时间等不可避免地存在一些问题。本书中地层单位名称出现的“岩群”、“岩组”等名词，是根据1990年公开出版的程裕淇主编的《中国地质图（1：500万）及说明书》所阐述的定义。为了考虑不同观点的读者使用，本书对有“岩群”、“岩组”的地层单位，均暂以（岩）群、（岩）组处理。如鞍山（岩）群、迁西（岩）群。总之，本书中存在的错漏及不足之处，衷心地欢迎广大读者提出宝贵意见，以便今后不断改正和补充。

在30个省（市、自治区）地层清理系统成果即将公开出版之际，我代表全国地层清理项目办公室向参加30个省（市、自治区）地层清理、数据库研建和数据录入的同志所付出的辛勤劳动表示衷心的感谢和亲切的慰问。在全国地层清理项目立项过程中，原直管局王新华、黄崇轲副局长给予了大力支持，原直管局局长兼财务司司长现地矿部副部长陈洲其在项目论证会上作了立项论证报告，在人、财、物方面给予过很大支持；全国地层委员会副主任程裕淇院士一直对地层清理工作给予极大的关心和支持，并在立项论证会上作了重要讲话；中国地质大学教授、全国地层委员会地层分类命名小组组长王鸿祯院士是本项目的顾问，在地层清理的指导思想、方法步骤及许多重大技术问题上给予了具体的指导和帮助；中国地质大学教授杨遵仪院士对这项工作热情关心并给以指导；中国地质科学院院长、部总工程师陈毓川研究员参加了第三次全国地层清理工作会议并作了重要指示与鼓励性讲话；部科技司姜作勤高工，计算中心邬宽廉、陈传霖，信息院赵精满，地科院刘心铸等专家对地层数据库设计进行评审，为研建地层数据库提出许多有意义的建议。中国科学院地质研究所，南京古生物研究所，中国地质科学院地质研究所，天津、沈阳、南京、宜昌、成都和西安地质矿产研究所，南京大学，西北大学，中国地质大学，长春地质学院，西安地质学院等单位的知名专家、教授和学者，各省（市、自治区）地矿局领导、总工程师、区调主管、质量检查员和区调队、地研所、综合大队等单位的区域地质学家共600余人次参加了各省（市、自治区）地层清理研究成果和六个大区区域地层成果报告的评审和鉴定验收，给予了友善的帮助；各省（市、自治区）地矿局（厅）、区调队（所、院）等各级领导给予地层清理工作在人、财、物方面的大力支持。可以肯定，没有以上各有关单位和部门的领导和众多的专家教授对地层清理工作多方面的关心和支持，这项工作是难以完成的。在30个省（市、自治区）地层清理成果评审过程中一直到成果出版之前，中国地质大学出版社，特别是以褚松和副社长和刘粤湘编辑为组长的全国地层多重划分对比研究报告编辑出版组为本套书编辑出版付出了极大的辛苦劳动，使这一套系统成果能够如此快地、规范化地出版了！在全国项目办设在区调处的几年中，除了参加项目办的成员外，区调处的陈兆棉、其和日格、田玉莹、魏书章、刘凤仁多次承担地层清理会议的会务工作，赵洪伟和于庆文同志除了承担会议事务还为会议打印文稿，于庆文同志还协助绘制地层区划图及文稿复印等工作。

在此，向上面提到的单位和所有同志一并表示我们最诚挚的谢意，并希望继续得到他们的关心和支持。

全国地层清理项目办公室（陈克强执笔）

# 目　　录

# 第一章
# 绪　论

## 一、目的与任务

地质矿产部于1990年11月在贵阳市召开“全国地层多重划分对比研究讨论会”，会议认为：“根据国内外研究现状，结合区调工作和基础地质研究的需要，地质矿产部不失时机地在‘八五’期间开展全国地层多重划分对比研究并建立地层数据库，势在必行，意义重大。”“地层学是地质学领域中的基础学科，在一定时期及时按新理论、新观点和新方法清理研究已有的地层资料，这对地质找矿、区调填图和地质科学研究、教学等的进一步发展具有非常重要的意义。……过去我国地层工作的重点偏重于生物地层和确定其地质时代的归属，而对地层的各种各样特征、属性及其复杂的相互关系，特别是物质组成、物理特征、岩石地层单位的科学划分与准确的时-空存在状态等方面研究不够。由于新化石的发现，年代解释的变化，或不同单位不同人的解释差别，地层的划分命名一直在不停地变动，长期争论不休。不同图幅或不同年份的地质图对同名地层单位的划分可能相差很大，甚至根本不同；或对同一地层单位给予不同的命名，这些严重影响了对客观地质体的全面认识和深入研究。因此及时开展全国性的地层清理研究工作，根据地层多重划分观点和有关的新成果、新认识，重新明确现有地层单位的划分、定义、延伸范围、对比标准，及各类地层单位的相互关系，使大家在地层单位的划分、命名、理解和应用上有共同的语言。同时通过地层数据库的建立，促进地层研究和地层单位划分与管理的规范化、现代化都具有十分重要的意义。”会后“全国地层多重划分对比研究”被列为地质矿产部的重点项目，由直管局组织实施。1992年3月在北京召开全国地层多重划分对比研究项目第一次工作会议，审定了项目总体设计，研究了各省（自治区、直辖市）和大区地层清理研究任务，讨论了全国地层数据库研建工作，统一了认识，明确了任务要求，落实了组织，会后地层清理研究工作全面开展。

“北京市地层多重划分对比研究”是上述全国地层多重划分对比研究总项目中的一个子课题，由北京市地质矿产局于1992年1月15日以京地地（1992）第001号文向北京市地质调查所下达具体任务，要求依照《地质矿产部全国地层多重划分对比研究讨论会纪要》所列的研究内容和方法步骤搞好北京市各断代的清理研究工作，并建立北京市地层数据库。

## 二、地层清理对比研究工作遵循的原则及有关规定

地层多重划分对比研究是一项科学性强、涉及面广、工作量极大的基础地质研究系统工

程，它的成果在一定程度上反映了该地区基础地质研究的整体水平。在清理研究过程中严格遵循《中国地层指南及中国地层指南说明书》和《国际地层指南》所规定的原则、原理与程序；认真贯彻《全国地层多重划分对比（清理）研究项目总体设计》以及3次全国地层清理研究工作会议的精神与会议的各项规定；参照了地质矿产部近年来印发的沉积岩、变质岩、火山岩、花岗岩类填图方法指南；并注意吸取和运用现代地层学、沉积地质学、古生物学、年代地层学、层序地层学、变质地质学，以及构造地质学等多学科的新理论与新方法来分析研究客观地层实体。在华北大区地层清理研究办公室的统一协调和指导下开展并完成本项研究工作。

## 三、北京市地层发育特征和地层区划

北京市（包括郊区各县）总面积16 807.8 km²，山区占62%，约10 000 km²，平原区占38%，约6 800 km²。区内地层从太古宇至新生界第四系除了缺失下元古界、上元古界震旦系以及古生界的志留系与泥盆系以外基本上都很齐全。

太古宙片麻杂岩主要分布在北京市东北部，据近年来的区域地质调查研究，认为大部分为变质程度高，原生结构、构造已基本消失的古老变质侵入体，虽也存在原岩为沉积岩或火山堆积岩系的变质岩，但经区域变质与变形作用改造，层理均被构造置换为次生面理，形成各种不同规模复杂的同斜褶皱，并为多期韧性剪切滑脱或逆冲推覆等构造所改造，地层层序严重破坏，且多为小面积分散孤立产出在古老变质侵入体中，因此不能作进一步的变质岩石地层等级系列划分，统称为密云（岩）群。

中—上元古界分布广泛、发育齐全、厚度巨大，占北京山区面积的1/3左右。为一套滨海—浅海相富镁碳酸盐岩、碎屑岩和粘土岩，夹少量碱性玄武岩系列火山岩。中元古代长城纪和蓟县纪时，沉积中心位于天津市蓟县至河北省兴隆一带；到晚元古代青白口纪，海盆向西迁移，沉积中心转移至京西青白口到河北怀来一带，因此青白口系在北京发育极好，成为下马岭组和龙山组的创名及层型所在地。

寒武系—奥陶系属稳定地台型沉积，发育陆表浅海碳酸盐岩及少量泥砂质岩，地层总厚1 300 m左右。沉积稳定，横向变化小，是三叶虫、头足类、腕足类、腹足类、海绵等无脊椎动物十分昌盛的时代。其最底部的昌平组创名于北京，为华北陆台北部早寒武世沧浪铺晚期至龙王庙中期海水入侵本区时所形成的一个碳酸盐岩地层单位，层型典型，特征清楚。其他地层单位名称则分别引自山东和河北唐山。

上石炭统—中三叠统亦为地台型沉积，但其面貌与下古生界寒武系—奥陶系有明显的差异。该断代地层主要分布于京西门头沟区和房山区，向东延续被掩埋在平原地区新生代沉积物之下；北京北山地区则没有见及。当时的沉积环境为由滨海平原向内陆河湖盆地发展，因此其下部为滨海—内陆含煤碎屑岩建造，是重要的含煤地层；上部则为内陆河湖相红色及杂色碎屑岩建造，地层总厚700余米，含丰富的具有东方色彩的华夏植物群化石。下部海陆交互相沉积的海相沉积夹层中则富产䗴类、腕足类、双壳类等海相生物化石。本断代各岩石地层单位的划分原则和标志以及地层单位名称的使用均引自山西，仅最上部的地层，虽与区域地层对比有一定的共性，但显示出较强的地区性特征，因此采用北京地区性的地层名称，如双泉组。

上三叠统—白垩系为产于陆相火山—沉积盆地内的一套复杂多变的火山沉积岩系。在北京地区分布也很广，主要集中产出在中生代的几个向斜构造内。岩性、岩相的纵横向变化剧烈，沉积岩与火山岩并存，暗色层与红色层交替出现。虽然岩石地层复杂多变，由于盆地从形成至衰亡发展有序，决定了各岩石地层单位在垂向剖面上有序地叠覆，有其客观科学的自然堆积规律可循，成为岩石地层合理划分和不同盆地之间岩石地层对比的基本地质依据。本断代地层中生物化石丰富，下部产有著名的早—中侏罗世门头沟植物群，上部则为含有鱼类、叶肢介、昆虫、介形虫、双壳类、腹足类等多种生物化石门类的热河生物群。其地层发育特征与冀北、辽西地区极为近似，因此创名于北京的不少地层单位被冀北、辽西等地引用，而部分地层单位亦使用冀北或辽西的名称，以求得地层划分和名称使用上的逐步趋于统一。

新生界大面积分布于平原区，属华北平原新生代大型裂谷堆积的一部分。第三系以河流相泥沙质堆积为主，间夹玄武岩层，局部含油、含褐煤层，厚 1 100～3 400 m。第四系沉积物类型多样，有河、湖相的冲积、洪积、淤积，洞穴堆积，黄土，风成沙丘和冰川遗迹等等，厚度从几米至数十米不等。新生代生物界是高等哺乳动物和高等被子植物发展的时代，北京更有驰名中外的古人类文化遗迹，为古人类化石——北京猿人的发现地。

依据上述岩石地层发育的总体特征，按照中国岩石地层区划图的统一划分，本区属华北地层大区（Ⅴ）的晋冀鲁豫地层区（$Ⅴ_4$），按三级地层区划，北京市的山区属燕辽地层分区（$Ⅴ_4^7$），而平原区则归属华北平原地层分区（$Ⅴ_4^8$）（见图 1-1）。这两个分区地层发育上的差别仅在于后者在新生代时强烈的断陷及凹陷，有巨厚的新生代堆积物，至于新生代以前的各时

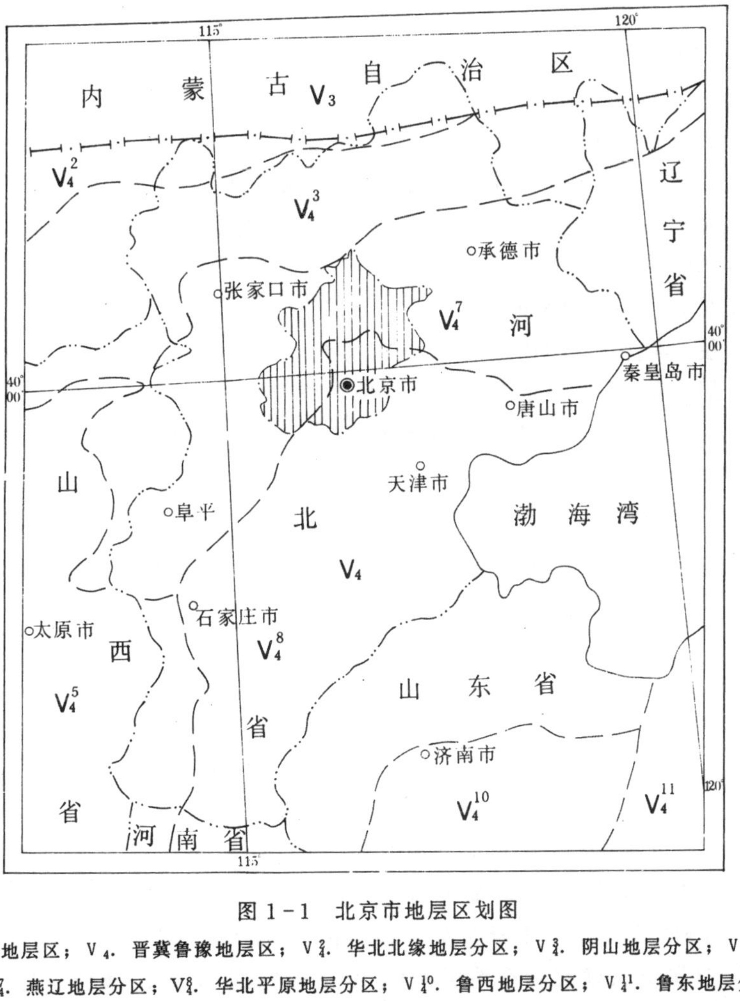


图 1-1　北京市地层区划图

$Ⅴ_3$. 内蒙古草原地层区；$Ⅴ_4$. 晋冀鲁豫地层区；$Ⅴ_4^2$. 华北北缘地层分区；$Ⅴ_4^3$. 阴山地层分区；$Ⅴ_4^5$. 山西地层分区；$Ⅴ_4^7$. 燕辽地层分区；$Ⅴ_4^8$. 华北平原地层分区；$Ⅴ_4^{10}$. 鲁西地层分区；$Ⅴ_4^{11}$. 鲁东地层分区

代地层发育情况则无甚差别。

## 四、地层清理研究的范围和内容

在《全国地层多重划分对比（清理）研究项目总体设计》中规定："清理研究的重点是中元古代至第三纪地层，以岩石地层单位划分对比研究为基础，及与其他地层单位的对应关系。……对中元古代以前的高度变形变质岩层、第四纪地层、花岗岩等从整体上讲原则上这次不予清理。地下地层要尽可能收集深部和地球物理（地震、测井）和地球化学资料进行综合研究，能收集多少资料就清理多少。"

北京地区在清理研究实践过程中，对中元古代到白垩纪止的地层完全按照总体设计要求进行清理研究。对早前寒武纪高度变形变质岩层虽规定可不予清理，考虑到北京的变质岩分布约占北京山区岩层出露面积的1/6，近年来正在开展新一轮的1∶5万区域地质调查，按现代变质岩区新理论、新方法开展工作，取得丰富的新成果，故在本成果中作了适当的清理和叙述。对第三纪地层，北京地表出露分布很零星，绝大部分隐伏在京东平原区现代冲洪积层下面，存在钻孔资料不易收集和原始资料质量不高等情况，因此本次不作清理。第四纪地层和花岗岩等这次也不予清理。

清理研究工作内容为：

（1）严格按《国际地层指南》和《中国地层指南及中国地层指南说明书》的原则，采用地层多重划分的概念，清理岩石地层单位。包括：名称出处、原始定义、划分标准及演变历史；单位的地质特征、分布范围与变化情况；各地层单位间的相互关系。凡定义、术语混乱或不明确的要予以澄清；被肢解的岩石地层单位名称和定义要恢复；被误解的单位名称、命名人、时间以及文献等要通过考证订正。经过多重划分对比后，提出同物异名和异物同名情况，对应停止使用或废弃的地层名称提出建议。

岩石地层单位划分对比研究的重点是组，组具有宏观整体岩性、岩相的相似性，用组来整分全部层状岩层。尊重命名的优先权，讲求科学性，慎重取舍各地层单位的名称。凡区域上能很好延伸的地层单位，采用晋冀鲁豫地层区统一地层名称。

（2）在研究已有资料的基础上，尽可能通过各种途径实地核查本区的各类原始命名剖面（正、副层型），以及各地层单位的重要参考剖面（次层型）。如层型及主要参考剖面的原始描述内容已陈旧或不准确时，应尽量观察补充描述，以满足现代地层学的要求。

（3）按照项目统一要求填好地层成果卡片，反复检查无误后录入微机，建立地层数据库。

（4）编写地层清理研究成果报告。

## 五、工作进行情况及取得的主要成果

北京市的地层清理研究工作于1993年5月正式开始，历时16个月全部完成项目中规定的各项主要任务。

（1）填制了太古宙至白垩纪的整套岩石地层单位成果卡片，共计36套。

（2）完成北京市太古宙至白垩纪地层数据库的建立。

（3）撰写出《北京市岩石地层》研究报告。

经清理研究后确立的《北京市岩石地层单位序列表》（见表1-1）。

从太古宙至白垩纪共确立岩石地层单位36个，包括35个组级岩石地层单位和1个（岩）群。其中太古宙变质岩石地层单位1个——密云（岩）群；中元古代以后全部为组级岩

## 表1-1 北京市太古宙—白垩纪岩石地层单位序列表

| 地质年代 代 | 纪 | 世 | 期 | 岩石地层单位 |
|---|---|---|---|---|
| 中生代 Mz | 白垩纪 K | 早白垩世 | | 夏庄组 Kx |
| | | | | 坨里组 Kt |
| | | 早白垩世至晚侏罗世 | | 九佛堂组 JKj |
| | | | | 东狼沟组 JKd |
| | | | | 张家口组 JKẑ |
| | 侏罗纪 J | 晚侏罗世 | | 土城子组 Jtĉ |
| | | | | 髫髻山组 Jt |
| | | 中侏罗世 | | 九龙山组 Jj |
| | | | | 龙门组 Jl |
| | | 早侏罗世 | | 窑坡组 Jy |
| | | | | 南大岭组 Jn |
| | 三叠纪 T | 晚三叠世 | | 杏石口组 Tx |
| | | 早中三叠世 | | |
| | | | | 双泉组 PTŝ |
| 古生代 Pz | 二叠纪 P | 晚二叠世 | | 石盒子组 Pŝ |
| | | 早二叠世 | | 山西组 CPŝ |
| | 石炭纪 C | 晚石炭世 | | 太原组 Ct |
| | | | | |
| | 奥陶纪 O | 中奥陶世 | | 马家沟组 Om |
| | | 早奥陶世 | | 亮甲山组 Ol |
| | | | | 冶里组 Oy |
| | 寒武纪 ∈ | 晚寒武世 | 凤山期 | 炒米店组 ∈ĉm |
| | | | 长山期 | |
| | | | 崮山期 | |
| | | 中寒武世 | 张夏期 | 张夏组 ∈ẑ |
| | | | 徐庄期 | |
| | | 早寒武世 | 龙王庙期 | 馒头组 ∈m |
| | | | 沧浪铺期 | 昌平组 ∈ĉ |
| 晚元古代 Pt3 | | | | |
| | 青白口纪 Qn | | | 景儿峪组 Qnj |
| | | | | 龙山组 Qnl |
| | | | | 下马岭组 Qnx |
| 中元古代 Pt2 | 蓟县纪 Jx | | | 铁岭组 Jxt |
| | | | | 洪水庄组 Jxh |
| | | | | 雾迷山组 Jxw |
| | | | | 杨庄组 Jxy |
| | 长城纪 Ch | | | 高于庄组 Chg |
| | | | | 大红峪组 Chd |
| | | | | 团山子组 Cht |
| | | | | 串岭沟组 Chĉl |
| | | | | 常州沟组 Chĉ |
| 早元古代 Pt1 | | | | |
| 太古宙 Ar | | | | 密云(岩)群 ArMY |

石地层单位，中—晚元古代12个组，早古生代7个组，晚古生代至中三叠世4个组，晚三叠世至白垩纪12个组。

在这35个组级岩石地层单位中，有13个组的创名地点及正层型在北京，分别是下马岭组、龙山组、昌平组、双泉组、杏石口组、南大岭组、窑坡组、龙门组、九龙山组、髫髻山组、东狼沟组、坨里组和夏庄组。其中下马岭组、龙山组、昌平组、杏石口组、南大岭组、九龙山组、髫髻山组这7个组的名称被燕辽地层分区统一采用；窑坡组和龙门组为重要的含煤地层，暂保留地区性名称；双泉组、东狼沟组、坨里组和夏庄组的岩性组合特征较为特殊，为地区性的岩石地层单位，仅适用于北京地区。其他的22个组级岩石地层单位命名地和层型分别在天津、山东、河北、山西及辽宁，为晋冀鲁豫地层区或燕辽地层分区所统一使用的岩石地层单位名称。

参加本项目的人员分工为：

王世发：负责太古宙变质岩石地层单位的清理和填卡。

刘振锋：负责中—晚元古代和早古生代各地层资料的清理和填卡。

崔　彬：负责晚古生代到三叠纪，以及白垩纪地层单位的清理和填卡。

葛世炜：负责侏罗纪地层的清理和填卡。

陈海荣：承担全部地层卡片的微机录入及地层数据库的建立。

报告的执笔人为：原报告送审稿中的太古宙变质岩石地层由王世发执笔；中—晚元古代和早古生代岩石地层全部由刘振锋执笔；石炭、二叠、三叠及白垩纪各岩石地层单位分述由崔彬执笔，侏罗纪各岩石地层单位分述由葛世炜执笔；绪言、结语以及晚古生代至中生代各章内的生物地层特征及地层时代归属的讨论和区域地层格架这几节由鲍亦冈执笔，并负责报告的统稿和修改。

1994年10月在烟台市召开华北片7省、市地层清理研究项目成果的评审验收会议。会后全国项目办又下发《关于我国30个省（自治区、直辖市）地层多重划分对比研究报告出版体例及编排格式的要求》，强调体例要一致，写作要规范，条目要统一。因此按照评审验收会上所提的意见并对照出版体例及编排格式统一要求对原稿作了认真仔细的修改，第三章中—晚元古代和第四章寒武纪—奥陶纪由刘振锋修改定稿，其他各章均由鲍亦冈修改完成。本项目的各项业务性辅助工作和报告的微机录入编排等工作由刘澄负责完成。

北京虽然地区不大，但地层发育齐全，晋冀鲁豫地层区的一套典型地层在北京均可见到，历来为众多的地质学家所注目并对其进行考察和工作。1958—1961年基本完成了北京山区的第一轮1∶5万区域地质调查，1976年以来北京市地质调查所又连续18年开展新一轮的1∶5万区调工作，完成了20余幅1∶5万区调图幅，基本覆盖了北京山区面积。基于上述有利条件，使本项目在较短时间内得以顺利完成。

# 第二章 太古宙

北京地区太古宙变质岩主要分布在北京市东北部的密云县和怀柔县北部地区。此外，在平谷县镇罗营、昌平县王家元至十三陵的下口村西、房山区城关附近、延庆县红石湾和下板泉西、门头沟区碾台西等地也有零星出露（见图 2－1）。总面积约 1 500 km²，其中零星分布在各地的太古宙变质岩其面积合计不足 100 km²。

北京的太古宇有近 80 年的地质调查史，很早就有不少中外地质学者在密云地区对铁、金和钨等资源进行考察和地质调查，但对变质岩地层未作划分，统称为“片麻岩”。孙健初、王曰伦等（1930）在密云、隆化、滦平一带进行地质调查时，首次将本区变质岩划归太古界，称“桑干杂岩”或“桑干系”。这之后直至 50 年代中期，虽有张咸恭、游振东（1951）、北京大学、清华大学地质系燕山工作队（1951）、陈晋镳等（1959）众多单位和人员在这一带开展过不同比例尺的地质调查，但在变质岩石地层单位的划分和研究上并无多大进展。

1958—1961 年北京地质学院和北京市地质局联合组成区测大队，在北京山区进行 1∶5 万区测填图，对太古宙变质岩进行了岩石、地层、构造、变质作用和混合岩化作用等多方面研究。在前人工作基础上，由索书田、叶盛基等提出，后又修正完善形成密怀地区变质岩层的划分方案。这一方案是建立在区域单斜构造认识的基础上，并把片麻理和片理相当于层理，由老至新划分为两群 7 组（见表 2－1），变质岩层累计总厚达 4 万余米。该方案被 1∶5 万区调报告普遍采用，并在北京地质学院编著的《北京的地质》（1961）一书中公开发表。

1966 年，河北省地质局区测队进行 1∶20 万兴隆幅区域地质调查，将本区变质岩仍称桑干群，由下向上划分为跑马厂组、高岭组、半城子组，前一组与沙厂组分布范围一致，后两组大致与大漕组、阳坡地组相当。

1977—1983 年长春地质学院在密云县变质岩层主要分布地区进行 1∶1 万地质测量，对密云群作了进一步划分，卢良兆、麦延庆等提出新建苇子峪组的看法，麦延庆等（1982）① 正式公布，将苇子峪组置于沙厂组之下。

1982—1984 年北京市地质调查所周绍林等对密怀地区变质岩进行了地层、构造、岩石等方面的综合研究，提出原张家坟群石城组的主体片麻岩是变质的闪长岩体，因此将其从地层单位中剔除。原椴树梁组的变沉积岩系为长城系变质而成，应划出太古界。将原山神庙组的下

① 长春地质学院密云队，1982，北京市密云县大城子地区 1∶1 万地质测量报告。

部地层划出，称西湾子组。从而导致原张家坟群的解体，新建立了上太古界四合堂群（见表2－2）。新划分确立的太古界层序总厚仍达万余米，这一划分方案被《北京市区域地质志》(1991) 编写时所采用；而其正式专著《北京早前寒武纪地质及铁矿》直至1993年才出版。

**表2－1　密怀地区太古宙变质岩划分表**（北京地质学院，1961）

| 群 | 组 | 主要岩性 |
|---|---|---|
| 张家坟群 | 宋营子组 | 黑云角闪斜长片麻岩、黑云斜长片麻岩夹磁铁石英岩 |
| | 山神庙组 | 黑云斜长片麻岩、角闪斜长片麻岩与黑云石英片岩互层，夹黑云角闪石岩、磁铁石英岩 |
| | 椴树梁组 | 石英岩、大理岩、板岩 |
| | 石城组 | 黑云角闪斜长片麻岩、黑云母石英片岩 |
| 密云群 | 阳坡地组 | 黑云角闪斜长片麻岩为主，夹花岗片麻岩、斜长角闪岩 |
| | 大漕组 | 黑云斜长片麻岩为主，夹斜长角闪岩、磁铁石英岩 |
| | 沙厂组 | 角闪斜长片麻岩为主夹黑云斜长片麻岩、斜长角闪岩、磁铁石英岩 |

**表2－2　北京地区太古宙变质地层划分表**（周绍林等，1984）*

| 群 | 组 | 主要岩性 |
|---|---|---|
| 四合堂群 | 山神庙组 | 下部以斜长角闪岩、磁铁石英岩互层为主；上部为片麻岩夹变粒岩 |
| | 西湾子组 | 下部以斜长角闪岩与薄层浅粒岩互层为主；上部以黑云二长变粒岩、浅粒岩为主，近顶部见多层长石细砂岩 |
| | 宋营子组 | 以斜长角闪岩和黑云变粒岩互层为主，夹少量片麻岩，混合岩较发育 |
| | 阳坡地组 | 中下部以片麻岩为主；中上部以变粒岩为主；上部为黑云变粒岩与浅粒岩互层 |
| 密云群 | 大漕组 | 下部以变粒岩为主，夹片麻岩；中部为斜长辉石（角闪）岩与黑云变粒岩互层夹浅粒岩；上部以榴辉变粒岩为主夹辉石变粒岩、石榴二辉麻粒岩透镜体 |
| | 苇子峪组 | 下部以变粒岩为主；上部以片麻岩为主，浅粒岩少，层位不稳定，层中夹有特征性的环状石榴（角闪）二辉麻粒岩 |
| | 沙厂组 | 下部以片麻岩为主；上部为变粒岩、片麻岩互层；顶部夹浅粒岩薄层，地层中夹较多二辉麻粒岩层状体和透镜体 |

*周绍林等，1984，北京市密怀变质岩区年鱼沟不整合界面地质特征及其意义。北京地质，第2期。

1987年在长春地质学院《世界地质》编辑部出版的《构造地质专辑》上发表了麦延庆、王恩林、杨振升、吕建生等人的多篇文章，指出本区古老变质侵入体大量存在，变质英云闪长岩—花岗闪长岩组合约占密云群的50%；各变质作用期间均伴有强度不同的韧性变形和基性岩浆的侵入活动；探讨了太古宙构造特征及其演化。1987—1990年同时开展的1∶5万琉璃庙幅、范各庄幅区调① 和1∶20万怀柔幅区调过程中，在怀柔县崎峰茶至密云县四合堂地区的太古宙变质岩中识别出西湾子辉长闪长岩、安洲坝闪长岩、大北湾英云闪长岩和得田沟奥长花岗岩等太古宙侵入体；并认为四合堂群为受韧性剪切作用而成的构造堆叠体，不具备分组

① 北京市地质调查所，1990，1∶5万琉璃庙幅、范各庄幅区域地质调查报告。

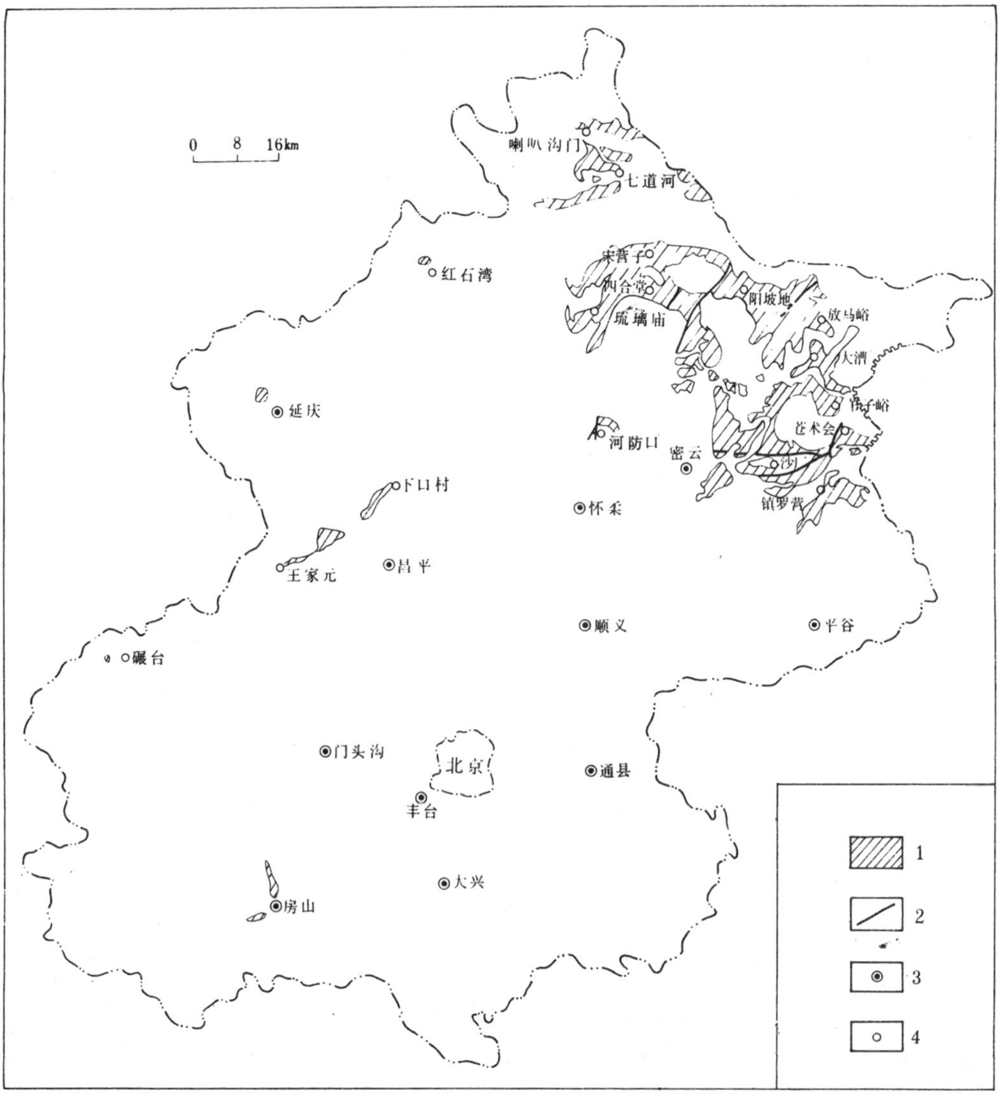


图 2-1 北京市太古宙变质岩分布简图

1. 太古宙变质岩；2. 断层；3. 县（区）政府驻地；4. 村庄

条件，因此将组级划分单位取消，统称四合堂群。1989—1992 年完成的 1∶5 万不老屯幅区调报告，识别出陈家峪奥长花岗岩—花岗岩，阳坡地 TTG 岩系；并将该图幅内的变质岩层划分为四合堂表壳岩和大漕表壳岩两个岩石地层单位，时代均归晚太古代。

1991—1994 年，北京市地质调查所完成了 1∶5 万密云、高岭、墙子路三幅主要变质岩区图幅的区调，王世发、李良景等提出了新的太古宙岩石地层单位划分表①，对本区古老变质岩圈定划分出各类块状无序的片麻岩体，它们为原生结构、构造已基本消失，形成于不同时间不同类型的太古宙变质侵入体，依据野外宏观上所能观察到的接触关系，并综合了大量变形变质特征等方面资料，划分出 7 个片麻岩体单位（大致相当于侵入体或侵入单元的由单一岩体构成的正式变质岩石填图单位）和两期重要的基性岩墙群，进而确立起其形成发展序列。

① 北京市地质调查所，1994，1∶5 万密云幅、高岭幅、墙子路幅区域地质调查图幅说明书。

变质表壳岩以石榴斜长辉石岩和磁铁石英岩为主体，它们经历多期强烈的变质变形改造后，实际上已成为深层次的构造岩，不能作变质地层的等级系列划分，统一称密云表壳岩（见表2-3）。

**表2-3 1∶5万密云幅、高岭幅、墙子路幅太古宙岩石地层单位划分表**

<table>
<tr><td rowspan="5">晚太古代</td><td></td><td>旗杆顶花岗质片麻岩</td></tr>
<tr><td colspan="2">潮河主坝基性岩墙群</td></tr>
<tr><td rowspan="2">荆子峪片麻岩套</td><td>康各庄奥长花岗质片麻岩</td></tr>
<tr><td>荆子峪花岗闪长质片麻岩</td></tr>
<tr><td colspan="2">放马峪基性岩墙群</td></tr>
<tr><td rowspan="4">中太古代</td><td rowspan="3">苇子峪片麻岩套</td><td>穆家峪英云闪长质片麻岩</td></tr>
<tr><td>苇子峪辉长闪长质片麻岩</td></tr>
<tr><td>黑卧辉长质片麻岩</td></tr>
<tr><td></td><td>沙厂英云闪长质片麻岩</td></tr>
<tr><td>早太古代</td><td colspan="2">密云表壳岩系(密云(岩)群)</td></tr>
</table>

本次地层清理研究采纳了上述划分意见，但作为太古宙变质侵入体的片麻岩体单位，严格地说不是变质地层单位，因此在清理研究中暂不予考虑。同时按照烟台评审验收会议的意见，将密云表壳岩改称为密云(岩)群，着重加以介绍。

## 第一节　岩石地层单位

北京地区的太古宙变质岩石地层单位仅只一个，称密云(岩)群。

**密云(岩)群　Ar*MY*　(11-0036)**

【创名及原始定义】　1959年北京地质学院和北京市地质局合组的区域地质测量大队在开展北京北山1∶5万区调工作时，由该队的变质岩专题组索书田、叶盛基等创名，1961年由北京地质学院编著的《北京的地质》一书介绍。其原始定义指：分布于密云县东部和东北部，岩性以角闪斜长片麻岩、黑云角闪斜长片麻岩为主，夹辉石斜长片麻岩、磁铁石英岩、石榴角闪斜长片麻岩、斜长角闪岩等。混合岩化强烈，变质程度中等。

【沿革】　1959年正式创名时称密云群，最初划分为沙厂及大漕两个组，认为全区是一个大的倒转背斜，大漕组处于背斜的核部，沙厂组处于背斜的两翼，因此大漕组比沙厂组老。通过1960年的野外研究，至1961年提交1∶5万墙子路幅和赶河厂幅区测报告时，确定全区为一单斜构造，自下而上将密云群划分为沙厂组、大漕组和阳坡地组，这一划分方案一直沿用到80年代初期。长春地质学院麦延庆等（1982）提出在密云群中新建苇子峪组，还认为阳坡地组的岩石变质程度与大漕组截然不同，它主要由变质程度较低的绿帘角闪岩相黑云斜长片麻岩、变粒岩、浅粒岩等组成，提出将阳坡地组划出密云群。周绍林等（1984）、《北京市区域地质志》（1991）均采纳了将阳坡地组划出密云群的意见，而将苇子峪组置于沙厂组之上。

王世发、李良景等（1994）提出新的太古宙变质岩划分意见，即：①作为太古宙变质侵入体的各类块状无序片麻岩体大量存在，可分别圈定并进而确立起其形成发展序列；②发育于密云四合堂至怀柔琉璃庙地区，岩石类型主要以黑云角闪片岩、黑云角闪片麻岩及黑云片岩为特征的四合堂群实际上是受燕山期角闪岩相韧性变形作用强烈改造而成的构造岩，恢复其原岩为英云闪长质，不具备建群的条件，应取消该群；③将上述各类剔除后的变质岩石地层单位统称密云表壳岩。本次清理研究同意这种看法，并将密云表壳岩改称密云(岩)群。

【现在定义】　指北京地区最古老的岩石地层单位，其岩石类型组合由石榴斜长辉石岩、石榴斜长辉石角闪岩、磁铁石英岩及少量变粒岩、斜长角闪岩、二辉石岩等组成。成层性较好，韵律变化频繁。大面积侵入的英云闪长岩-花岗闪长岩破坏了密云(岩)群的完整性；又受多期变形变质作用的改造，难以正确恢复建立其层序。

【地质特征及区域变化】　密云(岩)群由变质基性火山岩类岩石和磁铁石英岩一起组成其主要的岩石类型组合，还夹少量变粒岩和二辉石岩、角闪辉石岩等。具有较好的层状构造特征，常可见到多层 1～5m 厚磁铁石英岩与石榴斜长辉石岩呈互层产出，韵律变化频繁，反映了原始层状特点。但经受多期变形作用改造，形成各种不同规模复杂的同斜褶皱，和多期强烈的韧性变形，导致原始地层层序已严重破坏。大面积侵入的英云闪长岩-花岗闪长岩破坏了密云（岩）群的完整性，使后者作为大小不一、密集程度不等的残块散布在片麻岩体（变质侵入体）中，形成特殊的分布产出方式。残块的规模较大、分布较为集中的地区有密云县的大漕、放马峪、兵马营、沙厂等地，常呈规模不等的透镜状，最宽可达数百米，长可达数千米以上。密云(岩)群中的各种岩石具有较低的稀土元素含量和平缓的配分曲线，稀土总量仅在 $33\times10^{-6}\sim64\times10^{-6}$之间，轻重稀土元素比仅在 0.84～2.52 之间，大多为 1 左右，反映了稀土分馏较差的特点。

## 第二节　年代地层

太古宙变质岩层经历了多期变质变形作用改造，导致岩石发生多次转变，难以测定获得早期的成岩年龄。对密云(岩)群曾有不少单位、在不同地点采样，使用多种同位素测年方法，进行过同位素年龄的测定。其测定结果，绝大多数同位素年龄值显示在 2 400 Ma 至 2 500 Ma 之间，反映出晚太古代末期经历过一次普遍而强烈的改造事件，但并不代表其真实的成岩年龄。

长春地质学院贺高品等（1993）对密云地区侵位于密云(岩)群的变质基性岩墙进行取样作 Sm－Nd 同位素年龄测定，共选择了两种分布较广的变质基性岩墙，一是角闪石榴斜长辉石岩岩墙，样品采自密云水库北高岭村东面公路北侧露头；二是石榴二辉麻粒岩岩墙，样品采自密云水库南面东穆家峪村东小路边的露头。测得全岩的 Sm－Nd 等时线年龄为 2 858±137 Ma 和 2 825±189 Ma。这两个同位素年龄值应代表基性岩墙源岩的年龄。两种变质基性岩墙均穿切了遭受早期变质作用强烈改造的密云(岩)群和早期侵入岩，由此推断密云(岩)群当早于晚太古代，其时代至少为中太古代。另据区域对比资料来看，密云(岩)群的岩性组合、变形变质特征以及分布产出方式等均与研究程度很高的冀东地区桑干表壳岩具有可比性，后者的同位素年龄值为 3 400～3 600 Ma。在密云(岩)群尚未取得可靠的同位素测年资料以前，暂把它与冀东对比而归为早太古代。

# 第三章 中—晚元古代

北京地区中—晚元古代地层出露广泛，主要分布于西山和军都山，约占山区面积的1/3。另外在北京平原区新生代地层之下的基岩中也曾钻遇。为一套滨海—浅海相的碳酸盐岩、碎屑岩和粘土岩，夹少量碱性玄武岩系列火山岩。本区中—晚元古代地层含12个组级岩石地层单位：常州沟组、串岭沟组、团山子组、大红峪组、高于庄组、杨庄组、雾迷山组、洪水庄组、铁岭组、下马岭组、龙山组和景儿峪组。其分布和剖面位置见图3-1。

本区中—晚元古代地层的研究始于上个世纪，最先由外国地质学家进行调查研究。美国学者Pumpelly 1867年将明显具NE-SW向山脉的走向称为“震旦向”。德国地质学家Richthofen 1869年在南口调查，1871年又在斋堂一带调查，于1882年将具震旦褶皱方向的那套地层称为“震旦系”，包括10大层（见表3-1），根据岩性特征前7个大层属于中—晚元古代，其中第7大层包括了应属寒武纪的昌平组。他的成果为后来的进一步划分和研究奠定了基础。德国地质学家Solger博士于1910—1912年绘制了1∶20万西山地质图，其地层划分沿用Richthofen（1882）的意见。

20世纪初，我国第一批地质工作者开始在西山进行地质调查，也都是从岩石地层方面入手的。章鸿钊、翁文灏（1916）将覆于片麻岩之上的石英岩及含硅质灰岩称为“南口系”，划归元古界。叶良辅、谭锡畴、王竹泉等13人于1916—1918年在西山测制了1∶5万地质图，对西山地质作了全面系统的研究，后由叶良辅等（1920）编写的《北京西山地质志》是这一成果的总结。其地层划分见表3-1，所分的“矽质灰岩”至“中灰岩”的下部，即相当于本次清理后的雾迷山组—景儿峪组。1922年Grabau把“震旦系”限定为前寒武纪未变质的沉积岩系，将其与北美的贝尔特超群、大峡谷超群作对比；并研究描述了“南口灰岩”中的叠层石。他对震旦系所下的定义在本区一直沿用了50多年。田奇琇（1923）所著《南口震旦纪地层及古生物》将南口剖面分为6大层，他所称的“震旦纪”地层仅相当于本次使用的常州沟组到高于庄组，其中的叠层石就是Grabau鉴定的*Collenia*。

高振西等（1934）对中国北方“震旦系”作了全面系统研究，在蓟县建立了“震旦系”标准剖面，创立了3个群和10个岩石地层名称。在北京地区测制了青白口、北峪沟、下苇甸及横岭—镇边城—大村地质剖面，并与蓟县标准剖面对比。在《中国北部震旦纪地层》一文中，将叶良辅等的“矽质灰岩”细分为“雾迷山灰岩”（未见底）、“洪水庄页岩”和“铁岭灰岩”。另将“下页岩”和“中灰岩”合并到“景儿峪灰岩”中。将田奇琇所测南口剖面分别归于

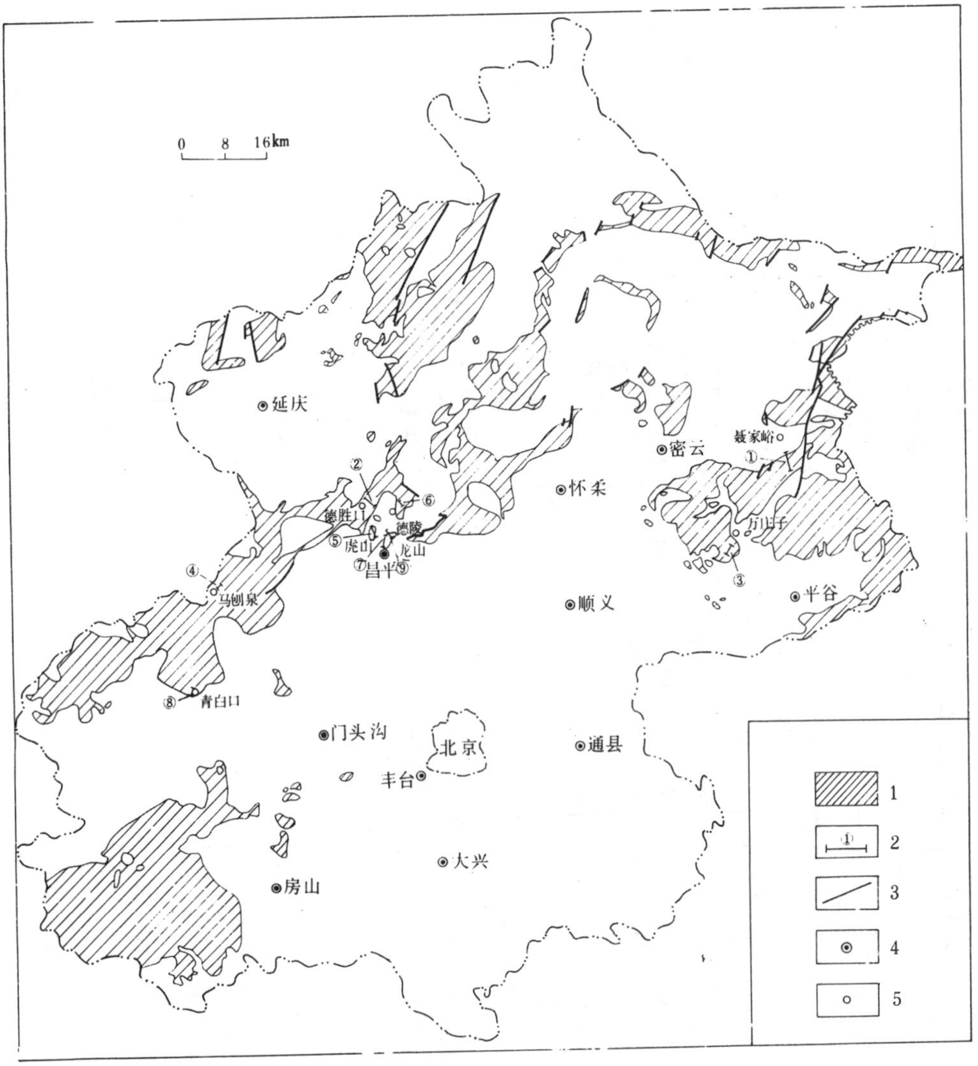


图 3-1　北京市中—晚元古代岩石地层及层型剖面分布简图

1. 中—晚元古代岩石地层；2. 层型剖面：①聂家峪常州沟组剖面；②德胜口串岭沟组、团山子组、高于庄组剖面；③万庄子甲山大红峪组剖面；④马刨泉杨庄组剖面；⑤萃花山—卧虎山雾迷山组剖面；⑥德陵北沟洪水庄组剖面；⑦苏子山铁岭组剖面；⑧青白口下马岭组、景儿峪组剖面；⑨龙山龙山组剖面；3. 断层；4. 县(区)政府驻地；5. 村庄

“长城石英岩”、“串岭沟页岩”、“大红峪石英岩”及“高于庄灰岩”。他的成果为华北地区中—晚元古代地层的划分和研究奠定了坚实的基础，对中国地质科学的发展有重大影响。他所划分的10个岩石地层单位沿用至今，仅个别单位上下界线作了调整。1935年张文佑在昌平县龙山“景儿峪灰岩”上部发现了三叶虫化石，遂将这层灰岩创名为“昌平灰岩”，层位定为早寒武世上部，并提出震旦纪与寒武纪分界的4种可能性。

1949年后北京市的地质工作有了很大进展，但在这套岩石地层的划分上，基本继承了高

**表 3-1 北京市中—晚元古代岩石地层划分沿革表**

| Richthofen | 叶良辅等 | 田奇㻪 | 高振西等 | 北京地质学院 | 乔秀夫 | 《华北地区区域地层表·北京市分册》 | 汪长庆等 | 《北京市区域地质志》 | 本书 |
|---|---|---|---|---|---|---|---|---|---|
| 1882 | 1920 | 1923 | 1934 | 1961 | 1976 | 1977 | 1979 | 1991 | |
| 西山 | 西山 | 南口 | 西山 | 北京 | 北京 | 北京 | 十三陵 | 北京 | 北京 |
| 震旦系：绿色厚层灰岩 | 寒武系：中灰岩 | | | 寒武系 | 寒武系：昌平组 | 寒武系：昌平组 | 下古生界 寒武系：昌平组 | 下古生界 寒武系：昌平组 | 昌平组 |
| 灰绿色和黑色砂质页岩与黄色砂岩互层 | 下页岩 | | 震旦系 青白口群：景儿峪灰岩 | 青白口组：景儿峪段 | 震旦系 青白口群：景儿峪组 | 震旦亚界 青白口系：景儿峪组 | 震旦亚界 青白口系：景儿峪组 | 上元古界 青白口系：景儿峪组 | 景儿峪组 |
| | 前寒武系：下马岭层 | | 下马岭页岩 | 下马岭段 | 龙山组 | 长龙山组 | 长龙山组 | 长龙山组 | 龙山组 |
| 灰白色纯石灰岩 | | | | | 下马岭组 | 下马岭组 | 下马岭组 | 下马岭组 | 下马岭组 |
| 线蓝色结晶砂质灰岩；厚层结晶石灰岩；薄层含燧石结晶灰岩；砂质石灰岩 | 矽质石灰岩 | | 蓟县群：铁岭灰岩 | 震旦系 蓟县统：铁岭组 | | 蓟县系：铁岭组 | 蓟县系：铁岭组 | 中元古界 蓟县系：铁岭组 | 铁岭组 |
| | | | 洪水庄页岩 | 洪水庄组 | | 洪水庄组 | 洪水庄组 | 洪水庄组 | 洪水庄组 |
| | | | ? 雾迷山灰岩 | 雾迷山组 | | 雾迷山组 | 雾迷山组 | 雾迷山组 | 雾迷山组 |
| | | | 杨庄红页岩 | 杨庄组 | | 杨庄组 | 杨庄组 | 杨庄组 | 杨庄组 |
| | | 震旦系：上矽质石灰岩 | 南口群：高于庄灰岩 | 高于庄组 | | 高于庄组 | 南口系：高于庄组 | 长城系：高于庄组 | 高于庄组 |
| | | 上石英岩 | 大红峪石英岩及安山岩流 | 长城统：大洪峪组 | | 大红峪组 | 大红峪组 | 大红峪组 | 大红峪组 |
| | | 下矽质石灰岩 | 串岭沟页岩 | 串岭沟组 | | 长城系：团山子组 | 长城系：团山子组 | 团山子组 | 团山子组 |
| | | | | | | 串岭沟组 | 串岭沟组 | 串岭沟组 | 串岭沟组 |
| | | 中石英岩，板岩或页岩下石英岩 | 长城石英岩 | 长城组 | | 常州沟组 | 常州沟组 | 常州沟组 | 常州沟组 |
| | | 五台系 | 太古界 | 太古界 | | 太古界 | 太古界 | 太古界 | 太古宇 |

振西等的划分方案。1957 年孙云铸认为蓟县“景儿峪灰岩”顶部角砾岩代表“震旦系”和寒武系的不整合，其所代表的地壳运动称为“蓟县运动”。1959 年马杏垣认为下马岭组为“晚震旦纪”的海退相，而下马岭组与景儿峪组之间为“震旦系”和寒武系的分界。同年，北京地质学院所属北京地质普查大队，根据 1∶5 万区域地质测量结果，强调了铁岭组与下马岭组之间有明显侵蚀面，两者为平行不整合接触。提出“震旦系”两分：下为“长城统”，上为“蓟县统”，铁岭组与青白口组下马岭段之间的界面即为“震旦系”与寒武系的分界面。

1975 年 8 月在北京召开的“中国震旦系讨论会”提出了一个全国中—晚元古代地层划分对比方案，将南、北方震旦系统称“震旦亚界”，四分为长城系、蓟县系、青白口系和震旦系。

1975 年为编制华北地区区域地层表召开的“华北区前寒武纪地层专题会议”建议将青白口系三分为下马岭组、龙山组和景儿峪组。1976 年乔秀夫发表文章正式称龙山组（1963 年他曾称龙山亚组）。为避免与南方龙山系重名，同年北京市地质局建议改称“长龙山组”，本次清理后仍恢复龙山组之名。1977 年出版的《华北地区区域地层表·北京市分册》对区内中—晚元古代地层从岩石地层、生物地层方面作了总结，同时引用了陈晋镳 60 年代建立的团山子组。至此，北京地区中—晚元古代地层划分定型，与寒武纪地层界线也确立下来。

此后，汪长庆等（1979）的《北京十三陵地区震旦亚界研究报告》、李祖湘等（1981）《北京市平谷县北山大红峪组火山岩系铜矿初步普查报告》、肖盈庆等（1983）《北京地区中元古界长城系常州沟组沉积特征及下界研究报告》和宋天锐、高健的专著《北京十三陵前寒武系沉积岩》又从各个方面对本区中—晚元古代地层进行了研究。1982 年 7 月，全国地层委员会废除“震旦亚界”，改称中、上元古界。1991 年出版的《北京市区域地质志》就是对此前工作成果的总结。

经过本次地层清理，本区中—晚元古代岩石地层共分为 12 个组级岩石地层单位，其中下马岭组和龙山组的创名地在北京。

## 第一节　岩石地层单位

**常州沟组　$Chĉ$　（11－0001）**

【创名及原始定义】　常州沟组是 1964 年由蓟县震旦系现场学术讨论会创立①，创名地点在天津市蓟县下营镇常州沟。原始定义：由一套砾岩、粗砂岩、石英岩状砂岩、石英岩和少量的细砂岩组成。共分三个段：第一段包括两个由砾岩到粗砂岩旋回；第二段、第三段各包括一个由砾岩到石英岩状砂岩或石英岩的旋回。

【沿革】　本区常州沟组最早被 Richthofen（1882）称之为“矽质石灰岩”。1923 年田奇瑰在研究南口剖面时所划分的“下石英岩”、“板岩或页岩”、“中石英岩”相当本组。1934 年高振西等在蓟县创立“长城石英岩”，即常州沟组的前身。60 年代初在进行第一轮 1∶5 万区测填图时统称“长城组”。《华北地区区域地层表·北京市分册》（1977）改称常州沟组至今。

【现在定义】　常州沟组为不整合于太古宙变质岩之上，中元古界底部的一套碎屑岩。下部为砾岩、含砾粗砂岩、长石石英砂岩、石英砂岩；上部为石英岩状砂岩夹砂岩和砂质页岩。其底部以紫红色砾岩与下伏地层分界，顶为细砂岩和砂质页岩互层，与上覆串岭沟组为连续过渡关系，当以页岩为主时划为串岭沟组。

---

① 华北地质科学研究所第一、二研究室震旦系岩石地层组、河北省地质局区测队，1965，河北省蓟县震旦系剖面的岩石地层学研究。见蓟县震旦系现场学术讨论会议论文汇编，17—33。地质部华北地质科学研究所。

【层型】 正层型位于天津市蓟县常州村至青山岭村北，1964 年由季幼庭、陈守柯重测。北京市以密云县聂家峪剖面为次层型（117°07′27″，40°22′32″。由肖盈庆等于 1982 年测制）。

上覆地层：串岭沟组 灰黑色板状含铁质粉砂岩与条纹状泥质粉砂岩

——————整 合——————

常州沟组 总厚度 998.6 m

四段 425.3 m

26. 灰白色厚层状石英岩状砂岩 12.4 m

25. 灰白色薄层石英砂岩与板状泥质粉砂岩互层，具波痕、干裂 3.0 m

24. 白色厚层石英砂岩 19.2 m

23. 紫红色铁质长石石英砂岩，具波浪波痕、干裂 25.6 m

22. 中厚层石英岩状砂岩与紫红色板状铁质长石粉砂岩互层，具干裂 6.4 m

21. 厚层石英岩状砂岩 26.7 m

20. 灰白色中薄层石英砂岩夹紫红色铁质长石质粉砂岩 30.5 m

19. 灰白色石英砂岩 161.5 m

18. 紫红色含细砾长石石英砂岩，具楔状交错层理 18.5 m

17. 灰白色巨厚层石英岩状砂岩，具小型槽状与帚状交错层 121.5 m

三段 240.2 m

16. 石英岩状砂岩夹肉红色长石石英砂岩，具波痕 51.3 m

15. 青灰色薄层石英砂岩与泥质粉砂岩互层，干裂发育 43.6 m

14. 灰白色石英砂岩，波浪波痕发育 76.0 m

13. 紫红色石英砂岩 9.1 m

12. 黄白、灰白色石英砂岩 41.3 m

11. 砖红、紫红色含铁质长石石英砂岩，具干扰菱形波痕 18.9 m

二段 243.8 m

10. 紫灰色含长石石英砂岩，夹紫红色粉砂岩 107.4 m

9. 紫红色含长石石英砂岩 64.7 m

8. 紫灰、灰白色石英砂岩与紫灰色砂砾岩，具板状、舟状交错层理 22.5 m

7. 上部灰黄白色含长石石英砂岩，下部为细砾岩与含砾不等粒砂岩互层 16.2 m

6. 上部黄白色长石石英砂岩，下部含细砾石英长石砂岩，含磷结核 33.0 m

一段 89.3 m

5. 石英质中砾岩与粗粒长石石英砂岩互层，4 个韵律层，叠瓦状构造 16.6 m

4. 含砾石英长石砂岩 4.1 m

3. 灰带微红色中—厚层状中粗粒石英长石砂岩 50.0 m

2. 石英质中砾岩与粗粒石英长石砂岩互层。3 个韵律层，砂砾比 1∶6，叠瓦状构造明显，巨型透镜状层理，大型槽状交错层理 17.8 m

1. 黄白色粘土岩（古风化壳） 0.8 m

~~~~~~不 整 合~~~~~~

下伏地层：太古宇 辉石角闪斜长片麻岩

【地质特征及区域变化】 常州沟组以碎屑岩为主（87%），粘土岩次之（13%）。以密云县聂家峪剖面为例，可划分为 4 个岩性段。一段称砾岩段，厚 89.3 m，上部和下部由石英质砾岩与粗粒长石石英砂岩组成韵律层序，砾砂之比约 3∶1～6∶1，砾石粒径 8～10 cm，成分
~~~~~~

以石英岩为主，次有脉石英、燧石、火山角砾岩等。发育巨型透镜状层理和大型槽状交错层理。砾石具定向排列，有明显的叠瓦状构造，砂岩则以透镜体产出。中部由含砾石英长石砂岩与石英长石砂岩构成，砾石则沿冲刷面断续分布。一段底部发育很薄的古风化壳，厚0.8 m，成分为黄白色粘土岩。与太古宙片麻岩为不整合接触。二段为含细砾长石石英砂岩段，厚243.8 m。下部由细砾岩、砂砾岩和长石石英砂岩组成沉积韵律；上部由含长石石英砂岩夹粉砂岩构成。本段颜色以紫灰、紫红色为主，发育板状斜层理。三段为长石石英砂岩段，厚240.2 m，主要岩性为紫红色和灰白色长石石英砂岩、石英砂岩夹少量泥质粉砂岩。干裂、波痕和水平层理发育，也见有正递变层理。四段为沉积石英岩段，厚425.3 m，由灰白色石英岩状砂岩、石英砂岩夹紫红色铁质长石粉砂岩、泥质粉砂岩组成。交错层理、波痕与干裂均很发育。四段顶部与串岭沟组粉砂岩呈逐渐过渡关系，无明显分界面，为整合接触。

常州沟组分布在军都山和平谷北山。主要出露地点有以下几处：

(1) 南口—十三陵一带呈 NE 向长条状展布，向 SE 倾斜，厚 119～142 m，分为 3 个岩性段。一段为灰白色石英砂岩，顶部为石英岩。广泛发育大型槽状交错层理和舟状、羽状、人字形交错层理及波痕。其底部为浅褐色巨厚层不等粒含长石石英砂岩。与下伏的太古宙片麻岩呈不整合接触。二段由长石砂岩和石英砂岩与灰黑色泥质粉砂岩构成，干裂、雨痕和透镜状层理发育。三段为灰白色中—厚层石英砂岩和石英岩状砂岩。十三陵一带的常州沟组只相当于聂家峪剖面的二—四段，缺少砾岩段。

(2) 密云水库周边地区：从崎峰茶—番字牌—放马峪—墙子路—聂家峪—北白岩—椴树梁—崎峰茶，形成东西向椭圆形分布，产状外倾，不整合地覆于太古宙片麻岩上，以聂家峪剖面为代表。在大龙门—苍术会也缺失底部砾岩段，厚 330.57 m。崎峰茶厚 338 m，底部砾岩仅有 0.5 m。椴树梁一带，由于云蒙山岩体的侵位，地层发生倒转和变质，底部砾岩的砾石被强烈压扁拉长，但砂岩中的斜层理清晰可见。

(3) 平谷万庄子—熊耳寨一带，岩性基本同聂家峪剖面，厚 973.47 m，其中一段发育赤铁磷块岩，据王启超 1987 年用 U－Pb 法测定其中的磷灰石年龄值为 1 839±0.73 Ma。

(4) 延庆的营门和红旗甸以及房山的磁家务—南观，岩性以石英砂岩为主，其中营门一带厚 177 m，南观仅 67 m，底部被房山花岗岩体侵位。

**串岭沟组　Ch$\hat{c}l$　(11－0002)**

【创名及原始定义】　原称串岭沟页岩，由高振西、熊永先、高平等 1934 年天津市蓟县城北串岭沟创立。原始定义：随底部石英岩之后，为一系列黑色页岩及薄层砂岩，约 480 m。层非常薄并强烈碳化，当地人常误为煤层。下部通常为薄层砂岩与页岩互层，向上有较多的薄层硅质灰岩。

【沿革】　田奇琇（1923）在研究北京南口剖面时所划分的“下矽质石灰岩”即相当于以后高振西等所创名的“串岭沟页岩”。50 年代末至 60 年代初在北京进行 1∶5 万区测工作时均采用高振西等的原始定义来划分地层。1959 年第一次全国地层会议之后改称串岭沟组。1964 年蓟县震旦系现场学术讨论会将其上部的白云岩划出单建“团山子组”，串岭沟组仅指“串岭沟页岩”下部的页岩和粉砂岩。《华北地区区域地层表·北京市分册》（1977）、《北京市区域地质志》（1991）均沿用此名称和含义至今。

【现在定义】　指常州沟组之上、团山子组之下的一套以粉砂质伊利石页岩为主，夹少量碎屑岩和碳酸盐岩的岩石地层。其底部与常州沟组渐变过渡，顶以铁白云岩和砂质含菱铁矿白云岩始现与上覆团山子组分界，为整合接触。

【层型】 正层型位于天津市蓟县小港乡船仓岭，1964年由季幼庭、裘淑厚重测。北京市以十三陵德胜口剖面为次层型（116°11′00″，40°17′57″。由汪长庆等1978年测制）。

上覆地层：团山子组 黄灰色白云岩与暗灰色白云质泥岩

——— 整 合 ———

| 串岭沟组 | 总厚度46.8 m |
|---|---|
| 19. 黑色粉砂质页岩，灰、深灰色厚层泥晶白云岩 | 7.4 m |
| 18. 灰白色中粗粒含长石石英砂岩，含黄铁矿波纹状白云质页岩 | 6.4 m |
| 17. 叠层石白云岩、砂质白云岩夹紫色白云质页岩 | 9.9 m |
| 16. 紫色白云质砂岩、白云质泥岩、条带状粉砂质页岩、白云质砂岩韵律层 | 7.3 m |
| 15. 透镜状砂质白云岩与黑色细条带状硅质板岩韵律互层 | 9.3 m |
| 14. 顶部黄褐色叠层石白云岩和白云质砂岩，中下部含黄铁矿黑色绢云母粉砂质条带状页岩，底部黑色含鲕状黄铁矿页岩 | 6.5 m |

——— 整 合 ———

下伏地层：常州沟组 灰白色巨厚层石英岩状砂岩

【地质特征及区域变化】 串岭沟组主要是粘土岩（泥岩和页岩），约占74%。其次为白云岩（15%）和砂岩（11%）。地球化学特征富铁富钾。含有微古植物和叠层石，局部地区产有钾矿和铁矿。厚度不大，一般50～100 m。十三陵德胜口剖面岩性为：下部为含黄铁矿黑色富钾页岩与泥质粉砂岩；中部为灰色粉砂岩夹白云岩；上部为深灰色含粉砂泥晶白云岩、粉砂质页岩和含长石石英砂岩。本组与下伏常州沟组为整合接触。

串岭沟组主要分布在军都山和平谷北山一带，出露地点与常州沟组一致。

（1）南口—十三陵一带主要是灰色、深灰色、黑色及黄色页岩，硅质页岩，泥质粉砂岩夹白云岩和石英砂岩，厚50～70 m。白云岩中产叠层石 *Eucapsiphora deshengkouensis*，*Gruneria* cf. *sinensis*，*Cryptozoon* f.。页岩中产有微古植物 *Protosphaeridium* sp.，*Leiominuscula* sp.。与常州沟组整合接触。

（2）密云水库周边地区：北白岩—大龙门—古北口—白马关一带串岭沟组以粉砂质页岩和泥质粉砂岩为主，约占58%，次为白云岩（27%）和砂岩（15%），厚度60～70 m。底部为叠层石白云岩，直接覆于常州沟组砂岩之上。大龙门剖面产叠层石 *Eucapsiphora deshengkouensis*。怀柔恒河一带串岭沟组主要是灰、灰黑色含钾粉砂质泥质页岩和泥质粉砂岩夹灰色泥质白云岩，底部含十几厘米厚的鲕状黄铁矿，厚115 m。与常州沟组整合接触。

（3）平谷北山一带以灰、灰黑色粉砂质页岩、页岩和长石粉砂岩为主，夹少量白云岩和砂岩，厚17～35 m，在鱼子山一带页岩含钾量高而成钾矿。页理极为发育。

（4）延庆营门、红旗甸一带以黑色页岩和砂质页岩为主，夹少量砂岩和白云岩，其中营门一带本组底部为肾状、鲕状赤铁矿（宣龙式），厚约2 m。肾状、鲕状构造由叠层石组成，这些叠层石有 *Kussiella yingmenensis*，*Gruneria yingmenensis*，*G.* cf. *biwabikia*。上部的白云岩产有叠层石 *Eucapsiphora deshengkouensis*。厚40 m左右。

（5）房山磁家务一带下部以石英砂岩、长石砂岩为主，次为黑色页岩与灰黑色石英砂岩互层；上部以黄褐色长石砂岩为主，次为灰黄色石英砂岩和长石石英砂岩，夹灰色砂质页岩，出露厚度106 m，与常州沟组整合接触。

【其他】 据区域岩性资料，串岭沟组沉积环境为潮间—潮下环境，海水比常州沟期深。

延庆西北部为潮下鲕肾状藻铁岩相，底部沉积了宣龙式铁矿，属浅海高能环境，向上发育黑色含碳页岩，含钾页岩和叠层石白云岩。密云平谷一带则属藻礁障壁沉积，由柱状、锥状叠层石白云岩构成巨厚层大型透镜体直接覆于常州沟组石英岩之上，其上部页岩含钾量高（$K_2O$ 8%～12%），钾矿层 3～5 层，走向可伸达 10 km 以上。昌平地区为潮间泻湖还原环境，而房山一带则靠近盆缘，砂岩增多，为潮间混合坪环境。

**团山子组　Ch*t*　（11－0003）**

【创名及原始定义】　团山子组是陈晋镳 1962 年在天津蓟县建立的岩石地层单位①，1964 年蓟县现场会议正式确认。创名地点位于蓟县下营镇团山子村。原始定义：在串岭沟组之上，河北各地均有一套以红、灰色白云岩及绿色、红色页岩为主的地层。按照高振西早年的著作，列为串岭沟组的上部。也有人把它划为大红峪组。如果从震旦系的沉积旋回考虑，以上两种分法都有其缺点，从便于地层对比与研究震旦纪地质起见，建议在高振西等的串岭沟组与大红峪组之间建立一个新的“团山子组”。

【沿革】　北京市的团山子组在 70 年代以前均合并于串岭沟组中，之后才引用蓟县团山子组。其上、下界线很清楚，各家无多大分歧。如《华北地区区域地层表·北京市分册》（1977）、《北京市区域地质志》（1991）均称团山子组。本次清理也沿用此名。

【现在定义】　指串岭沟组之上、大红峪组之下的一套厚层含铁白云岩（风化面褐色）、淡红色薄层白云岩夹砂岩、石英岩状砂岩、粉砂质页岩的岩石地层。其底部以铁白云岩和砂质含菱铁矿白云岩与下伏地层分界，顶以板层夹中厚层石英岩状砂岩（“大白石英岩”）始现与上覆大红峪组分界。与下伏及上覆地层均为整合接触。

【层型】　正层型位于天津市蓟县下营镇团山子村，1964 年由潘河生、陈守柯重测。北京市以十三陵德胜口剖面为次层型（116°11′03″，40°17′55″。由汪长庆等 1978 年测制）。

上覆地层：　**大红峪组**　灰白色巨厚层沉积石英岩

——————— 整　合 ———————

| | |
|---|---|
| 团山子组 | 总厚度 58.9 m |
| 二段 | 36.0 m |
| 26. 米黄色细晶灰质白云岩、纹层状泥云岩，砾屑泥云岩，密纹层叠层石白云岩 | 20.0 m |
| 25. 上部米黄色泥云岩，紫灰色白云岩与黑灰色波纹叠层石泥云岩互层；下部灰色锥叠层石泥晶白云岩与纹层状泥云岩韵律互层，具斜层理 | 10.8 m |
| 24. 上下为深灰色白云质泥岩，中部为团块白云岩、紫灰色条带状泥云岩，具斜层理 | 5.2 m |
| 一段 | 22.9 m |
| 23. 黄灰色竹叶状砾屑白云岩，紫灰色厚层条带状白云质泥岩、波状层理 | 1.9 m |
| 22. 紫黑色白云质泥岩、泥质白云岩，底部砾屑白云岩，见包卷层理 | 6.7 m |
| 21. 黑色薄层白云质泥岩与褐黄色白云岩韵律互层 | 9.3 m |
| 20. 黄灰色白云岩与暗灰色白云质泥岩韵律互层 | 5.0 m |

——————— 整　合 ———————

下伏地层：**串岭沟组**　黑色粉砂质页岩

【地质特征及区域变化】　本组在德胜口剖面可分为两段：一段为紫黑色厚层条带状含粉

① 陈晋镳，1963，河北震旦系。河北省地质学会 1962 年年会论文汇编，第一辑。

砂泥质白云岩、白云质泥岩与绿灰色泥晶白云岩互层。二段为灰色中厚层含硅泥晶白云岩夹紫黑色泥质白云岩。岩石组合以白云岩为主（88%），砂岩（8%）和页岩（4%）次之。地球化学特征富含钾钠。含有微古植物和叠层石，叠层石产于二段，主要有 *Conophyton* cf. *garganicum*，*Stromacolumna* f. 等，与串岭沟组整合接触。

团山子组分布状况与常州沟组一样。主要岩性是白云岩。厚度不大，但各处相差较大。

(1) 南口—十三陵一带以德胜口剖面为代表，可分两段（如上述)，厚度近 60 m。

(2) 密云水库周边地区以大龙门剖面和崎峰茶剖面为代表。大龙门剖面厚 160 余米，主要是泥质粉砂质白云岩，含泥质砾屑白云岩，条带、条纹状粉晶白云岩夹白云质页岩。中部见有大型柱状和包心菜状叠层石。崎峰茶一带厚 240 m，以灰色含粉砂泥质白云岩、条纹状粉晶白云岩为主，发育泥裂、波痕和岩盐假晶，见有燧石条带，中部发育叠层石。与串岭沟组整合接触。

(3) 平谷北山以灰色薄—中厚层泥质白云岩、粉砂质白云岩和泥晶白云岩为主，夹少量粉砂岩和石英砂岩。厚 300 余米。与串岭沟组整合接触。

(4) 延庆地区主要分布在营门和红旗甸。营门剖面厚 223 m，下部为紫、灰绿色砂质页岩与紫灰色薄层白云岩互层；中部为紫褐、灰白色白云岩及条带状硅质白云岩；上部为灰色中层状白云岩，含有砂岩和叠层石。

(5) 房山磁家务一带，厚度 91 m。底部为灰黑色硅质白云岩与灰绿色钙质页岩互层；下部为薄层含钙细粒长石砂岩；中部为灰黑色硅质白云岩夹页岩；上部为灰白色硅质白云岩与黄白色长石石英砂岩互层。

【其他】 团山子期总体上属于咸化泻湖沉积环境，岩石以泥质粉砂质白云岩和含岩盐假晶白云岩为主，夹少量页岩和粉砂岩。在盆地边部如房山和古北口，则含较多的砂岩、长石石英砂岩和砂质页岩，为潮间混合坪环境。

**大红峪组 Ch*d* (11-0004)**

【创名及原始定义】 大红峪组原称“大红峪石英岩及安山岩流”，是高振西、熊永先、高平等（1934）在蓟县创立的，创名地点位于天津市蓟县城北大红峪沟。原始定义：细粒、块状、浅黄或灰色、淡色石英岩，有时为长石质（石英岩）。具交错层理。厚度有变化，最厚可达 370 m，甚至 400 m，最薄者仅 50～60 m。下部与页岩互层，但向上逐渐变为纯石英岩。差不多在上述石英岩之上部，在不同地点见到安山岩流，厚度极不规则，可达 20 m，或仅几米或小于 1 m。熔岩不连续，是一层还是几层尚不清楚。

【沿革】 田奇瑪（1923）在南口划分的“上石英岩”和其上的“上矽质石灰岩”下部相当于大红峪组。1959 年全国地层会议改称大红峪组之后，北京地质学院（1961)、《华北地区区域地层表·北京市分册》(1977)、《北京市区域地质志》(1991) 等均沿用该名至今，只是在时代归属和接触关系方面有些不同的认识。

【现在定义】 指团山子组之上、高于庄组之下的一套火山—沉积岩系。下部为石英岩状砂岩、长石石英砂岩、白云岩夹富钾粗面岩、火山角砾岩、凝灰质砂岩；上部为白云岩、燧石白云岩，含大量叠层石。其底部以石英岩状砂岩（“大白石英岩”）与团山子组白云岩分界；顶界与高于庄组最底部含砾粗砂岩和含长石石英岩状砂岩呈平行不整合接触。

【层型】 正层型位于天津市蓟县下营镇大红峪沟，1964 年由任富根、陆松年重测。北京市选取平谷县万庄子甲山剖面为次层型（116°59′23″，40°13′27″。由《北京市区域地质志》火山岩编写组 1986 年重测）。

上覆地层：**高于庄组**　灰白色中细粒石英长石砂岩

——————整　合——————

大红峪组　总厚度445.2 m

二段　133.4 m

35. 上部粉砂质条带白云岩，中下部燧石条带白云岩　32.1 m

34. 灰黑色薄层白云岩与硅质页岩互层　4.4 m

33. 上部砂质白云岩，下部燧石条带白云岩　29.1 m

32. 灰色燧石条带锥叠层石白云岩，锥高1.5 m　8.3 m

31. 褐黄色中厚层中粗粒长石石英砂岩，中下部有数层0.4～0.6 m厚鲕粒重晶石砂岩　19.8 m

30. 上部巨厚层燧石团块锥叠层石白云岩，下部燧石条带白云岩，顶底为大波纹状泥晶白云岩　37.6 m

29. 灰白色中厚层砂质白云岩，局部为含砾砂岩　2.1 m

一段　311.8 m

28. 褐红色含火山角砾白云岩　1.8 m

27. 褐红色粗面质蚀变熔结角砾岩　12.4 m

~~~~~~~~~~ 火山喷发不整合 ~~~~~~~~~~

26. 灰白色中厚层碧玉条带白云岩　7.6 m

25. 灰白色中厚层中粗粒石英砂岩，具有斜层理　1.7 m

24. 褐黄色中厚层砂质白云岩　1.7 m

23. 暗灰绿色玄武岩与红色粗面岩组成喷发韵律　6.5 m

22. 灰绿色玄武岩与浅紫色粗面质角砾岩及凝灰岩组成两个喷发韵律　5.7 m

21. 紫色含砾凝灰质砂岩　2.8 m

20. 灰绿色玄武岩与浅紫色粗面质角砾岩、凝灰岩构成喷发韵律　5.4 m

19. 暗紫色中厚层含砾凝灰质砂岩　3.8 m

18. 灰绿色玄武岩、紫红色杏仁状粗面岩与粗面质火山角砾凝灰岩构成两个喷发韵律　66.1 m

17. 灰绿色玄武岩与紫红色粗面质角砾凝灰岩构成喷发韵律　30.4 m

16. 褐灰色玄武岩与暗灰色粗面质角砾凝灰岩组成两个喷发韵律　12.1 m

15. 灰绿色玄武岩（具假枕状）、褐灰色蚀变玄武岩、浅紫红色含角砾玄武岩与紫红色气孔状粗面岩组成喷发韵律　19.3 m

~~~~~~~~~~ 火山喷发不整合 ~~~~~~~~~~

14. 上部灰白色含砾粗粒石英砂岩，具大型板状斜层理；下部为砾岩，砾石为粗面岩，具叠瓦状构造　2.9 m

13. 肉红色粗面质火山角砾岩　1.5 m

12. 紫红色凝灰质粉砂岩，具小型交错层理　9.2 m

11. 灰绿色玄武岩与紫红色气孔状粗面岩构成两个喷发韵律　49.7 m

10. 紫灰色薄层凝灰质粉砂岩　0.8 m

9. 暗绿色玄武岩与暗紫色杏仁状粗面岩构成两个喷发韵律，底部为黄白色蚀变玄武岩，具大型喇叭状气孔构造　16.8 m

~~~~~~~~~~ 火山喷发不整合 ~~~~~~~~~~

8. 灰白色纹层白云岩，大波纹状白云岩与叠层石白云岩　3.4 m

7. 黑绿色玄武岩与浅紫红色熔渣状粗面岩构成喷发韵律　15.3 m

~~~~~~~~~~ 火山喷发不整合 ~~~~~~~~~~

6. 灰色中厚层白云岩　1.7 m

5. 底部黄白色气孔状蚀变玄武岩（高岭土化），向上为灰色玄武岩，紫红色气孔状粗面岩 21.3 m

~~~~~~~~~~ 火山喷发不整合 ~~~~~~~~~~

4. 灰色纹层白云岩，小波纹状白云岩，大波纹状白云岩，叠层石白云岩组成韵律 1.8 m

3. 浅黄色凝灰质砂岩 3.1 m

2. 浅灰色中厚层纹层状白云岩，夹竹叶状砾屑白云岩 4.3 m

1. 褐黄色凝灰质砂岩 2.7 m

———————— 整 合 ————————

下伏地层：团山子组 浅灰色中厚层燧石条带白云岩

【地质特征及区域变化】 大红峪组以碎屑岩占优势。一般可分为两个岩性段：一段由沉积石英岩与含粉砂泥晶白云岩组成，二段以燧石条带白云岩为主夹硅质岩。在平谷北山地区一段发育火山岩。本组厚 82～559 m，普遍发育叠层石，与下伏团山子组为整合接触。

本组出露状况与前述三个组一样，主要分布在军都山和平谷北山。

（1）南口—十三陵一带：南口剖面厚 72 m，下部为灰白、灰、黄褐色中厚层含长石石英砂岩、石英粗砂岩、石英砂岩及粉砂岩；中部为灰白、青灰色中层状硅质白云岩；上部为浅黄、灰白色石英岩及石英砂岩、粉砂岩夹白云岩、泥质白云岩；顶部为灰、深灰、青灰色中、厚层状硅质白云岩夹钙质板岩。白云岩中产有叠层石 *Conophyton* f.，*Kussiella* f.，*Gruneria* f.。与团山子组为整合接触。德胜口剖面厚 82 m，分两个段：一段为灰白色厚层状沉积石英岩与深灰色硅质条带泥晶白云岩互层，底部含砾，与团山子组整合接触；二段为深灰色纹带状白云岩、叠层石白云岩，夹少量砂质白云岩。产叠层石：*Kussiella* f.。

（2）密云水库周边地区：怀柔孙胡沟一带厚 250 m，下部为灰、灰白色含泥质粉砂岩、石英砂岩和白云质石英砂岩，中部为浅紫色、灰色硅质条带白云岩、砂质白云岩和白云质石英砂岩，上部为灰色中—厚层硅质条带白云岩、粉晶白云岩。白云岩中产柱状、锥状、包心菜状叠层石。大龙门一带厚 170 m，底部为灰绿色玄武岩（厚约 10 m），下部为浅灰色、灰白色石英粉砂岩和石英细砂岩，发育透镜状层理和斜层理，中部为黄灰—灰色白云质石英砂岩与砂质白云岩互层，上部为灰—深灰色泥晶白云岩、粉晶白云岩，产叠层石，与团山子组呈喷发不整合接触。

（3）平谷北山地区为火山岩发育地区，分为两个段：一段为灰绿色玄武岩、紫红色粗面岩、凝灰质砂岩、粉砂岩、石英砂岩和纹层状白云岩、叠层石白云岩组成火山-沉积岩石组合，厚 311 m，火山喷发具有先水下后水上的特点，可分为早、中、晚 3 期，喷发中心在平谷挂甲峪—熊耳寨一带；二段为灰色硅质条带锥叠层石白云岩，砂质白云岩和少量长石石英砂岩，厚 133 m。与团山子组整合接触。从火山喷发中心向外火山岩累积厚度则减小。

（4）延庆地区营门剖面厚 170 m，下部为杂色石英砂岩；中部为灰白色硅质白云岩，含有硅质条带或团块；上部为乳白色石英岩。

（5）房山磁家务，顶部出露不全，厚 335 m。下部为砖红色长石砂岩夹黄白色长石石英砂岩；中部以灰白色细砂岩，石英砂岩为主；上部为灰白色与砖红色粘土质长石石英砂岩互层。

【其他】 大红峪期北京市大部分为潮间—潮下沉积环境。延庆、昌平、密云、怀柔、平谷大部分为潮坪环境，沉积了一套砂岩与白云岩组合。在平谷地区发育古火山，可以数出数十个喷发次，形成了火山岩-沉积岩组合。其中火山岩分布面积约 1 000 km$^2$（北京）。在火山间歇期形成的白云岩中含有叠层石。在北京的房山和密云古北口等地，沉积了一套以长石砂
~~~~~~~~~~

岩、长石石英砂岩和石英岩为主的岩石组合，夹有少量的富钾页岩和白云岩，显示了滨岸沙滩沉积环境。

**高于庄组 Chg （11－0005）**

【创名及原始定义】 原称“高于庄灰岩”，由高振西、熊永先、高平等（1934）在蓟县建立，创名地点位于蓟县城北高各庄和于各庄村。原始定义：这是震旦系最下部的灰岩建造。由石英岩、板岩、页岩和硅质石灰岩组成。约有几米厚的石英岩和页岩位于底部，随之为灰色、薄层、块状硅质灰岩。块状部分以富含 *Collenia* 为特征。中部全为薄层硅质灰岩与页岩或板岩互层，然后变为块状致密灰岩，亦为硅质，但不含燧石结核。最上部为含 *Collenia* 的块状燧石灰岩。厚至少 1 050 m，可达 1 300 m。

【沿革】 1923 年田奇瑰在南口剖面划分的“上矽质石灰岩”中上部相当于高振西等（1934）创名的“高于庄灰岩”。1959 年全国地层会议后改称高于庄组。50 年代末至 60 年代，北京市的高于庄组划分为上、下两个段。70 年代始分为 4 个段，其上、下界线无多大变化。《华北地区区域地层表·北京市分册》(1977)、《北京市区域地质志》(1991) 及本次清理都沿用 4 段划分法。

【现在定义】 指大红峪组之上、杨庄组之下以碳酸盐岩占绝对优势的一套岩石地层，岩性主要为厚至薄层白云岩和白云质灰岩。其底部为含砾粗砂岩和含长石石英岩状砂岩；下部多含陆源碎屑，并含多层叠层石；中下部有“蓟县式”锰硼矿；中上部含碳质和沥青质；顶部多燧石结核并夹硅质岩；与下伏大红峪组为平行不整合接触，与上覆杨庄组为整合接触。

【层型】 正层型位于天津市蓟县大红峪沟—翟庄村北，1964 年由陈晋镳、薛知照重测。北京地区选取十三陵德胜口剖面为次层型（116°11′12″，40°17′49″。是由汪长庆等 1978 年测制的）。

上覆地层：**杨庄组** 紫红色泥云岩，厚层状白云质砂岩

——————— 平行不整合 ———————

| | |
|---|---|
| 高于庄组 | 总厚度 1 004.9 m |
| 四段 | 520.0 m |
| 55. 上部灰色泥晶白云岩，下部浅灰色中厚层燧石团块细晶白云岩，燧石条带叠层石白云岩 | 20.9 m |
| 54. 黑色豆状燧石条带白云岩，藻团硅质条带白云岩，小波纹叠层石白云岩 | 32.7 m |
| 53. 浅灰色中厚层含砂屑细晶白云岩，硅质条带白云岩，纹层叠层石白云岩，黑色纹层状燧石条带泥云岩组成沉积韵律 | 74.8 m |
| 52. 硅质条带波纹叠层石白云岩，黑色燧石条带波纹状白云岩，浅灰色白云岩组成沉积韵律 | 92.5 m |
| 51. 硅化核形石白云岩，断续硅质条带波纹叠层石白云岩夹燧石条带泥晶白云岩 | 58.0 m |
| 50. 纹层泥晶白云岩，断续硅质条带白云岩，厚层含砂硅质白云岩，硅质条带锥叠层石白云岩组成沉积韵律 | 61.3 m |
| 49. 浅灰色硅质条带泥晶白云岩，黑色层纹燧石条带白云岩、灰色巨厚层白云岩组成韵律 | 52.1 m |
| 48. 灰白、浅灰色细—粗晶白云岩，硅镁质条带纹层白云岩，灰色泥晶白云岩组成韵律 | 82.7 m |
| 47. 大波纹叠层石白云岩，包心菜叠层石白云岩，硅镁质条带波纹状白云岩，浅灰色纹层叠层石白云岩组成韵律 | 45.0 m |
| 三段 | 215.9 m |

46. 上部深灰色厚层泥晶—细晶白云岩，下部深灰色含灰白云岩 55.6 m

45. 深灰色灰质白云岩与灰黄色含灰白云岩组成密集韵律互层，发育脉状层理，压扁—透镜状层理 35.0 m

44. 灰黄色白云质灰岩与深灰色白云岩组成密集韵律互层，发育脉状层理，压扁—透镜状层理 39.2 m

43. 灰黑色白云质灰岩与深灰色灰质白云岩组成密集韵律互层，夹赤铁矿锰质透镜体 50.4 m

42. 中层板状（砖块状）含灰白云岩与叶片状泥晶白云岩韵律互层，有两层瘤状白云岩，瘤直径约 10 cm 35.7 m

二段 161.2 m

41. 灰色厚—巨厚层硅质细条带泥晶白云岩与浅灰色泥质白云岩 20.0 m

40. 灰色中—薄层泥质泥晶白云岩，浅灰色泥晶白云岩，黑灰色含锰白云岩，紫红色含锰泥晶白云岩。波痕 $L=18$ cm，$H=2$ cm 90.9 m

39. 灰色中厚层泥晶白云岩，黑灰、浅灰色泥云岩 34.1 m

38. 上部紫红色含锰白云岩，紫灰色含锰叶片状泥质白云岩，下部深灰色薄层含锰泥晶白云岩 16.2 m

一段 107.8 m

37. 浅灰色燧石条带锥叠层石白云岩，深灰色纹层燧石条带泥晶白云岩组成韵律 13.8 m

36. 深灰色巨厚层泥晶白云岩，厚层白云岩与硅质条带锥叠层石白云岩组成韵律 48.5 m

35. 灰黑色含绢云母泥晶白云岩，含砂屑绢云母白云岩，浅灰色砂屑含泥白云岩，灰黑色含锰泥云岩组成两个韵律层，具斜层理 16.9 m

34. 灰色包心菜叠层石白云岩，燧石团块白云岩，黑色燧石条带纹层白云岩，浅灰色砂屑泥晶白云岩，砂质白云岩，竹叶状砾屑砂质白云岩构成沉积韵律，具斜层理 21.9 m

33. 灰色巨厚层白云质砂岩，巨厚层白云质粗砂岩，浅灰色厚层中、细粒石英砂岩，具斜层理 6.7 m

——————整　合——————

下伏地层：**大红峪组**　深灰色硅质条带纹层泥晶白云岩

【地质特征及区域变化】　高于庄组是中元古代以来第一次最广泛海侵的产物，内源沉积作用明显，藻类大量繁衍，依据岩性特征可明显分为 4 个岩性段。

一段底部为厚层、巨厚层白云质砂岩、石英砂岩和粉砂岩，厚度 10～44 m，与下伏大红峪组为整合接触。下部为含砂屑白云岩、砂质白云岩、燧石条带白云岩；上部为泥晶白云岩、燧石条带白云岩和锥叠层石白云岩。总厚度约 100 m。

二段为灰色、紫红色含锰白云岩、泥质泥晶白云岩和燧石条带白云岩，发育波痕，厚约 160 余米，在平谷中心村可形成 2～4 层蓟县式锰硼矿。

三段为板层状含灰白云岩、灰质白云岩与白云质灰岩不等厚互层，夹页片状泥质白云岩，下部发育多层瘤状灰岩或白云岩，脉状层理、压扁—透镜状层理非常发育。本段厚 200 多米，在延庆山区本段的灰岩可作为烧制水泥和石灰原料，但质量较差。

四段为锥叠层石白云岩、角砾状白云岩、燧石条带泥晶白云岩、含砂屑白云岩、核形石白云岩等组合而成，其中上部的叠层石个体较大，高可达 2 m 以上，形成岩礁。本组总厚度为 500～2 000 m。

高于庄组出露状况同前 4 个组基本一致，主要分布在军都山和平谷北山，在西山也有出露，但仅有中上部地层。

（1）南口—十三陵一带厚1 005 m。一段和四段含有丰富的叠层石和微古植物化石。二段有含锰页岩。三段灰质较高，但瘤状体不太发育，到溜石港一带不见瘤状灰岩。三段的板层状白云岩则是较好的建筑石料。

（2）密云水库周边地区：密云北部西石骆驼一带厚1 497 m，分4个段：一段底部为灰白色厚层细粒石英砂岩，向上则是深灰色硅质条带粉晶白云岩与浅灰色薄板状或页片状泥晶白云岩；二段底部为微含锰含硅质条带、团块泥晶白云岩，向上为浅灰色中层状泥晶白云岩；三段底部为深灰色薄层含灰白云岩夹深灰色白云质灰岩和瘤状灰岩，下部以深灰色中厚层含硅灰质泥晶白云岩、白云质灰岩为主，中部为深灰色含硅泥晶白云质灰岩、灰质白云岩，上部黑—灰黑色薄层含硅白云质灰岩夹瘤状灰岩；四段底部为灰色薄层粉晶白云岩，下部浅灰色厚层粉晶白云岩夹薄板状粉晶白云岩，含少量燧石团块，中、上部浅灰色中—厚层砂质条带粉晶白云岩，顶部夹鲕粒硅质岩。

大龙门剖面厚1 624 m。一段为粉—泥晶白云岩，上部含少量燧石条带，见包心菜状叠层石。二段底部为棕、灰色含锰页岩，向上为灰白色中—厚层含硅泥晶白云岩。三段为硅质条带白云岩、灰质白云岩和白云质灰岩，下部和底部发育多层瘤状灰岩。四段以含燧石条带、团块白云岩为主，夹少量砾屑白云岩和藻团纹层状白云岩。

怀柔北台子一带厚1 236 m。岩性与大龙门一带相似。

（3）平谷北山厚1 350～1 520 m。一段为灰色厚层泥晶白云岩、含燧石条带白云岩夹燧石层。二段为灰色含锰白云岩、粉晶白云岩、硅质条带白云岩，个别地段形成扁豆状锰矿。三段为细晶—泥晶白云岩和白云质灰岩，夹瘤状灰岩。四段为浅灰—灰白色角砾状白云岩、硅质条带白云岩，含粉砂白云岩等。

（4）延庆地区营门一带厚450 m，难以分段。下部为灰白色中层燧石条带白云岩，有薄—中层青灰色白云质灰岩夹层。上部为灰白、青灰色中层白云岩，见少量燧石条带。

（5）西山地区主要出露在沿河城北和十渡西南靠近河北省边界地区，仅见第二段至第四段，岩性基本与十三陵地区一致，但三段灰岩不发育。

【其他】　高于庄期海侵广泛，从早到晚构成了一个较大的海侵旋回。早、晚为滨海潮坪环境，中期为浅海陆架环境。在房山南部和延庆北部，由于靠近盆地边缘，沉积了较多的陆源碎屑。

**杨庄组　Jx*y*　（11-0006）**

【创名及原始定义】　原称“杨庄红页岩”，由高振西、熊永先、高平（1934）在天津蓟县建立。创名地点位于天津市蓟县城北罗庄乡杨庄村一带。原始定义：指直接覆盖在高于庄灰岩之上，为一特有的血红色页岩状沉积系列。厚层，有白色斑点，很像红色石灰泥，可能称之为红色泥岩较好。在整体上杨庄红色页岩是红、白相间，但经化验其物质是相同的，岩性特征无明显不同。厚度估计在410 m。此页岩与高于庄灰岩之间的接触关系十分明显，很可能为一平行不整合。

【沿革】　“杨庄红页岩”在1959年全国地层会议后改称杨庄组。高振西等（1934）在研究北京西山地质时认为“杨庄红页岩”缺失，但提到在镇边城一带发现其踪迹，由于断层造成掩盖。1949年后直到70年代，北京地区的杨庄组都认为只出露于平谷一带，如《华北地区区域地层表·北京市分册》（1977）。80年代以来，随着工作不断深入，认识到杨庄组岩性横向变化很大，杨庄组在西山和延庆等地是以富含陆源砂沉积出现的，80年代所提交的1∶5万区调报告和《北京市区域地质志》（1991）及本次清理都体现了这一看法。

【现在定义】 指高于庄组之上、雾迷山组之下的一套具特殊的红色或红、白相间颜色的含粉砂泥状白云岩，夹燧石白云岩、白云质灰岩及沥青质白云岩的岩石地层。其底部以灰白色泥状含砾砂屑白云岩与下伏地层分界；顶以大套红色岩层消失后始现的块层藻白云岩与上覆雾迷山组分界。与下伏及上覆地层均为整合接触。

【层型】 正层型位于天津市蓟县城北罗庄乡三间房，1964 年由陆宗斌、张广坤重测。本市选取昌平县马刨泉剖面为次层型（115°51′51″，40°09′53″。由北京市地质调查所区调一队 1991 年测制）。

上覆地层：雾迷山组　深灰色厚层状藻团白云岩

——————— 整　合 ———————

杨庄组　　总厚度 64.02 m

| | |
|---|---|
| 15. 上部为浅灰色中厚层泥晶白云岩，下部为灰色微红色中厚层状含砂砾屑白云岩 | 4.59 m |
| 14. 灰白色薄层状—中层状砂质砂屑白云岩，平行层理发育。砂屑为泥晶白云岩，底部具 20 cm 厚的黄灰色薄层状含砾砂质白云岩 | 3.15 m |
| 13. 黄灰色薄层状粉晶白云岩，纹层发育 | 1.43 m |
| 12. 浅灰色中厚层状含硅质条带、团块粉晶白云岩。中部有硅质风暴岩，呈鱼骨刺状。底部为土黄色薄片状含砂含鲕砂屑粉晶白云岩 | 5.72 m |
| 11. 浅灰色厚层状白云质中粗粒石英砂岩，夹有白云质条带及含砂白云岩，脉状层理发育。底部为土黄色含砂屑泥晶白云岩 | 5.15 m |
| 10. 顶部为灰白色细晶白云岩，中下部为灰色微红色中厚层状粉晶白云岩 | 8.01 m |
| 9. 灰白色中厚层状白云质中粗粒石英砂岩，含云石英砂岩夹泥晶白云岩，斜层理发育 | 8.58 m |
| 8. 灰色微红色中厚层状含硅质团状泥晶白云岩夹少量含砂白云岩 | 4.03 m |
| 7. 浅灰色中厚层状白云质中细粒石英砂岩与泥晶白云岩互层，下部发育斜层理 | 3.45 m |
| 6. 灰白色中薄层状白云质石英砂岩，含砂屑细晶白云岩与泥晶白云岩组成旋回层序，脉状层理发育，中部夹一层灰白色硅质鲕粒白云岩（0.8 m） | 9.78 m |
| 5. 灰白色中厚层状泥晶白云岩，纹层发育，中部发育砂质细条带 | 1.73 m |
| 4. 灰白色巨厚层状含砾含云中粒石英砂岩，平行层理发育 | 4.20 m |
| 3. 肉红色中厚层粉晶白云岩，发育缝合线 | 1.20 m |
| 2. 灰白色厚层状含砾中粗粒石英砂岩，平行层理发育，砾石为硅质，次棱角状，大小 2～60 mm，底部具小型冲刷面 | 3.00 m |

——————— 平行不整合 ———————

下伏地层：高于庄组　灰色厚层状硅质条带细晶白云岩

【地质特征及区域变化】 杨庄组在北京市无论在岩性上还是在厚度上变化都非常大，以富含陆源碎屑为特征，以马刨泉剖面为例。厚约 64 m，由（含砾）石英砂岩、白云质石英砂岩、砂质白云岩和粉晶白云岩组成 8 个重复的基本层序，由底向上砂岩含量逐渐减少，层厚变薄，每个基本层序底部都发育小型冲刷面，尤其与高于庄组接触处，冲刷构造十分明显，冲刷面微弱起伏，其上为含砾砂岩，局部为砾岩，砾石大小为 0.2～2 cm，棱角状，主要成分为硅质，次为白云质，有些则是高于庄组的硅质条带白云岩，颜色呈肉红色或灰白色。石英砂岩中发育斜层理和脉状层理，石英颗粒磨圆度极好。中部还发育一层硅质鲕粒岩，厚约 0.8 m。

本组主要分布于军都山、平谷北山和西山。

（1）西山地区马刨泉至了思台一带厚约 64 m，主要由灰白色（含砾）石英砂岩、白云质石英砂岩、砂质白云岩和泥晶、粉晶白云岩组成。沿河城一带厚 53.3 m，由砾岩、砂砾岩、石英砂岩夹白云岩组成，砾石较大，可达 15 cm×10 cm，一般粒径 4～5 cm，十渡西南一带为石英砂岩和粉砂岩。在八宝山附近为紫红色泥岩和页岩，厚 61 m。与下伏高于庄组均为平行不整合接触。

(2) 南口—十三陵一带厚约 76 m，分为两段：一段为白云质砂岩、砂质白云岩、燧石团块白云岩和泥晶白云岩、砂砾屑白云岩；二段为波纹状泥质白云岩、硅质条带白云岩、藻团、叠层石白云岩。颜色紫红色、米黄色、灰色。与高于庄组为平行不整合接触。

(3) 密云水库周边地区：金叵罗一带厚 127 m，主要为紫红色白云质细砂岩、砂质白云岩、燧石条带粉晶白云岩，颜色普遍呈紫红、粉红和灰黄色。苍术会一带厚 140 m，底部为浅灰色厚层含燧石条带粉晶白云岩夹内碎屑白云岩；下部为浅灰色厚层含燧石条带粉晶白云岩与紫红色页片状泥质白云岩互层；中、上部以云质石英砂岩或含砂（砂质）白云岩与紫红色页片状含砂（粉砂）泥质白云岩互层为特征，夹燧石团块白云岩；顶部为浅灰、紫色中—厚层砾屑白云岩。怀柔丁香沟厚 74 m，下部为白云质石英砂岩、砂质白云岩、含砂白云岩和页片状含粉砂泥质白云岩韵律互层；上部为含粉砂泥质白云岩及泥粉晶白云岩。砂岩中发育斜层理、波痕和干裂。与高于庄组平行不整合接触。

(4) 平谷北山地区江水泉—茅山一带最厚，可达 684 m，分为 3 个段：一段以砂质白云岩和条带状白云岩为主，其次为紫红色和灰白色页岩，底部为紫红色页岩、石英砂岩或紫红色泥质白云岩；第二段为紫红色页岩夹灰白色页岩和燧石层；第三段为灰白、紫红色泥质白云岩和硅质白云岩。向西到三白山一带厚度剧减，仅有 124 m，无法分段。与高于庄组整合接触。

(5) 延庆地区主要分布在东北部干沟和大荒地一带。干沟一带，厚 135 m，主要是含砂（砾）白云岩、波纹层燧石条带白云岩和泥粉晶白云岩、内碎屑白云岩，颜色普遍呈灰白色、肉红色。与高于庄组平行不整合接触。

**【其他】** 杨庄期为低海平面时期，由于高于庄期末期发生海退，因而在海盆边缘普遍发育冲刷构造。根据岩性组合，大致可分以下几种环境：①沿河城、房山、昌平一带为滨海沙滩环境；②密怀地区为潮间带环境；③平谷东部为潮下泻湖环境。

杨庄期气候干燥炎热，蒸发量大，因而形成的岩石以紫红、粉红色为主。

**雾迷山组 Jx*w* (11－0007)**

**【创名及原始定义】** 原称“雾迷山灰岩”，由高振西、熊永先、高平（1934）在蓟县创立。创名地点位于天津市蓟县城西五名山。原始定义：仍为一硅质灰岩系列。平均厚度 1 150～1 500m 或更厚，为致密块状灰岩，特别是在石灰岩中夹有燧石纹层。由于燧石与石灰岩的硬度不同，燧石纹层在风化面上极易见到。在下部，此种特征较其上部差。在灰岩中部有一层仅几米厚的红色页岩，可能为侵蚀间隔，但也可能是海水在变浅时的相变化。

**【沿革】** 叶良辅等（1920）在《北京西山地质志》中所划分的“矽质石灰岩”的下部相当于雾迷山组。高振西等（1934）将“矽质石灰岩”与蓟县剖面对比后，细分为“雾迷山灰岩”、“洪水庄页岩”和“铁岭灰岩”。1959 年全国地层会议后改称雾迷山组至今。60 年代以来，北京市雾迷山组的划分基本一致，一般分 4 个岩性段，如北京地质学院（1961）、《华北地区区域地层表·北京市分册》（1977）、《北京市区域地质志》（1991）等。需要指出的是，近年来在西山地区进行区调工作时，在原来认为是雾迷山组的地层中划分出杨庄组和高于庄组

(李树祥等，1985①；郑桂森等，1993②)。

【现在定义】 指杨庄组之上、洪水庄组之下的一套富镁碳酸盐岩，夹少量碎屑岩和粘土岩的岩石地层。主要由燧石条带白云岩、叠层石白云岩、沥青质白云岩及少量泥状含粉砂内碎屑白云岩、硅质岩组成。其底部以一层块层藻白云岩与下伏杨庄组分界；顶以黑色粉砂质页岩始现与上覆洪水庄组分界。与下伏及上覆地层均为整合接触。

【层型】 正层型位于天津市蓟县罗庄乡磨盘峪村北山顶至磨盘峪南山，再由二十里铺起沿公路至洪水庄乡洪水庄东南，1964年由潘河生、裘淑厚重测。北京市选取十三陵萃花山—卧虎山剖面为次层型（116°12′13″，40°17′10″。是由汪长庆等1978年测制的）。

上覆地层：洪水庄组　浅灰色薄层泥质白云岩夹黄绿色、黑灰色页岩

——————整　合——————

雾迷山组　总厚度2 230.2 m

四段　524.0 m

20. 深灰色燧石条带纹层状泥晶白云岩，灰色硅质条带细晶白云岩，墙叠层石含粒屑白云岩，深灰色泥晶白云岩，黄色纹层状泥晶白云岩　56.5 m

19. 深灰色厚层藻团白云岩，灰色含鲕粒屑燧石条带泥晶白云岩，浅灰色含泥、含屑泥晶白云岩构成约15个韵律，单个韵律厚约16 m　247.2 m

18. 中层硅质砾砂屑白云岩，灰色藻团（锥叠层石）白云岩，菊花状同生砾岩，波状燧石条带白云岩，深灰色泥晶白云岩构成韵律约14个，单个厚约9 m　128.3 m

17. 灰色中薄层鲕粒硅质岩及鲕粒白云岩，大波纹状硅质条带纹层状白云岩，泥晶白云岩构成约11个韵律，单个厚约9 m　92.0 m

三段　854.0 m

16. 深灰色厚层含鲕花斑藻团白云岩，深灰色中厚层藻团白云岩（柱叠层石），菊花状同生砾岩，灰色球团粒硅质岩，黄色厚层燧石条带纹层状白云岩，泥晶白云岩组成6个韵律，单个韵律厚约21 m　136.0 m

15. 灰色燧石条带泥晶白云岩，灰白色厚层砂质白云岩，深灰色藻团白云岩（柱叠层石），灰色鲕粒硅质条带白云岩，棕黄色燧石条带白云岩，含砾砂屑条带泥晶白云岩构成5个韵律，单个韵律厚约22 m　115.0 m

14. 灰色薄层含泥泥晶白云岩，硅质条带纹层状白云岩，深灰色藻团白云岩（柱叠层石），菊花状同生砾岩，硅质条带含砾屑泥晶白云岩，灰色泥晶白云岩构成韵律，韵律中部藻团含量约80%。具斜层理，波痕，顶底部具水平层理，含泥质，具鸟眼、干裂构造　85.0 m

13. 浅灰色薄层含砂屑条带泥晶白云岩，灰黑色层纹状燧石条带白云岩（含藻丝体），灰黑色密波纹叠层石白云岩，深灰色厚层藻团白云岩(锥叠层石)，灰黑色密纹层—密波纹层叠层石白云岩，灰色燧石条带(团块)白云岩，灰色含泥泥晶白云岩构成5个韵律，单个韵律厚约37 m　184.0 m

12. 灰色泥晶白云岩，深灰色密硅质条带纹层状白云岩，灰黑色密波纹层叠层石白云岩，深灰色厚层藻团白云岩（柱、锥叠层石），灰色中层硅质砾屑白云岩，灰色波纹状白

---

① 李树祥等，1985，1∶5万沿河城幅区域地质调查报告。
② 郑桂森等，1993，1∶5万雁翅幅、阳坊幅区域地质调查报告。

云岩构成2个韵律，单个韵律厚约44 m　88.0 m

11. 深灰色薄层含泥泥晶白云岩，灰色燧石条带纹层状白云岩，灰黑色密纹—密波纹叠层石白云岩（小柱叠层石），黑色层纹状硅质条带白云岩（藻丝体），浅灰色大波纹—菊花状同生砾岩，灰色厚层藻团白云岩，柱锥叠层石白云岩，深灰色藻鲕藻团白云岩，灰色硅质条带纹层叠层石白云岩，泥质泥晶白云岩构成韵律　133.0 m

10. 黄绿色叶片状含泥粉砂屑泥晶白云岩，灰色菊花状同生砾岩及深灰色含柱叠层石硅质条带白云岩，灰色中厚层藻团白云岩，浅灰色鲕粒（核形石）白云岩，灰色纹层硅质条带白云岩，浅灰色含砂屑条带泥晶白云岩构成韵律　113.0 m

二段　402.0 m

9. 灰色硅质粒屑白云岩，灰色厚层藻团白云岩，浅灰色燧石条带波纹状白云岩，深灰色含砂砾屑白云岩组成韵律。顶部含粉砂屑　54.3 m

8. 米黄色泥质白云岩，黑色层纹状燧石白云岩，灰色厚层藻团白云岩，鲕白云岩，波纹状硅质条带状纹层白云岩，含砂砾屑泥晶白云岩组成韵律　140.9 m

7. 灰色中厚层波纹层泥晶白云岩，大波纹状硅质条带状白云岩，菊花状同生砾岩，灰黑色豆状藻团白云岩（格锥叠层石），大波纹状硅质条带纹层状白云岩构成韵律　119.2 m

6. 米黄灰色泥晶白云岩，深灰色菊花状硅质条带白云岩，灰色厚层藻团白云岩，黑色层纹状燧石白云岩（藻丝体），格锥叠层石白云岩（藻礁），豆状藻团（鲕）硅质岩组成6个韵律，单个韵律厚约15 m。底部为白云质页岩　87.6 m

一段　450.2 m

5. 浅灰色中薄层含泥泥晶白云岩，灰黑色纹层叠层石白云岩，黑紫色纹层燧石条带白云岩，含鲕硅质条带白云岩，深灰色厚层藻团白云岩，米黄色中层团粒硅质岩，深灰色波纹状燧石条带白云岩构成韵律　79.1 m

4. 灰色薄层泥晶白云岩夹密细硅质条带纹层状白云岩，灰色含鲕硅质条带白云岩，深灰色巨厚层藻团白云岩，锥叠层石白云岩组成韵律　133.3 m

3. 深灰色中厚层细硅质条带密纹—密波纹层叠层石白云岩，中薄层小杯叠层石硅质岩，深灰色厚层小柱叠层石白云岩，灰色中薄层菊花状同生砾岩，灰色鲕团粒硅质条带含鲕粒屑白云岩组成韵律　81.8 m

2. 灰黑色泥晶白云岩，中薄层菊花状同生砾岩，深灰色硅质条带密波纹叠层石白云岩（藻丝体），深灰色厚层藻团白云岩组成韵律　100.4 m

1. 灰白色薄层状泥质泥晶白云岩，深灰色燧石条带纹层白云岩，灰色中薄层豆状硅质条带藻团白云岩组成韵律　55.6 m

——————— 整　合 ———————

下伏地层：**杨庄组**　灰色硅质小柱叠层石泥晶白云岩

【地质特征及区域变化】　雾迷山组厚度巨大，2 000～3 500 m，为一套韵律性明显，富含有机质的碳酸盐岩地层。根据岩性组合和生物特征，可划分为4个岩性段。

一段为灰、深灰、灰黑色薄层泥质泥晶白云岩、燧石条带纹层状白云岩、藻团白云岩、密波纹叠层石白云岩等，夹有少量鲕粒白云岩。叠层石类型以小型假裸枝、小杯、小柱状叠层石为主，富含碳质和沥青质，干裂和鸟眼构造也很发育，厚度280～590 m。

二段主要由大波纹状硅质条带白云岩、厚层藻团白云岩和大中型柱、锥状叠层石白云岩、藻屑白云岩、密波纹沥青质白云岩、黑色层纹状燧石岩及菊花状同生砾岩组成沉积韵律，局部地区含砂量较高，发育石英砂岩和砂质白云岩。厚度约221～880 m。

三段厚度较大，主要由泥晶白云岩、纹层状白云岩、燧石条带白云岩、藻团白云岩、叠层石白云岩、鲕粒白云岩（或硅质岩）组成沉积韵律，菊花状构造、干裂、鸟眼、透镜状层理等很发育，岩石色调较浅，呈浅灰—灰白色，叠层石以大型锥、柱状为主，多由藻团构成。发育高能标志的鲕和核形石等，局部地区发育砂质白云岩或白云质砂岩，厚 502～1 007 m。

四段主要是硅质条带白云岩、泥晶白云岩、纹层状白云岩。藻团和叠层石则不发育，厚 534～984 m。

本组分布非常广泛，军都山、平谷北山和西山都有出露，尤其在西山地区，约占山区面积 1/3。本组岩石类型复杂，常呈韵律性组合，在北京地区大致相同。十三陵一带厚 2 230 m，密云溪翁庄一带厚 2 890 m，苍术会出露 1 000 m，未见顶，只相当于 1—3 段。平谷南山甘营—夏各庄一带厚 2 464 m。怀柔丁香沟—杨树底下一带厚 2 196 m。延庆胡平沟—大观头一带厚 2 485 m。西山沿河城一带厚 1 677 m。房山附近厚 2 700 m，在石窝一带因受热变质而形成大理岩——“汉白玉”。

【其他】 雾迷山期属于潮间—潮下环境，局部为泻湖环境。气候温暖，海水清澈，叠层石非常发育。本组含有多层菊花状砾岩，反映时有海啸风暴或古地震发生。

**洪水庄组　Jx*h*　（11-0008）**

【创名及原始定义】 原称“洪水庄页岩”，由高振西、熊永先、高平（1934）在蓟县创立，创名地点位于天津市蓟县洪水庄乡洪水庄。原始定义：本页岩仍为黑色，但也可见有暗灰及灰绿色岩层，在其底部出现褐黑色砂岩和页岩，中部则出现黑色、灰色乃至绿色页岩。上部为相对较浅色调沉积，灰色及带褐色页岩夹于白色石英岩中。本页岩以其较厚的单层厚度及无碳化而易与串岭沟页岩相区别，其厚度约 200 m，这也比前者薄得多。

【沿革】 叶良辅等（1920）在《北京西山地质志》中提到从大村到向阳口有一套薄层状黑色页岩，但他没单独划分出来，而是统划归“矽质石灰岩”。高振西等（1934）则将其对比为“洪水庄页岩”。1959 年全国地层会议后改称洪水庄组，沿用至今。

【现在定义】 指雾迷山组之上、铁岭组之下的一套灰黑、灰绿、褐灰、棕黄色含石英粉砂伊利石页岩，上部夹薄层石英砂岩，下部夹板层含泥砂质白云岩的岩石地层。其底部以黑色粉砂质页岩与下伏雾迷山组分界；顶以灰白色中厚层中粒石英砂岩始现与上覆铁岭组分界，与下伏及上覆地层均为整合接触。

【层型】 正层型位于天津市蓟县洪水庄乡床子岭村西南至老虎顶，1964 年由蒋永年、冯群跃重测。北京市选取十三陵德陵北沟剖面为次层型（ 116°15′32″，40°17′13″。由汪长庆等 1978 年测制）。

上覆地层：**铁岭组**　浅灰色中厚层泥晶白云岩

——————— 整　合 ———————

| | |
|---|---|
| 洪水庄组 | 总厚度 100.9 m |
| 二段 | 81.2 m |
| 25. 浅灰色纹层状泥晶白云岩。上部夹黑色薄层页岩，下部夹薄层粒屑白云岩 | 12.7 m |
| 24. 浅灰色泥质白云岩与黄绿色泥岩互层，下部夹薄层粒屑白云岩，含钙含菱铁矿结核，大波浪波痕，波长 50～60 cm | 15.7 m |
| 23. 黄绿色泥岩与浅灰色页岩互层，底部为黄绿灰黑色板岩，上部夹黑色页岩及块状黄灰色泥岩 | 52.8 m |
| 一段 | 19.7 m |
| 22. 黄灰、浅灰色页岩与白云质泥岩互层 | 13.5 m |

21. 浅灰色薄层泥质白云岩夹黄绿色页岩、黑色页岩。上部泥质白云岩层面见大波浪波痕，$L=15$ cm，$H=2$ cm　　6.2 m

——————— 整　合 ———————

下伏地层：**雾迷山组**　黄色薄层纹层状泥晶白云岩

【地质特征及区域变化】　洪水庄组以黑色和深灰色页岩、粉砂质页岩为主，夹薄层白云岩和少量砂岩，发育黄铁矿、菱铁矿及锰质结核，与下伏雾迷山组整合接触。厚度约 100 m。洪水庄组主要分布于西山、昌平、延庆、怀柔及密云地区，分布面积小。在密云西智一带较厚，可达 180 m，其他地区较薄，大多 50～70 m，岩性变化不大。西山雁翅黄土贵一带厚仅 30 多米，主要是灰黑色页片状水云母页岩，夹砂岩，顶部为灰黑色薄层状泥晶白云岩，含铁质结核。水平层理非常发育。十三陵德陵北沟厚 100.9 m，分成两段：一段为深灰色页岩、黄绿色粉砂质页岩夹黑色含碳质粉砂质页岩及泥质白云岩；二段为灰、深灰色页岩、黑色页岩夹泥质白云岩及含泥粒屑白云岩，部分页岩变质成板岩。延庆三岔口厚 54 m，怀柔旧水坑厚 82 m，岩性相似。房山两峪口—霞云岭—北直河一带，厚 20 m 左右，主要是黑色千枚岩状粉砂质板岩夹白云岩透镜体。

【其他或问题讨论】　从岩性特征来看，洪水庄组应形成于还原环境，属浅海环境。由于洪水庄组分布远比雾迷山组范围小，一般认为在雾迷山末期发生海退，海域收缩到燕山地区，为海湾泻湖环境。但一方面海域收缩，另一方面海水加深，这是很矛盾的。因此，本次清理认为洪水庄组是海侵最大的产物，由于水深较深，形成了一套以细陆源碎屑物质为主的岩石，而向盆地四周则为白云岩沉积，而这些白云岩是属于上、下层位，洪水庄组只不过是雾迷山组与铁岭组之间的夹层而已，相当于层序地层学中的饥饿段沉积。

**铁岭组　Jx*t*　（11－0009）**

【创名及原始定义】　原称“铁岭灰岩”，由高振西、熊永先、高平（1934）在蓟县创立，创名地点位于天津市蓟县城北铁岭。原始定义：本灰岩较震旦纪所有其他灰岩为纯。以富含各种类型的 *Collenia* 为特征。有一种横断面为次圆形构造，纵断面为平行管状的特殊类型者仅限于本灰岩中。本灰岩的下部夹有灰色或绿色页岩层，随后为几十米厚的含 *Collenia* 的灰岩，接着是约十几米厚的单独的绿色页岩。上部为块状灰岩，含有上述特殊类型的 *Collenia*，总厚约 350 m。

【沿革】　叶良辅等（1920）在北京西山将“下马岭层”之下的一套碳酸盐岩统称为“矽质石灰岩”。高振西等（1934）将其上部对比为“铁岭灰岩”。1959 年全国地层会议后改称铁岭组，沿用至今。

【现在定义】　指洪水庄组之上、下马岭组之下的一套含盆屑、含锰白云岩，紫色、翠绿色页岩，叠层石灰岩及白云质灰岩。可分两段，以其一段顶部含钙质和铁锰质，二段上部群体生长的柱状叠层石发育为特征。其底部以灰白色中厚层中粒石英砂岩与下伏洪水庄组分界，为整合接触；顶以铁矿层及含铁粗砂岩或砾岩始现与上覆下马岭组分界，为平行不整合接触。

【层型】　正层型位于天津市蓟县洪水庄乡老虎顶，1964 年由梁玉左、薛知照重测。北京地区选取十三陵苏子山剖面为次层型（116°13′23″，40°15′06″。由汪长庆等 1978 年测制）。

上覆地层：**下马岭组**　铁质粉砂岩

－－－－－－ 平行不整合 －－－－－－

铁岭组　　总厚度 212.6 m

二段 113.1 m

32. 浅灰色厚层含燧石团块白云岩，灰色厚层纹层状泥晶白云岩，浅灰色厚层含黑色燧石条带白云岩，浅灰色柱叠层石白云岩，灰色纹层状白云岩 42.1 m

31. 浅灰色中—厚层微含锰含泥泥晶白云岩，浅黄、灰色中层含粒屑含泥泥晶白云岩，浅灰色泥质白云岩组成韵律。韵律底部见柱叠层石 38.6 m

30. 灰、黄灰色厚层竹叶状砾屑白云岩，灰黄色中—厚层白云质灰岩与灰质白云岩互层，浅灰色中—厚层泥质白云岩组成韵律。韵律底部见分叉柱叠层石 32.4 m

一段 99.5 m

29. 上部浅棕色中厚层微含锰含泥质白云岩；下部黄灰色中—厚层含锰泥晶白云岩夹浅棕色页岩 17.8 m

28. 上部黄灰、灰色中—厚层含泥屑泥晶白云岩夹黄绿色砂质页岩；下部为浅灰色中—厚层纹层状含泥泥晶白云岩夹黑色页岩，灰色中—厚层竹叶状砾屑白云岩组成韵律 32.3 m

27. 上部浅灰色纹层状含泥泥晶白云岩与黑色页岩不等厚互层（4∶1），含竹叶状砾屑白云岩组成韵律；下部浅灰色、黄绿色白云质页岩，灰黄黑色燧石条带含泥泥晶白云岩，含粒屑白云岩 21.1 m

26. 上部紫红色白云质页岩，浅灰色中—薄层竹叶状砾屑白云岩，含燧石条带纹层波纹层白云岩组成韵律；下部为浅灰色中—厚层粒屑白云岩，浅灰色中—厚层纹层状泥晶白云岩，灰色泥晶白云岩组成韵律。韵律上部见干裂，有冲刷面 28.3 m

———— 整 合 ————

下伏地层：洪水庄组 黑色薄层页岩

【地质特征及区域变化】 铁岭组分为两个岩性段：一段为白云岩或灰岩与页岩，主要为竹叶状砾屑白云岩、燧石条带白云岩、纹层状泥晶白云岩、微含锰白云岩夹灰绿色薄层页岩；二段为含叠层石白云岩段，主要是竹叶状砾屑白云岩、泥质白云岩、灰质白云岩和叠层石白云岩，含少量燧石团块。厚200多米，与下伏洪水庄组整合接触。

铁岭组分布与洪水庄组一致，主要出露于西山和延庆—怀柔地区。

(1) 沿河城—十三陵一带：沿河城西寺台子厚216 m。雁翅黄土贵厚251 m。在大村一带底部为砂质白云岩，发育斜层理。十三陵苏子山厚213 m，岩性无多大变化。

(2) 怀柔—延庆地区：主要分布于黄坎、吹风坨、柏木井和转山子一带，以延庆三岔口剖面为代表，厚330 m。一段为灰白—浅灰色薄—中层灰质白云岩夹黑色页岩和燧石透镜体，顶部产“四海式铁矿”(铁锰矿层)，厚约2 m。二段为灰白色白云质灰岩，含燧石团块，底部为含锰灰岩。本段的灰岩可用做水泥原料。产有丰富的叠层石。

(3) 密云地区主要分布于东智和西智，厚380 m。一段底部以中—厚层含粉砂质粉晶白云岩夹薄层页片状含粉砂白云岩、页岩为主；中、下部为中层状粉晶白云岩、含燧石条带白云岩；上部为含锰白云岩和赤铁矿层。二段下部以浅灰色、深灰色中—薄层云质灰岩、含灰白云岩为主；上部以条带状云质灰岩、灰质白云岩为主，夹叠层石灰岩。

(4) 房山区主要分布于房山西部西台子—霞云岭—长操—黄山店一带，厚89～414 m。一段下部为深灰色中—厚层硅质白云岩；上部为灰黑、棕黄色页岩或千枚状板岩，含少量锰质。二段为灰白、浅灰色中—厚层白云岩，具少量燧石条带和结核，有时夹黑色千枚状板岩和硅质板岩，含大量叠层石。

【其他】 铁岭组以白云岩（灰岩）为主。一段下部含较多的陆源碎屑和页岩，顶部产“四海式铁矿”或含锰。二段产有较多的叠层石。铁岭组本身构成一个较完整的海侵旋回。一段下部为潮间环境，上部则过渡到浅海陆架环境，形成深水相含锰白云岩（灰岩）和铁锰矿。二段为潮间—潮下环境，产有大量叠层石，含有较多竹叶状白云岩，海水比较动荡。总体上四海—密云一带水体较深，到房山和沿河城一带则靠近陆源，铁锰矿不见，代之以较多的砂、砾石出现。

**下马岭组　Qn*x*　（11－0010）**

【创名及原始定义】　原称“下马岭层”，是叶良辅等（1920）在北京西山创立的地层名称。创名地点位于门头沟区雁翅镇下马岭。原始定义：本层整叠于矽质灰岩之上，下半部为黑色碳质页岩与板岩，其上半部为黑色粗粒砂岩，风化面呈黄色。下马岭层整合于寒武系最下部红色页岩之下，其厚度约 700 m 到 450 m。

【沿革】　“下马岭层”创名后，其上界屡次变动。按叶良辅等的原始定义，它包括现今属于龙山组一段的粗碎屑岩，即叶良辅所称的“黑色粗粒砂岩”。高振西等（1934）和张文佑（1935）都称“下马岭页岩”，含义未动。1954 年，郝诒纯带北京地质学院学生在昌平龙山实习时将原“下马岭层”上部的砂岩称为“龙山砂岩”；又将叶良辅等所分覆于“下马岭层”之上的“下页岩”称为“前坡页岩”，同时称“下马岭层”下部的页岩为“后坡页岩”，都划归“下马岭页岩”，将其上界从“龙山砂岩”顶面上移至“前坡页岩”顶面（仅见于学生实习报告，未正式发表①）。1956 年，乔秀夫在《下马岭页岩的时代》一文中首次正式介绍了郝诒纯的划分方案。1958 年，申庆荣、廖大从和山则名把“下马岭层”限定在原“下马岭层”上半部石英砂岩之下。1959 年全国地层会议后改称下马岭组。但 50 年代末到 60 年代初，北京地质学院和北京市地质局对北京地区进行 1∶5 万区测时依然沿用郝诒纯的划分方案，只是改称“下马岭段”，置于“青白口组”内。1963 年，乔秀夫将“后坡页岩”、“龙山砂岩”和“前坡页岩”改称亚组，并合称下马岭组。1976 年，乔秀夫又发表文章将“龙山砂岩”和“前坡页岩”改建龙山组。至此，下马岭组的上、下界线才确立下来并沿用到今。

【现在定义】　下马岭组是由灰色、灰绿色、灰黑色页岩和粉砂岩组成的一套岩石地层，底部见有赤（褐）铁矿扁豆体、铁质粉砂岩及底砾岩，中部夹有饼状泥灰岩，上部为黑色硅质页岩。与下伏铁岭组白云岩及上覆龙山组石英砂岩均为平行不整合接触。

【层型】　正层型位于门头沟区雁翅镇青白口村西沟（115°47′48″，40°01′06″。系由汪长庆等 1980 年重测）。

上覆地层：**龙山组**　灰色巨厚层含砾不等粒石英砂岩

———————— 平行不整合 ————————

| | |
|---|---|
| 下马岭组 | 总厚度 343.9 m |
| 三段 | 177.0 m |
| 13. 黄绿、绿灰色页岩，易碎 | 21.2 m |
| 12. 深灰色页岩夹板状粉砂质页岩。具水平纹层 | 5.4 m |
| 11. 灰色粉砂质页岩夹黄绿色页岩。具水平纹层 | 34.8 m |
| 10. 黑色含碳质胶岭石硅质页岩夹黑色碳质页岩 | 86.7 m |
| 9. 黑色胶岭石硅质泥岩。岩石致密坚硬，性较脆，层面平直，可见水平纹层 | 28.9 m |
| 二段 | 53.7 m |
| 8. 绿色伊利石页岩夹灰色铁饼状泥灰岩（灰质白云岩）结核 | 16.7 m |

① 陈丽容等，1954，昌平县龙山地质，北京地质学院昌平教学实习队报告。

7. 灰色伊利石页岩夹含褐铁矿斑点伊利石页岩　27.1 m

6. 灰黑色页岩夹透镜状粉砂岩，页岩具水平纹层与脉状层理　9.9 m

一段　113.2 m

5. 褐铁矿石英粉砂岩与灰色页岩互层，两者厚度相似，单层厚约 3～10 cm　0.8 m

4. 灰绿、灰色伊利石页岩、含粉砂伊利石页岩与粉砂质伊利石页岩呈韵律互层，夹透镜状粉砂岩与含铁粉砂岩，灰色伊利石页岩中含微古植物：*Protoleiosphaeridium solidum*，*Laminarites* cf. *antiquissimus*，*Polyporata* sp.　85.0 m

3. 灰绿、绿灰色伊利石页岩。含微古植物 *Protoleiosphaeridium* aff. *faveolatum*，*P. solidum*，*Trachysphaeridium hyalinum*，*T. incrassatum*，*Trematosphaeridium holtedahlii*，*Microconcentrica* cf. *induplicata*，*Laminarites antiquissimus*，*Polyporata obsoleta*　16.9 m

2. 灰绿色页岩夹薄层褐铁矿。褐铁矿单层厚 2～5 cm，主要成分由褐铁矿和粘土质组成　5.8 m

1. 褐（赤）铁矿及铁质粉砂岩　4.7 m

——————— 平行不整合 ———————

下伏地层：铁岭组　黄色泥晶白云岩

【地质特征及区域变化】　下马岭组岩性以页岩占绝对优势。根据岩石组合特征，可分为 3 个岩性段。一段为含铁粉砂质页岩段，主要岩性是灰绿色页岩、伊利石页岩、粉砂质页岩夹粉砂岩和含铁粉砂岩。页岩中含有丰富的微古植物化石，底部普遍见有铁质风化壳，形成残积型铁矿。该风化壳在局部地段可见到覆在铁岭组不同层位上。二段为页岩夹铁饼状泥灰岩段，主要是灰色、灰绿色伊利石页岩、泥质粉砂岩夹铁饼状泥灰岩（或灰质白云岩）。三段为黑色硅质含碳页岩段，主要是灰黑色硅质页岩、碳质页岩、粉砂质页岩和灰绿色伊利石页岩，页理极为发育。总厚度 344 m。与下伏铁岭组为平行不整合接触。

下马岭组主要分布在西山和军都山。

（1）门头沟区沿河城—青白口一带：沿河城西寺台子厚 468 m。一段以黑灰色、灰色、黄绿色粉砂质页岩、页岩为主，夹粉砂岩和砂岩，底部含不稳定的铁矿层，中、下部普遍发育鲕状赤铁矿结核。二段为浅灰绿色粉砂质页岩夹砂岩、页岩及细砂岩，夹 5 层泥灰岩透镜体，泥灰岩呈铁饼状，大小 10～20 cm。三段为黑色、灰黑色页岩、粉砂质页岩，底部发育数层硅质页岩。黄土贵剖面厚 387 m，青白口剖面厚 344 m，岩性如上述。

（2）十三陵—怀柔吹风坨一带以昌平龙山剖面为例，厚 323 m，没有分段。其下部为灰、黄绿色页岩、粉砂质页岩夹含铁粉砂岩和细砂岩；中部为黄绿色和浅灰色页岩；上部为黑色含碳质页岩和黄绿色页岩。与下伏铁岭组为平行不整合接触。在相当二段测得 Rb－Sr 等时线年龄 951 Ma（据《北京市区域地质志》，1991）。

（3）密云地区主要分布在东智和西智。以太子务剖面为例，厚度 334.4 m。一段底部为紫褐色铁质角砾岩，呈透镜状，下部为浅灰绿色薄层含铁泥质粉砂岩，中上部为浅灰色薄板状细砂岩，发育小型低角度斜层理和透镜状层理。二段以绿灰色薄板—页片状泥质粉砂岩为主，夹透镜状细砂岩。三段下部为黑色薄板状硅质泥岩夹硅质岩，中部为薄板状含碳质页岩夹含碳质硅质泥岩，上部以碳质页岩为主，夹少量薄板状碳质泥质粉砂岩，顶部为泥岩。

（4）房山地区主要分布于西台子—长操—岳各庄一带，出露厚度 90～343 m。一段为黑色千枚状页岩与砂质页岩，有时为暗绿色千枚岩，底部具赤铁矿层或透镜体。有时具底砾岩，侵蚀面明显。二段为浅绿、灰绿色千枚状板岩或砂质板岩，有时含钙质结核。三段为黑色硅质页岩及碳质页岩，底部常出现灰色中厚层泥岩，含锰灰岩或泥质白云岩。

【其他】 本组从早到晚构成一个海侵旋回。早期为滨岸—潮间带沉积环境，由于铁岭期末期海退遭受风化剥蚀作用，提供了丰富的砂泥质物质，沉积了一套以页岩、粉砂质页岩为主的岩层，普遍含铁，底部形成赤（褐）铁矿层。中期海水加深，为潮下—浅海环境，形成一套灰、灰绿色页岩、伊利石页岩和泥灰岩或灰岩透镜体。晚期为潮下泻湖环境，以灰黑、黑色硅质页岩、含碳质页岩和伊利石页岩为主。

**龙山组 Qn*l* （11－0011）**

【创名及原始定义】 名称源自郝诒纯（1954）的“龙山砂岩”，乔秀夫1956年介绍。创名地点位于昌平龙山。原始定义：龙山亚组为页岩和厚层石英砂岩的互层，或者以厚层石英砂岩为主间有页岩夹层，但在燕山边缘完全相变为石英砂岩。

【沿革】 叶良辅等（1920）所划分的“下马岭层”上半部粗粒砂岩和其上的“下页岩”相当于现今龙山组。高振西等（1934）把“下页岩”置于“景儿峪灰岩”下部。郝诒纯（1954）创立了“龙山砂岩”和“前坡页岩”。1963年乔秀夫将“龙山砂岩”和“前坡页岩”分别改称亚组，划归下马岭组，1976年乔秀夫又将“龙山砂岩”和“前坡页岩”合并成龙山组，才解决了长期以来变化不定的局面。另外，1975年在太原召开的“华北区前寒武纪地层专题会议”也曾建议设龙山组。当时考虑到与南方龙山系重名，在编写《华北地区区域地层表·北京市分册》时由北京市地质局建议改称“长龙山组”，并沿用下来。由于南方龙山系早已解体，本次清理后恢复龙山组原名。

【现在定义】 龙山组为一套砂、砾岩和页岩组合，下部为砾岩、含砾含长石石英不等粒砂岩和粉砂岩，砂岩内普遍含海绿石。上部为紫红、黄绿色页岩夹薄层海绿石细砂岩。与下伏下马岭组为平行不整合接触，与上覆景儿峪组杂色薄层含泥灰岩为整合接触。

【层型】 正层型位于昌平县龙山（116°13′32″，40°14′36″。，由乔秀夫1976年重测）。

上覆地层：**景儿峪组** 角砾状泥灰岩

——————— 整 合 ———————

| 龙山组 | 总厚度 121.5 m |
|---|---|
| 7. 杂色纸片状易碎页岩 | 25.0 m |
| 6. 灰白色中厚—厚层粗粒石英砂岩，石英碎屑的磨圆度和球度均较好，上部局部变为含砾石英砂岩或细砾岩 | 9.5 m |
| 5. 粉砂岩及铁质砂岩，下部以薄层粉砂岩及细砂岩为主，风化面呈棕红色；上部为灰褐色—黄褐色中厚层铁质砂岩 | 31.0 m |
| 4. 黄绿色页岩夹粉砂岩 | 14.0 m |
| 3. 灰白色厚层粗粒石英砂岩，具交错层 | 6.0 m |
| 2. 灰白色薄层中粒石英砂岩及粉砂岩互层，富交错层，局部夹黄绿色页岩 | 22.0 m |
| 1. 淡黄褐色、厚层粗粒石英砂岩，富交错层；底部为细砾岩，砾石以石英及燧石为主，硅质胶结 | 14.0 m |

－－－－－－－ 平 行 不 整 合 －－－－－－－

下伏地层：**下马岭组** 黄色纸片状页岩

【地质特征及区域变化】 龙山组厚约100多米，可分为两个岩性段。一段为砂（砾）岩、页岩段，主要是（含砾）石英砂岩、长石石英砂岩、粉砂岩及页岩，底部为砾岩、砂砾岩以及含砾砂岩，砾径一般1～2 cm，少数可达4～6 cm，成分为燧石、石英砂岩等，冲刷面明显，与下马岭组为平行不整合接触。一段普遍含有海绿石，上部粉砂质页岩中发现宏观藻类化石（龙凤山藻和*Chuaria*)，砂岩中则发育斜层理和交错层理。二段为紫红色页岩段，一般厚20 m左右，主要是紫红色夹黄绿色易碎页岩，局部地区夹有海绿石细砂岩透镜体或（泥）灰岩透镜体。

本组分布状况与下马岭组基本一致，主要分布于西山和军都山。

(1)门头沟区主要分布于寺台子、青白口和下苇甸一带。寺台子厚167 m，底部为底砾岩，下部为含砾砂岩、石英砂岩、海绿石石英砂岩、细砂岩，上部为紫红色、紫灰色泥灰岩、页岩，顶部为紫红色石英砂岩。黄土贵厚113 m，青白口一带厚87 m，下苇甸厚137 m，岩性大同小异。在青白口剖面的一段页岩中含有丰富的宏观藻类化石。

(2)昌平—怀柔地区主要分布于昌平龙山和怀柔吹风坨一带。龙山剖面厚121.5 m，岩性如上述。

(3)密云地区主要分布于西智、东智一带，以太子务剖面为例，厚94 m，以灰黄、灰绿色薄板状粉砂岩或泥质粉砂岩为主夹石英砂岩、海绿石石英砂岩。底部为含砾粗砂岩，顶部为灰黑色含碳质粉砂质页岩。

(4)房山地区主要分布于长流水—龙门台—黄土台以及滴水岩—龙宝峪一带，厚11～225 m，一般100 m左右。下部为灰白色石英岩、灰、深灰色砂质页岩及（含砾）石英砂岩。中上部为灰黄色厚层含铁质石英砂岩及深灰色砂质页岩，偶含砾石，泥质较少。

【其他或问题讨论】 龙山期的沉积环境与下马岭期相仿，早期为河口→滨岸→潮间带环境，沉积了一套砂砾岩、含砾砂岩、石英砂岩和粉砂岩、页岩。晚期水体加深，逐渐过渡到浅海环境，形成了一套页岩和泥灰岩（灰岩），颜色呈紫红色，反映气候干燥。

**景儿峪组 Qn*j* (11-0012)**

【创名及原始定义】 原称“景儿峪灰岩”，由高振西、熊永先、高平（1934）在蓟县建立，创名地点位于天津市蓟县城北的东井峪和西井峪。原始定义：此为震旦系最上部单元。在底部见灰、绿、红色有时带粉红色页岩，看来与下马岭页岩为连续沉积。中部为薄层板状硅质灰岩，灰、绿色，也有带粉红的颜色。上部被侵蚀。在山上及山坡有一石灰角砾岩，可能是构造成因。但上部地层可见于兴隆县北剖面，为块状灰岩，暗灰色，其上被含三叶虫的早寒武纪馒头页岩平行不整合覆盖。

【沿革】 高振西等（1934）的“景儿峪灰岩”包括了叶良辅等（1920）在北京西山所划分的“下页岩”和“中灰岩”。1935年张文佑在昌平龙山原“景儿峪灰岩”上部发现了三叶虫，遂将这层灰岩划分出来，创名为“昌平灰岩”。1954年郝诒纯将“景儿峪灰岩”下部的页岩称“前坡页岩”，划归“下马岭页岩”。她的“景儿峪灰岩”相当于叶良辅等（1920）的“中灰岩”，并细分为“昌平灰岩”和“豹皮灰岩”（其“昌平灰岩”的含义与张文佑的“昌平灰岩”不同，相当于现在的景儿峪组，而“豹皮灰岩”才相当于昌平组）。1959年全国地层会议后改称景儿峪组。北京地质学院（1961）称“景儿峪段”。1976年，乔秀夫将“龙山砂岩”和“前坡页岩”合并成龙山组，景儿峪组的界线才确立下来并一直沿用至今。

【现在定义】 景儿峪组为青白口系上部地层，现指高振西（1934）所建“景儿峪灰岩”的中部层位。为一套紫红、紫灰、灰绿和蛋青色薄—中厚层含泥白云质灰岩，最底部常有一层含海绿石粗粒长石砂岩或细砾岩。与下伏龙山组整合接触。顶部以白云质角砾岩始现与上覆昌平组分界，为平行不整合或微角度不整合接触。

【层型】 正层型位于天津市蓟县骆驼岭至老鸹顶，1963 年由陈晋镳等重测。北京市选取门头沟区青白口剖面为次层型（115°48′35″，40°00′37″。由汪长庆等 1980 年测制）。

上覆地层：**昌平组** 灰色含角砾粉—泥晶白云岩

——————— 平行不整合 ———————

景儿峪组 总厚度 76.6 m

30. 紫色夹黄绿色厚层硅质泥灰岩，上部有 1 m 厚黄褐、灰色硅泥质泥晶灰岩，顶部有 18 cm 厚硅质页岩 19.6 m
29. 浅灰色纹层泥晶灰岩，局部含细砾。见少量褐黄色泥灰岩透镜体，长约 10 cm，厚 1～2 cm 15.2 m
28. 浅灰色中层泥晶灰岩，水平层理，缝合线发育 23.9 m
27. 浅棕灰、灰紫色纹层硅质泥灰岩。缝合线发育 6.3 m
26. 浅灰色中层具水平纹层含泥泥晶灰岩，偶见细砾，有小型砂纹层理 2.5 m
25. 紫红色中层含泥泥晶灰岩，底部夹几层同生角砾岩。含泥泥晶灰岩层面有假角砾和假龟裂构造。角砾岩的角砾成分为蛋青色泥灰岩，个别为下伏地层的钙质页岩，角砾岩层面见干裂，角砾岩与下伏钙质页岩之间呈波状起伏，有微冲刷现象 9.1 m

—————— 整 合 ——————

下伏地层：**龙山组** 紫红、黄绿色易碎页岩

【地质特征及区域变化】 景儿峪组厚度不大，岩性也比较单一，主要是浅灰、紫红、蛋青及黄绿色泥灰岩、硅质泥晶灰岩等，最顶部有时夹有薄层硅质页岩。

本组主要分布在西山和军都山，与龙山组一致。

(1) 门头沟区主要分布于寺台子、青白口、大村和下苇甸等地。寺台子剖面厚约 60 m，主要是紫红色、蛋青色泥灰岩，水平层理较发育。黄土贵一带厚 85 m，主要是一套杂色中薄层泥晶灰岩，水平层理发育，上部发育泥质条带和硅质条带。青白口厚 77 m，主要是杂色泥灰岩、硅质泥晶灰岩，底部见几层同生角砾岩。下苇甸一带较厚，约 180 m，主要是杂色灰岩和灰质白云岩，中上部含有粉砂。发育硅质条带。

(2) 房山区主要分布在长流水—龙门台—柳林水—黄土台以及班各庄—龙宝峪一带，主要岩性为灰白色、黄白色或白色薄层大理岩，普遍发育绿或深灰色泥质条带，顶部有时出现千枚岩及粉红色大理岩。在山川一带底部为泥灰岩，大理岩化减弱，出露厚度 55～219 m。

(3) 昌平—怀柔地区主要分布在十三陵、二道关和河北村等地。龙山剖面厚 91 m，为浅灰色泥灰岩、含泥灰岩，发育泥质条带。怀柔河北村剖面厚 87 m，为一套浅紫色、米黄色含泥泥晶灰岩、泥质灰岩和泥灰岩，与下伏龙山组为整合接触。

(4) 密云地区主要分布于西智和东智，厚约 190 m，以灰—浅灰色薄—中层状硅泥质条带、纹带状（含）泥质泥晶灰岩为主，顶部为灰紫色中薄层泥灰岩。水平层理发育。

【其他】 景儿峪期为浅海潮下低能环境，是继龙山期的继续海侵，沉积环境稳定，形成以化学沉积作用为主的富钙贫镁碳酸盐岩，主要有浅灰、紫红、蛋青和黄绿等杂色薄层—中薄层泥晶灰岩、泥灰岩，向上硅泥质增加，局部地区夹有硅质页岩，发育水平层理，水体能量较低。

## 第二节 生物地层概况

中—晚元古代地层中存在的古生物化石主要是由藻、菌类等活动形成的叠层石和微古植

物、宏观藻类等。

**1. 叠层石**

叠层石主要产于串岭沟组—铁岭组，据肖宗正（1981，1985）研究可划出5个组合。

组合Ⅰ：产出层位为串岭沟组“宣龙式”铁矿及白云岩夹层中，以层柱、柱状为代表，主要分子为：*Kussiella yingmenensis*，*Gruneria yingmenensis*，*G.* cf. *biwabikia*，*G.* cf. *sinensis*，*Eucapsiphora deshengkouensis*，*Cryptozoon* f.，*Parainzeria* f.，以及核形石 *Osagia* f.。产出具体地点有延庆县营门、昌平县十三陵、怀柔县北湾和密云大龙门、火郎峪等地。

组合Ⅱ：产出层位为团山子组，以硅化锥、柱状层为代表，主要分子有：*Conophyton* cf. *garganicum*，*C. rugiformis*，*Xiayingella* f.，*Jacutophyton nankouensis*，*Stromacolumna* f. 等。

组合Ⅲ：产于大红峪组和高于庄组，以硅化柱、锥状叠层石为特征，主要分子有：*Kussiella* f.，*Conophyton cylindricum*，*C.* cf. *garganicum*，*Gaoyuzhuangia* f. 等。

组合Ⅳ（1）：产于杨庄组至雾迷山组二段，为小型丛状叠层石，主要有：*Scyphus parvus*，*Minglingella wanniangfenensis*，*Pseudogymnosolen* f.，*Conophyton concellosum*，*Floriscolumella* f. 等。

组合Ⅳ（2）：产于雾迷山组三、四段，除假裸枝叠层石外，以个体较大的柱、锥状叠层石为主，如：*Sinoconophyton gracilium*，*Conophyton lituum*，*C.* f.，*Jacutophyton* f.，*Scyphus minglingensis*，*Petaliforma* cf. *epicharis*，*Oncocolumna minor*，*Pseudogymnosolen hushanensis*，*Colonnella* f.，*Scopulimorpha irregularis*，*Pseudochihsienella* f. 等。

组合Ⅴ：产于铁岭组二段，仅有 *Baicalia* f.，*Conicodomeria* f. 和 *Tielingella* f. 等。

本区的叠层石在群、形和数量上不如蓟县剖面发育，但重要的群、形和组合特征与蓟县剖面基本一致。其中组合Ⅰ为燕山地区最早的叠层石组合，与澳大利亚的金伯利群（1 800 Ma）和基姆培雷群（1 820±20 Ma），加拿大阿基米基群的岗弗林特组（1 900 Ma）的层位相当，而组合Ⅲ—Ⅴ则与俄罗斯阿纳巴尔地块的“中、下里菲”层位相近。

**2. 微古植物**

微古植物在整个中—晚元古代地层中均有发现，但以大红峪组和下马岭组最为丰富。以十三陵剖面为例：常州沟组产 *Pseudozonosphaera verrucosa*，*Lignum nematoideum*，*Protoleiosphaeridium solidum*，*P. densum*，*Zonosphaeridium* cf. *minutum*。串岭沟组产 *Protosphaeridium* sp.，*Leiominuscula* sp.。团山子组产 *Lignum nematoideum*，*Leiofusa digitata*。大红峪组产 *Pseudozonosphaera verrucosa*，*Asperatopsophosphaera umishanensis*，*Polyporata obsoleta*。高于庄组产 *Lignum nematoideum*，*Protoleiosphaeridium* sp.，*Trachysphaeridium* sp.，*Lophosphaeridium* sp.，*Zonosphaeridium* sp.。杨庄组产 *Lignum nematoideum*，*Protoleiosphaeridium* sp.。雾迷山组产 *Leiopsophosphaera epertus*，*L.* cf. *pelucidus*，*Asperatopsophosphaera umishanensis*，*Archaeofavosina* cf. *simplex*，*Protosphaeridium* sp.，*Protoleiosphaeridium solidum*，*Trachysphaeridium hyalinum*，*T. simplex*，*Trematosphaeridium minutum*，*Pseudozonosphaera verrucosa*，*Brocholaminaria* sp.，*Taeniatum crassum*，*Polyporata obsoleta*，*Lignum punctum*，*Leiominuscula* sp.。洪水庄组产 *Pseudozonosphaera verrucosa*，*Asperatopsophosphaera partialis*。铁岭组产 *Taeniatum crassum*，*Trachysphaeridium hyalinum*，*T. simplex*，*T. rugosum*，*T.* aff. *laminaritum*，*Pseudozonosphaera sinica*，*Protoleiosphaeridium* sp.，*Polyporata obsoleta*，*Asperatopsophosphaera bavlensis*。下马岭组产 *Trachysphaeridium*，*Laminarites antiquissimus*，*Protoleiosphaeridium*，*Polyporata*，

*Trematosphaeridium*，*Asperatopsophosphaera*。

由于微古植物个体微小，资料不全，无论在鉴定上还是在对比上都存在很多困难，目前还处于收集资料和摸索阶段。本区出现的属与蓟县差不多，但在种及产出层位等方面仍有较大差异。根据邢裕盛等（1965①、1985）的研究成果，这些属种组合与前苏联“里菲界”所产的微古植物可以对比。从微古植物本身来说，常州沟组—铁岭组以个体较小，表面光滑者为多，而下马岭组则以个体较大，构造纹饰较复杂者居多，如 *Trachysphaeridium*，*Microconcentrica* 和 *Laminarites*，而且 *Laminarites* 大量繁衍。

**3. 宏观藻类**

主要产于龙山组，重要属种：*Longfengshania stipitata*，*L. ovalis*，*Chuaria circularis*，*Shouhsienia shouhsienensis*，*Ovidiscina bagongshanica*，*Glossophyton huailaiensis*。以上化石产于昌平县龙山。

在西山青白口，则产有 *Ellipsoina*，*Ovidiscina*，*Pumilibaxa*，*Nehroforma* 等，这些化石呈单体，具黑色碳质薄膜，直径 3 mm 以上，形态多样，构造复杂，尤其是具有叶状体和拟茎、假根，是多细胞高级藻类的重要证据，在地质生物发育史上具重大意义。

## 第三节　年代地层

中—晚元古代地层长期以来笼统地称之为“震旦系”。这套地层位于寒武系之下，不变质或仅轻微变质，藻类等古生物化石保存较好，是研究生物界发生、发展的一个关键性地质历史时期。

1959 年第一次全国地层会议肯定了燕山地区是“震旦系”在华北最发育的地区，标准地点在蓟县城北，并将其自下而上划分为长城统、蓟县统和青白口统，将高振西等所建 10 个岩性单元分别改称为组。对蓟县剖面的地层年龄提出：“上部时代界线，可以大致为 5 亿多年，长城统至少超过 10 亿年”的意见。

1975 年在北京召开“中国震旦系讨论会”，会议决定建立“震旦亚界”，它包括了蓟县剖面和三峡剖面在内的全部地层。下分 4 个系，自下而上为长城系、蓟县系、青白口系和震旦系，前 3 个系以蓟县剖面为层型，震旦系以三峡峡东剖面为层型。其下限 1 700 Ma 左右，上限即寒武系底界年限。

1982 年 7 月，全国地层委员会召开“晚前寒武纪地层分类命名会议”，决定废除“震旦亚界”一名，改为中—上元古界，中元古界两分为长城系和蓟县系，上元古界暂分为青白口系和震旦系。以蓟县剖面为代表的晚前寒武纪地层自下而上分别沿用长城系、蓟县系、青白口系 3 个年代地层单位名称；震旦系一名限用于峡东剖面为代表的一段晚前寒武纪地层。提出的参考年龄值：长城系底界为 1 900 Ma，长城系与蓟县系分界为 1 400 Ma，蓟县系与青白口系分界为 1 000 Ma，青白口系上界为 800 Ma。

1989 年 12 月，全国地层委员会又于天津召开“中国元古时期地层分类命名会议”，会议决议：

(1) 取消我国现用的元古时期一级年代及年代地层单位“代”和“界”的术语，采用国际前寒武纪分会建议的术语“宙”和“宇”，下界约 2 500 Ma，上界暂定为约 600 Ma。

---

① 邢裕盛、刘桂芝，1965，河北省蓟县震旦系微古植物的初步研究。见蓟县震旦系现场学术讨论会议论文汇编，61—64。地质部华北地质科学研究所。

(2) 元古宙三分，按我国习惯称早、中、晚元古代及对应的下、中、上元古界；中、晚元古代的界限年龄为 1 000 Ma。

(3) 长城纪、蓟县纪、青白口纪和震旦纪 4 个年代和年代地层单位名称及代号继续沿用。

(4) 元古宇的代号沿用Pt，下、中、上元古界的代号沿用“$Pt_1$”、“$Pt_2$”和“$Pt_3$”。

关于早、中元古代的界线年龄有不同意见，倾向于约 1 800 Ma。以附录的形式列出，参照使用。

以上几次会议的决议反映出我国目前在元古时期的年代地层研究上只建立起“系”一级的年代地层单位，系以下没有正式分统，也没有条件划分建立更低一级的年代地层单位。

北京地区可资利用的同位素测年资料不多，现将已有的少量数据，并利用紧邻的蓟县层型剖面测年资料，总结有关断代的地质特征和地质事件，简要讨论中—晚元古代的年代地层单位和各岩石地层单位的时代归属。

**1. 长城系**

在蓟县层型剖面和北京市，其下部不整合覆盖在太古宙变质岩层之上，上与蓟县系杨庄组平行不整合或整合接触，自下而上包括常州沟组、串岭沟组、团山子组、大红峪组和高于庄组 5 个岩石地层单位。下部两个组以碎屑岩为主，上面 3 个组主要为富镁碳酸盐岩夹砂岩、页岩及火山岩。没有分统。长城纪时产有较丰富的微古植物和叠层石，微古植物以形态简单个体微小的分子占主要地位，以 *Leiominuscula pellucentis* - *Dictyosphaera sinica* 微古植物组合为特征，并伴随有少数表面具疣状及粗糙纹饰的分子出现。叠层石组合最早出现于串岭沟组的底部“宣龙式”铁矿层中，以层柱状、柱状为代表，主要分子为 *Kussiella*，*Eucapsiphora* 等；团山子组的叠层石柱体短小，彼此排列紧密，叠层体以简单平行分叉为主；大红峪组的叠层石为不分叉的锥状或简单平行分叉的类型，如 *Conophyton* 和 *Kussiella* 等；高于庄组的叠层石分叉略为复杂一些，但总的看来长城系各组的叠层石分子形态比较简单。长城纪时生物界基本上是被蓝藻及细菌所占有的世界，很可能已出现少量真核细胞生物（如高级藻类）。

长城系的同位素年龄测定，其下限值据王启超在平谷地区对常州沟组一段下部的赤铁磷块岩层取样，选取其中的磷灰石，测得 U - Pb 等时年龄值为 1 839±0.73 Ma。考虑到汪长庆等曾对昌平德胜口长城系底部不整合面之下的角闪斜长片麻岩取样，选取其中的磷灰石测得 U - Th - Pb 同位素年龄值为 1 981 Ma，这应该反映为本区结晶基底最终固化时所遭受的一次构造一热事件，由此推算，长城系的下限年龄值以置于 1 850 Ma 为宜。这与全国地层委员会建议采用的 1 800 Ma 无多大出入。长城系的上限，即高于庄组的上限，本市尚无同位素年龄值，在蓟县剖面上也无直接的同位素年龄数据。据河北省兴隆高板河矿区高于庄组中上部的层状方铅矿所测定的铅同位素年龄值为 1 366 Ma 及 1 461 Ma，后据钟富道等重新计算，其单阶段模式年龄分别为 1 384、1 434 及 1 485 Ma。因此目前较为统一的意见，是推定长城系的顶界年龄在 1 400 Ma。

长城系各岩石地层单位的同位素年龄数据，据陆松年等 1989 年的资料：在蓟县剖面串岭沟组黑色含粉砂伊利石页岩中选取伊利石单矿物测定 Pb - Pb 等时线年龄为 1 705±42 Ma。采自北京平谷城北苏子峪剖面团山子组中部的富钾安山粗面岩，用 Rb - Sr 法测定全岩等时线年龄值为 1 606±19 Ma。采自平谷苏子峪剖面大红峪组下部第一套喷发旋回的富钾粗面岩层，用 Rb - Sr 法测定全岩等时线年龄值为 1 495±41 Ma。

**2. 蓟县系**

下与长城系高于庄组平行不整合或整合接触，上为青白口系下马岭组平行不整合覆盖，包括 4 个组一级岩石地层单位，自下而上为杨庄组、雾迷山组、洪水庄组和铁岭组。也没有分统。蓟县系以白云岩占绝对优势，页岩及砂岩次之，是一套具多种形态叠层石的富镁碳酸盐岩，属滨海—浅海相沉积地层。

蓟县纪生物界有比较显著的变化，不仅属、种繁多，而且有新的生物门类出现。长城纪以蓝藻及细菌为代表的原核细胞生物占优势，到蓟县纪则是真核细胞生物中的高级藻类真正出现并开始繁盛，以绿藻为代表的真核细胞生物占相当大比重，同时褐藻类也在蓟县纪后期（相当于洪水庄组沉积时期）开始出现，它是生物演化史上一个重要的特定地质历史发展阶段。蓟县系叠层石组合以类型繁多、形态多样为特征，蓟县系下部以各种类型的 *Conophyton* 大量出现为特征，上部 *Conophyton* 类型减少，而以穹状分叉的类型为主。

蓟县系的同位素年龄限定，其下限年龄即长城系的上限年龄，推定值为 1 400 Ma；而其上限年龄，据于荣炳等在蓟县铁岭村采自铁岭组顶部叠层石灰岩，选取散布在两个叠层石柱体之间或叠层石内部两个生长层之间的海绿石，用 K－Ar 法测定同位素年龄值为 1 046 Ma。全国地层委员会中国元古时期地层分类命名会议(1989)决议中、晚元古代的界限年龄为 1 000 Ma，亦即蓟县系的上限年龄值。

关于蓟县系各岩石地层单位的同位素年龄数据：杨庄组和雾迷山组在北京和蓟县层型剖面均未获得实测年龄。洪水庄组据于荣炳等在蓟县老虎顶采集洪水庄组顶部样品，选取粘土岩中的伊利石用 K－Ar 法测得年龄值为 1 191 Ma；在蓟县洪水庄采取该组底部样品，用同样方法测得年龄值为 1 221 Ma。

**3. 青白口系**

该系与下伏蓟县系铁岭组为平行不整合接触，与上覆地层下寒武统昌平组亦为平行不整合接触。没有分统 。包括 3 个组级岩石地层单位，自下而上为下马岭组、龙山组、景儿峪组。前二者为碎屑岩，后者为杂色泥灰岩、硅质泥晶灰岩。北京地区青白口系所含的微古植物与前两个系相比，其组合面貌有明显的差异，微古植物分子以个体较大（50～100 μm），表面构造纹饰较复杂的类型占优势，其代表性属种有：*Trachysphaeridium*、*Microconcentrica*、*Trematosphaeridium*、*Laminarites* 等。在垂向演化上，青白口纪是褐藻大量繁衍时期。在该系中部的龙山组层位中，发现宏观藻类化石 *Chuaria*，具黑色碳质薄膜，单体直径一般 4～17 mm，形态多样，构造复杂，有明显的叶状体和拟茎，有的具假根（附着器）。拟茎和假根的出现是具多细胞高级藻类的重要证据，是地史中的重大生物事件。

青白口系的同位素年龄限定：其下限年龄，依据下伏地层铁岭组顶部利用海绿石单矿物 K－Ar 法同位素年龄测定值等资料推断为 1 000 Ma。其顶界年龄据全国地层委员会召开的“晚前寒武纪地层分类命名会议”（1982）提出的参考年龄值为 800 Ma。

贵阳地球化学所同位素地质研究室（1977）测得的景儿峪组顶部泥质灰岩中所含海绿石 K－Ar 法同位素年龄为 853 及 862 Ma。于荣炳等（1984）在怀来赵家山大致相当于下马岭组中部取样，利用粘土岩中的伊利石用 K－Ar 法测得同位素年龄值为 956 Ma。在昌平龙山下马岭组二段用伊利石页岩，测得全岩 Rb－Sr 等时线年龄 951 Ma（《北京市区域地质志》，1991）。

关于中—晚元古代地层划分及有关岩石地层单位推定的界线年龄数值参见表 3－2。

表 3-2 中—晚元古代地层划分及岩石地层单位推定界线年龄简表

| 年代地层划分：全国地层委员会 1982 年方案（界） | 1982 年方案（系） | 年代地层划分：全国地层委员会 1989 年方案（界） | 1989 年方案（系） | 各岩石地层单位 | 推定的界线年龄（Ma） | |
|---|---|---|---|---|---|---|
| 600 Ma | | 600 Ma | | | | |
| 上元古界 | 震旦系 | 上元古界 | 震旦系 | | | |
| | 800 Ma | | | | ≤800 | （据于荣炳等资料） |
| | 青白口系 | | 青白口系 | 景儿峪组 | | |
| | | | | | 900 | |
| | | | | 龙山组 | | |
| | | | | 下马岭组 | | |
| 1 000Ma | | 1 000Ma | | | 1 000 | |
| 中元古界 | 蓟县系 | 中元古界 | 蓟县系 | 铁岭组 | | |
| | | | | | 1 180 | |
| | | | | 洪水庄组 | | |
| | | | | | 1 220 | |
| | | | | 雾迷山组 | | |
| | | | | 杨庄组 | | |
| | 1400Ma | | | | 1 400 | （据陆松年等资料） |
| | 长城系 | | 长城系 | 高于庄组 | | |
| | | | | | >1 450 | |
| | | | | 大红峪组 | | |
| | | | | | 1 600 | |
| | | | | 团山子组 | | |
| | | | | | 1 700 | |
| | | | | 串岭沟组 | | |
| | | | | | 1 750 | |
| | | | | 常州沟组 | | |
| 1 900 Ma | | 1 800Ma | | | 1 850 | |
| 下元古界 | | 下元古界 | | | | |

# 第四节 地层格架

区域性岩石地层单位的时空有序排列形式称为地层格架，可分为岩石地层格架和年代地层格架两类。详细研究地层格架对于预测和解释各岩石地层单位的沉积环境、沉积作用、盆地发展史和预测矿产资源分布规律都有重要意义。

但地层格架的研究在被动式大陆边缘较易进行，而对于像燕山海槽这样的地区则困难重重。下面仅从各岩石地层单位的岩石组合、基本层序和岩相特征等方面分析，对在燕山地区建立中—晚元古代岩石地层格架作初步探讨。

## 一、岩石组合特征和基本层序类型

基本层序是指沉积地层垂向序列中按某种规律叠覆的，一般能在露头范围内观察到的单层组合。用基本层序可以表示一“段”或一“组”的岩石组合特征。基本层序又可分为旋回性和非旋回性两种。本区中—晚元古代岩石多表现为旋回性的基本层序（参见图 3-2）。

**1. 常州沟组**

常州沟组以碎屑岩为主，在平谷、密云一带发育齐全，厚度也较大，最底部可见很薄的古风化壳。本组底部由石英质中砾岩和粗粒长石石英砂岩构成基本层序（图 3-2，A-1），反映分支河道河口湾环境。下部主要是含长石石英砂岩，发育各种类型的斜层理、交错层理和波痕。中部是石英砂岩和粉砂岩韵律互层，在十三陵剖面尤为明显，由黑白相间的极薄层砂岩和泥质粉砂岩组成韵律性基本层序（图 3-2，A-2），单层厚度一般仅有 5 cm，发育透镜状层理和压扁层理，在透镜状层理（砂岩）中可见到明显的前积纹层，反映潮坪沉积环境。上部为中—细粒较纯的石英砂岩或石英岩，石英含量可达95%，可见小型槽状、楔状交错层理和波痕、干裂等构造，反映了滨岸沙滩环境。同下部的石英砂岩一样，可任取一段岩层柱表示其基本层序。

**2. 串岭沟组**

本组厚度较小，但变化很大，平谷—蓟县一带可达800多米，但大部地区不超过100 m。岩性以粘土岩为主，碳酸盐岩和砂岩次之。主要岩石类型有黑色（碳质）页岩、伊利石（水云母）页岩和粉砂质页岩夹少量白云岩、白云质砂岩，普遍含有黄铁矿。延庆营门一带本组底部产有“宣龙式”铁矿，厚约2 m。平谷一带含有钾矿。本组下部的基本层序由砂岩（或白云质砂岩）、白云质泥岩和粉砂质页岩构成（图3-2，B-1），其中粉砂质页岩具韵律层理，由毫米级的粉砂岩和页岩组成，这一现象在十三陵剖面较明显。本组上部基本层序由泥质白云岩和粉砂质页岩、含钾页岩组成（图3-2，B-2）。这两种基本层序反映了环境由泻湖向潮坪发展。

**3. 团山子组**

团山子组厚100～300 m，一般100 m，主要由黑色—灰色含粉砂泥质白云岩、白云质泥岩和泥晶白云岩组成。上部发育叠层石，下部见韵律层理构造，局部见滑动包卷构造，反映泻湖—潮坪环境及基底起伏变化。其下部和上部的基本层序分别如图3-2，C-1、C-2所示。

**4. 大红峪组**

本组厚度变化较大，80～550 m，一般100～200 m，东厚西薄。主要岩性是灰白色石英砂岩（或沉积石英岩）、含砂白云岩和（硅质条带）白云岩组成。基本层序如图3-2，D-2所示。该基本层序以白云岩为主，上部白云岩中普遍发育柱、锥状叠层石。在平谷一带，本组下部发育火山岩，并由火山岩、火山碎屑岩和白云岩组成火山喷发-沉积式基本层序（图3-2，D-1)，其中火山岩具有明显的喷发韵律，即由玄武岩、粗面岩和粗面质（角砾）凝灰岩组成。

**5. 高于庄组**

高于庄组是以碳酸盐岩占绝对优势的地层。根据岩石组合特征分为4个段。一段下部为含砂屑白云岩、砂质白云岩、燧石条带白云岩；上部为泥晶白云岩、燧石条带白云岩和锥叠层石白云岩；底部常发育数米厚的砂岩。二段为灰色、紫红色含锰白云岩、泥晶泥质白云岩和燧石条带白云岩，在平谷中心村一带可形成锰硼矿。三段为板层状含灰白云岩、灰质白云岩与白云质灰岩呈不等厚互层，夹有页片状泥质白云岩，下部普遍发育多层瘤状灰岩或白云岩，脉状层理，压扁—透镜状层理非常发育。四段为锥叠层石白云岩、角砾状白云岩、燧石条带泥晶白云岩等。

高于庄组厚约1 000 m，岩类很复杂，代表了一次较大的海侵过程，其底部基本层序如图3-2，E-1所示，表明海侵开始时有较多的陆源物质，中部的基本层序如图3-2，E-2，表示在深水环境下白云质灰岩和灰质白云岩韵律互层，发育压扁和透镜状层理。其上部的基本层序可参见雾迷山组。在冀东，由于处于盆地边缘，还发育其他类型基本层序。如由块状砂质白云岩、具交错纹理的含粉砂泥晶白云岩和泥晶白云岩组成基本层序，由细屑白云岩和泥晶白云岩组成韵律性基本层序，由砾屑泥晶白云岩，同生角砾化泥晶白云岩及泥晶白云岩组成基本层序①，因本区少见，此处不作赘述。

**6. 杨庄组**

杨庄组以富含陆源砂为其显著特征，厚度和岩性横向变化很大。在平谷东厚度可达680

① 和政军，1990，燕山地区长城纪沉积建造分析（博士论文）。

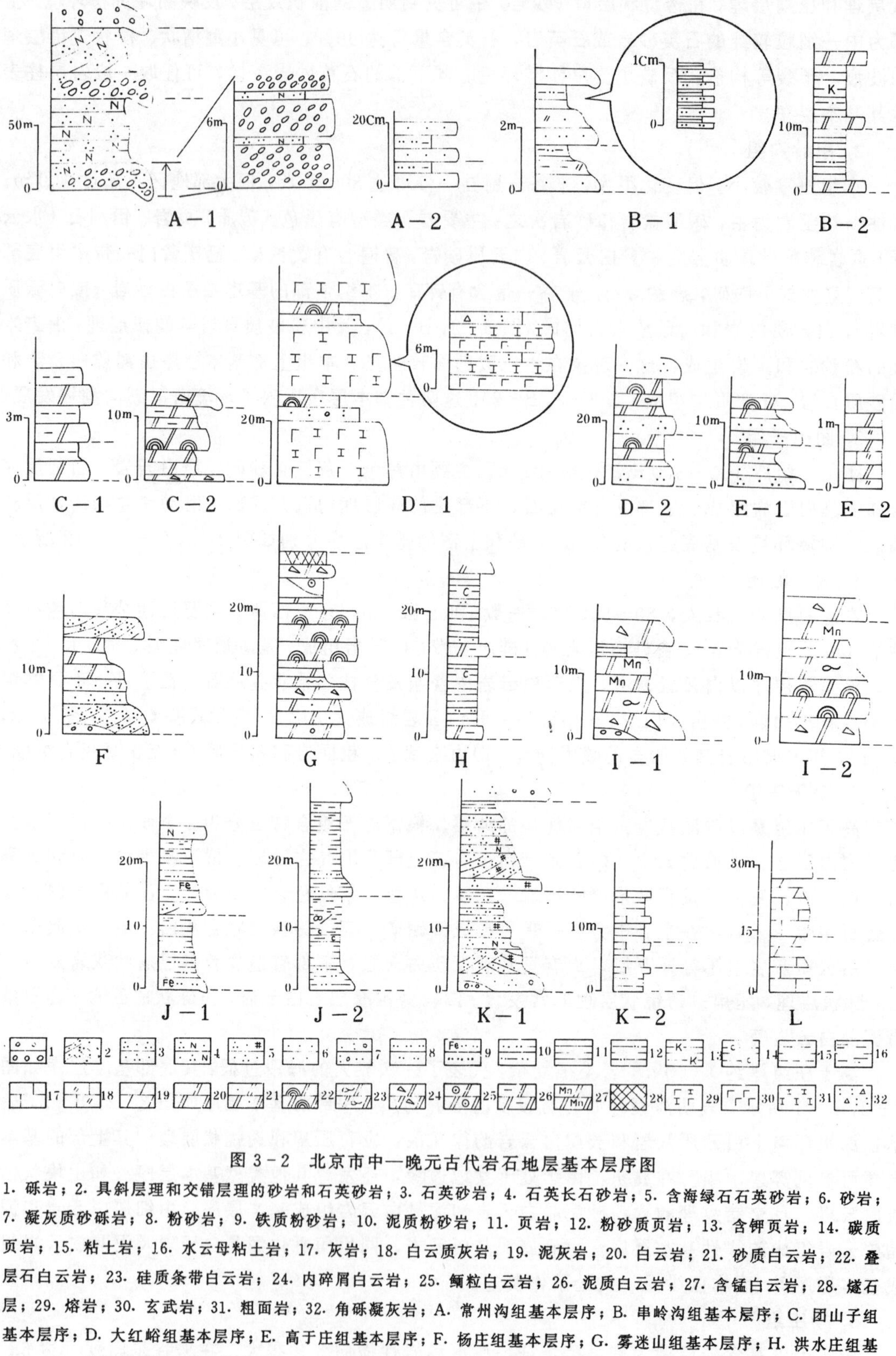


图 3－2　北京市中—晚元古代岩石地层基本层序图

1. 砾岩；2. 具斜层理和交错层理的砂岩和石英砂岩；3. 石英砂岩；4. 石英长石砂岩；5. 含海绿石石英砂岩；6. 砂岩；7. 凝灰质砂砾岩；8. 粉砂岩；9. 铁质粉砂岩；10. 泥质粉砂岩；11. 页岩；12. 粉砂质页岩；13. 含钾页岩；14. 碳质页岩；15. 粘土岩；16. 水云母粘土岩；17. 灰岩；18. 白云质灰岩；19. 泥灰岩；20. 白云岩；21. 砂质白云岩；22. 叠层石白云岩；23. 硅质条带白云岩；24. 内碎屑白云岩；25. 鲕粒白云岩；26. 泥质白云岩；27. 含锰白云岩；28. 燧石层；29. 熔岩；30. 玄武岩；31. 粗面岩；32. 角砾凝灰岩；A. 常州沟组基本层序；B. 串岭沟组基本层序；C. 团山子组基本层序；D. 大红峪组基本层序；E. 高于庄组基本层序；F. 杨庄组基本层序；G. 雾迷山组基本层序；H. 洪水庄组基本层序；I. 铁岭组基本层序；J. 下马岭组基本层序；K. 龙山组基本层序；L. 景儿峪组基本层序

m，主要是紫红色含粉砂泥晶白云岩。在十三陵—马刨泉一带含砂量增高，厚约 100 m，由（含砾）石英砂岩、白云质石英砂岩、砂质白云岩和泥晶白云岩组成基本层序（图 3－2，F）。基本层序底部常发育小型冲刷面，尤其与高于庄组接触处，冲刷构造十分明显。冲刷面微弱起伏，含有砾石。本组由 8～10 个基本层序叠置而成。在西部沿河城一带变为砂砾岩或白云质砂（砾）岩。

**7. 雾迷山组**

雾迷山组厚度巨大，岩性复杂。主要由藻团、藻席白云岩、叠层石白云岩、硅质条带及硅质团块白云岩、沥青白云岩、内碎屑白云岩和含砾含砂白云岩等组成，发育种类繁多、数量丰富的叠层石，一般划分成 4 个岩性段。赵震（1980）总结的雾迷山组碳酸盐岩沉积理想模式可作为本组基本层序（图 3－2，G）。赵震认为生物作用的岩石一般是在水平面较高时形成。在沉积的开始和末期往往有陆屑或较大的盆屑，基本层序的下部常具沥青质或波纹层状岩礁。由于各种因素的影响，基本层序可能时常缺失某些单层而不完整，这也正是沉积环境变化的体现。雾迷山组由大约数百个基本层序（包括变化类型）叠覆而成，每个层序大约厚10～30 m。

**8. 洪水庄组**

洪水庄组岩性以黑色页岩为主，由浅灰色薄层状泥质白云岩和深灰色、黄绿色和黑色粉砂质页岩、伊利石（水云母）页岩等组成基本层序（图 3－2，H），普遍含有大量的黄铁矿结核和锰质结核。

**9. 铁岭组**

铁岭组一段由含砂、砾白云岩、硅质条带白云岩和含锰白云岩组成，夹灰绿色极薄层状页岩。底部常含砂、砾，顶部在四海—密云一带发育“四海式”铁矿（局部为古土壤）。其代表性基本层序如图 3－2，I－1 所示。二段为砾屑白云岩、叠层石白云岩、硅质条带白云岩和条纹状泥晶白云岩以及微含锰白云岩组成基本层序（图 3－2，I－2）。在四海—密云西智一带，发育白云质灰岩，其他地区灰质极少，铁锰质也明显减少。

**10. 下马岭组**

下马岭组以西山青白口地区发育最好，由下向上可划分为 3 个岩性段。一段由含铁粉砂岩、粉砂岩、粉砂质页岩和（伊利石）页岩构成基本层序（图 3－2，J－1）。二、三段则由粉砂质页岩、碳质页岩和伊利石页岩构成基本层序（图 3－2，J－2）。其中二段含有数层透镜状泥灰岩或白云岩，顺层断续分布。本组底部普遍发育铁质风化壳，形成残积型铁矿，有些地方的风化壳具明显的分带性。

**11. 龙山组**

龙山组自下而上分为两个岩性段。一段由砂（砾）岩、石英砂岩、含海绿石砂岩、粉砂岩和少量页岩组成基本层序（图 3－2，K－1）。砂岩中广泛发育交错层理。基本层序底部一般含有砾石。本段底部常发育砾岩和砂砾岩。二段由紫红色页岩和杂色薄层状灰岩组成韵律性基本层序（图 3－2，K－2）。在灰岩中常含有石英砂粒和海绿石颗粒。

**12. 景儿峪组**

景儿峪组岩性比较单调而稳定，为一套杂色薄层泥晶灰岩和泥灰岩，水平层理发育。基本层序如图 3－2，L 所示，代表了潮下浅海环境下沉积物成分的变化状况。

## 二、相标志和沉积环境演变

本书使用的沉积环境是指“物理上、化学上和生物学上均有别于相邻地区的一块地球表面”（据 R C 塞利），而“相”则是沉积环境的物质表现。

北京地区中—晚元古代地层厚约 5 000 m，由碎屑岩、碳酸盐岩和粘土岩组成若干个沉积旋回，岩类复杂，各种相标志十分丰富。宋天锐等（1987）研究了十三陵剖面，发现有意义的相标志 78 种（见表 3-3），包括宏观、微观沉积构造、岩石结构和矿物成分、生物遗迹、痕迹化石等。这些指相标志反映了 10 种沉积环境类型。根据各组段岩石基本层序和指相标志，我们可以看出其沉积环境的演化情况（图 3-3）。

北京地区中—晚元古代岩石地层可划分成 5 个沉积旋回。

（1）常州沟组—团山子组为第一个旋回。常州沟早期为分流河道或河口湾环境，发育大型槽状交错层理和“花彩弧”交错层理。中期为滨海—潮坪环境，发育压扁—透镜状层理和干裂、雨痕及对称波痕等相标志。晚期发展成海滩环境，沉积了一套较纯的石英砂岩。串岭沟期海水加深，大部为潮间—潮下或泻湖环境，沉积了一套黑色页岩，其中含有大量黄铁矿等还原环境下的矿物，并发育韵律性层理。在延庆西北部发育潮下鲕肾状藻铁岩（宣龙式铁矿）。团山子期为咸化泻湖环境，房山和古北口等地则为潮间混合坪环境。

（2）大红峪组与高于庄组构成第二个旋回。大红峪期大部分地区为潮间—潮下环境，沉积了一套石英砂岩和白云岩。在平谷一带，早期为水下火山喷发—潮间、潮下环境，沉积了一套火山岩（玄武岩、粗面岩）—火山碎屑岩—砂岩—白云岩组合。在房山和古北口等为滨岸沙滩环境。高于庄组早期和晚期为滨海潮坪环境，中期为浅海陆架环境，沉积了一套白云岩和灰岩，含有大量叠层石。尤其是中期沉积的含锰页岩、含锰白云岩和频繁的薄层状灰岩与白云岩韵律，其中发育瘤状构造，饥饿波痕（据宋天锐等，1991），碳酸盐岩压扁—透镜状层理，反映了中元古代以来第一次广泛海侵，水体很深。这一套岩层相当于层序地层学的“饥饿”（凝缩）沉积。

（3）杨庄组至铁岭组构成了第三个旋回。杨庄期为本旋回海侵初期，环境分异较大，西南部房山和沿河城一带为滨岸沙滩环境，密怀地区为潮间环境，而平谷以东为泻湖环境。沉积了一套砂岩-白云岩组合。西部砂岩增多，甚至变成（砂）砾岩。雾迷山期海侵最广泛，北京地区基本上处于潮间或潮下环境，阳光充足，海水温暖清澈，藻类繁盛，与生物作用有关的内源沉积迅速，形成了厚达数千米的以白云岩为主的岩石组合。洪水庄期为本旋回最大海侵期，水体深，属潮下浅海环境，岩性以黑色泥、页岩为主，含有丰富的黄铁矿结核。本组为“饥饿”沉积，是因水深而沉积速率极慢之结果。因而分布局限，横向上呈逐渐尖灭趋势。铁岭期从早到晚由潮间→浅海陆架→潮间变化。中期水体较深，形成一套铁锰质灰岩和白云岩（近似高于庄期中期环境），也相当于“饥饿”沉积。晚期水浅而稳定，形成一套白云岩组合，产较丰富的叠层石。

（4）下马岭组构成第四个沉积旋回，从早到晚期由滨岸—潮间→浅海→泻湖环境依次演化，早期沉积了一套含铁粉砂质页岩夹有粉砂岩及少量细砂岩透镜体，底部有古风化壳和赤（褐）铁矿层。中、晚期以灰绿色和黑色伊利石页岩，含碳质页岩为主，夹有饼状泥灰岩，亦是本次旋回最大海侵时期的产物。

（5）龙山组和景儿峪组构成第五个旋回。龙山期从早到晚环境由河流→滨岸→潮间→潮下演变。早期沉积了一套砂、砾岩，为分支河道相。中期进入滨岸及潮间环境，由砂岩、粉砂岩和页岩组成的基本层序正反映了这种变化。晚期为潮下泥页岩，由于气候干燥，普遍呈紫色。景儿峪期水体又有加深，沉积了一套薄层状泥灰岩，水平层理很发育，生物却不发育，说明气候虽有好转但仍不宜生物生长，从岩石普遍呈紫、蛋青、浅灰绿色等也能说明。景儿

**表 3-3　北京市中—晚元古代岩石地层沉积相标志**

（据宋天锐、高健，1987，略修改）

| 分类 | ①分流河道 | ②碎屑潮滩 | | ③碎屑海滩—潮下 | ④砂坝 | ⑤泻湖 | ⑥碳酸盐潮上带 | ⑦碳酸盐潮坪带 | | ⑧碳酸盐潮下带 | | ⑨碎屑海滩—浅海 | ⑩碳酸盐潮下—浅海 |
|---|---|---|---|---|---|---|---|---|---|---|---|---|---|
| | | a.砂坪 | b.泥坪 | | | | | | | | | | |
| | 古风化面 | 透镜状层理 | 胶结构造 | 砂—页岩突变界面 | 小型舌状波痕 | 球状黄铁矿及黄铁矿团块 | 氧化铁质膜 | 片状角砾（砾片风暴岩） | 碳酸盐斜层理 | 内层滑塌 | 硅质透镜体 | 不对称小波痕 | 缝合线板状层 |
| | 碎屑粒序层 | 内层错断 | 掘穴状管状充填构造 | 自生长石胶结物 | 显微气泡构造 | 季节性韵律层状薄纹层构造 | 空穴充填 | 浅水波痕 | 断裂构造 | 假结核 | 核形石岩 | 显微层状黄铁矿 | 舌状波痕 |
| | 交错层理 | 流痕 | 爬痕状痕迹化石 | 风暴层 | | 显微泄水线 | 内碎屑角砾 | 碳酸盐透镜层 | 显微斜交层 | 锥状叠层石 | 沥青质层 | 氧化铁结核 | |
| 相 | “花彩弧”层理 | 对称波痕 | | | | 盲脉 | 冲刷坑 | 硅质层折断 | 丘状叠层石 | 波状硅质层 | 地震褶皱角砾 | 微波状层理 | |
| 标 | 层间滑动 | 雨痕 | | | | | 石膏脉 | 硅化鱼骨状交错层理 | 显微波痕 | 叠层石穿透硅质层 | 黑色燧石层 | 海绿石 | |
| 志 | 长石再生长 | 鱼骨状交错层理 | | | | | 显微鸟眼 | 显微硅质卷缩 | 墙状叠层石 | 硅质层内层褶曲 | 白色燧石层 | | |
| | 长石自形晶 | 干裂痕 | | | | | 去白云石化 | 显微干裂 | 柱状叠层石 | 显微藻丝细胞构造 | 硅质层侵蚀面 | | |
| | 基底式胶结 | 黄铁矿晶体粒序层 | | | | | 方解石亮晶充填 | 双脊波痕 | 显微藻席层 | 石膏假晶 | 硅质斜层理 | | |
| | | | | | | | | 重晶石（天青石） | | 硅质纹层干裂 | 板刺状硅化岩（片状硅化风暴岩） | | |
| 产出层位 | $Ch\hat{c}$ Jxy Qnl | $Ch\hat{c}$ Jxy Qnl | $Ch\hat{c}$ Qnx | $Ch\hat{c}$ | $Ch\hat{c}l$ | $Ch\hat{c}l$ | $Ch\hat{c}l$ | Chg Jxy Jxw Jxt | | Chd Cht Chg Jxw | | Jxh Qnx Qnl | Qnj |

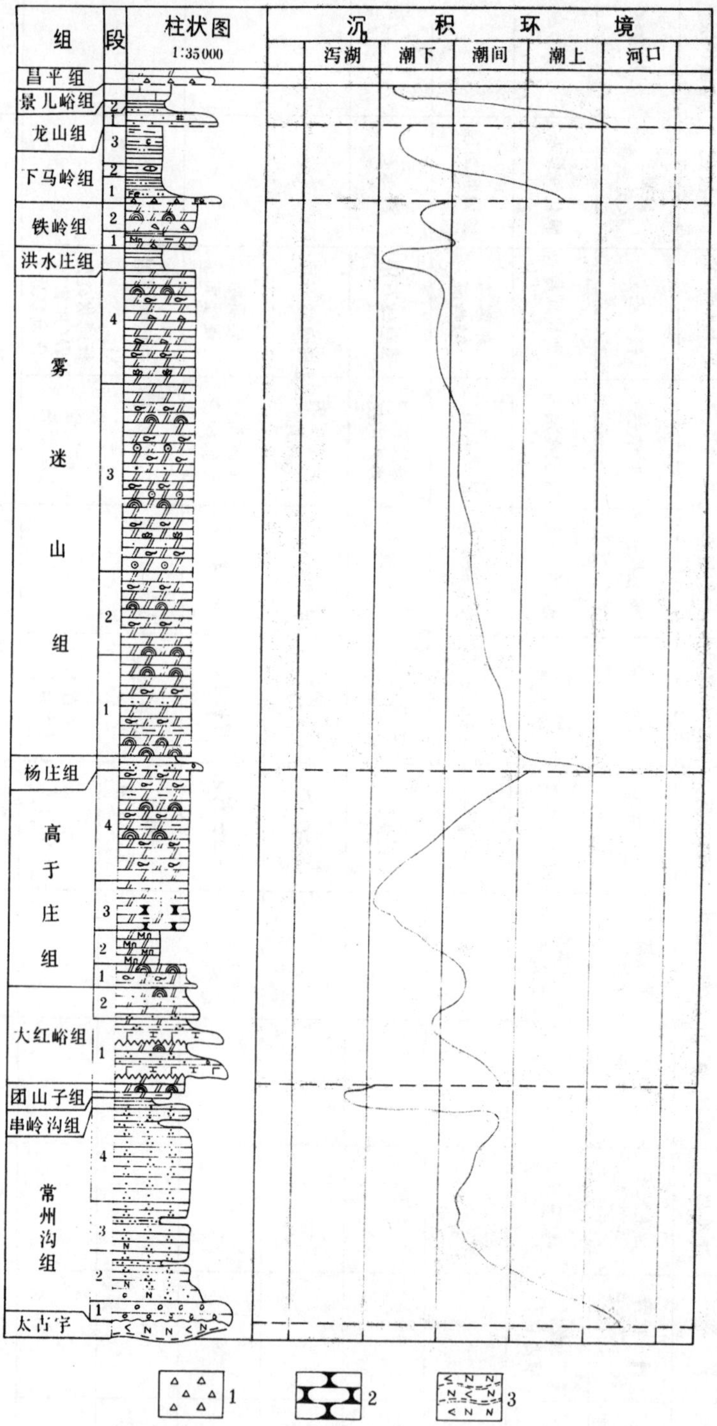


图 3-3　北京市中—晚元古代岩石地层沉积环境示意图

1. 角砾岩；2. 瘤状灰岩；3. 角闪斜长片麻岩（注：其他图例同图 3-2）

峪末期，地壳大规模抬升，沉积间断 2 亿多年。

## 三、区域岩石地层格架初探

众所周知，岩石地层格架是指岩石地层的空间有序排列形式。它包括重要地层界线延伸状况，各岩石地层单位的横向变化和垂向叠覆关系。弄清了岩石组合面貌，基本层序特征和岩相标志，也就解释了沉积环境。搞明了岩相纵横向上的变化，地层格架问题也就迎刃而解了。由于北京地域狭小，有必要将讨论区域扩大。

长城纪和蓟县纪沉积中心位于天津市蓟县和河北省兴隆一带，青白口纪则以京西青白口和河北省怀来一带为沉积中心。

长城纪岩石地层格架如图 3－4 所示①。常州沟组、串岭沟组和团山子组之间为整合接触，在燕山沉积盆地南侧，退覆沉积，而在西侧和北侧小范围超覆。大红峪组和高于庄组与其上、下地层为平行不整合或整合接触，广泛超覆在下伏地层之上。常州沟组早期的河流相砾岩主要发育在密云、蓟县和兴隆等地，大红峪组的火山岩主要分布在平谷一带。据研究，常州沟期—大红峪期燕山盆地为由南北向拉张形成的裂陷槽，断裂活动和火山活动频繁，由北东向正断层和北西向传递断层造成的持续掀斜活动，对盆内充填形式影响很大，以致于各处岩石厚度极不一致。例如蓟县剖面常州沟组 859 m，串岭沟组 913 m，团山子组 510 m，大红峪组 408 m。十三陵剖面：常州沟组 142 m，串岭沟组 47 m，团山子组 59 m，大红峪组 82 m，相差极大。常州沟期早期为河流环境，中期—大红峪期为海洋环境，南部以五台太行古陆和沧州古陆为界，北部则以集宁一承德深断裂为界，海水由东向西推进。到高于庄期，构造及火山活动减弱，地壳运动表现为整体升降运动。由于地势趋于平缓，海平面升高，逐渐变成开放性的盆地，沉积作用则以内源沉积为主，形成各地岩性变化不太大的白云岩和少量灰岩组合。

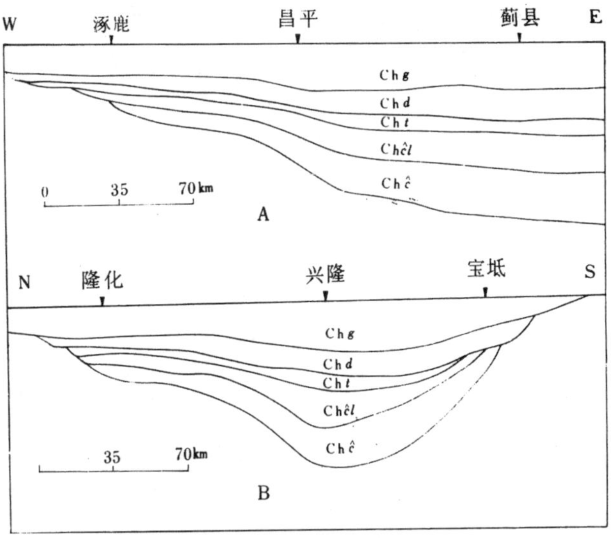


图 3－4　燕山地区长城纪岩石地层格架示意图

（据和政军，1990）

长城纪末期发生“滦县上升”，使蓟县纪的杨庄组普遍呈平行不整合与高于庄组接触。因此，杨庄组底部常发育砂砾岩。杨庄组在昌平之西和唐山、滦县一带以砂砾岩、砂岩为主。在蓟县一带则以粉砂质白云岩为主。雾迷山组分布最广，厚度巨大，说明有一个长期稳定的沉积环境，海水西侵可达山西境内，超覆在高于庄组或更老层位之上。洪水庄组为“饥饿”沉积，分布范围局限，其上下界面具穿时性。铁岭期海水逐渐回落，因此在河北怀来一带有暴露成土作用发生，标志着因海退造成的陆上不整合的形成。据此，可以断定在盆缘其他地点也应有类似作用发生，今后应注意寻找这种不整合界面。

铁岭期末期发生“芹峪上升”，使燕山地区沉积中心西移到青白口和怀来一带，其基本地形为北东向狭长凹陷，向北东可达辽宁铁岭一带。下马岭组的泥灰岩和黑色页岩、伊利石页岩等主要分布在青白口和怀来一带，周边地区则为粉砂岩和砂岩，并超覆在其他较老层位上。

下马岭期末期的“蔚县上升”，使燕山地区上升成陆发生风化剥蚀作用，为龙山早期的河流相沉积提供了丰富的物质基础。该砂、砾岩在河北易县、完县及曲阳等地与下伏的下马岭组、铁岭组和雾迷山组呈超覆不整合接触。之后海水侵入，不断加深，沉积了潮间带的砂岩

① 和政军，1990，燕山地区长城纪沉积建造分析（博士论文）。

和潮下带的页岩以及景儿峪组的泥灰岩。景儿峪组在易县、曲阳等地形成退覆沉积。末期的蓟县运动，结束了中—晚元古代岩石地层的发育史（见图 3-5）。

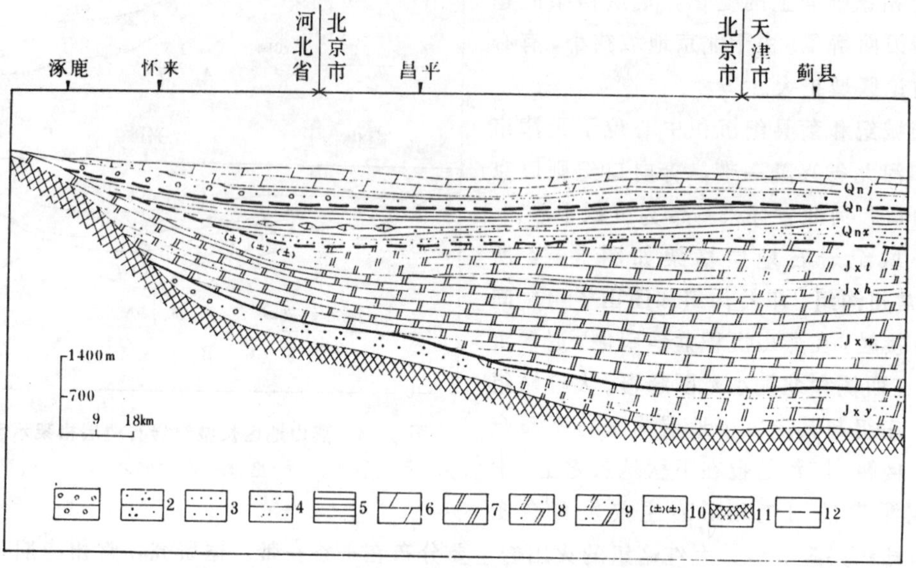


图 3-5　燕山地区蓟县纪—青白口纪岩石地层格架示意图

1. 砾岩；2. 石英砂岩；3. 砂岩；4. 粉砂岩；5. 页岩；6. 灰岩及泥灰岩；7. 白云岩；8. 砂质白云岩；9. 粉砂质白云岩；10. 暴露成土作用带；11. 沉积基底；12. 平行不整合界线

# 第四章
# 寒武纪—奥陶纪

北京市寒武纪—奥陶纪地层出露完好，研究历史较长，主要分布于北京西山。在北山及顺义县二十里长山也有少量分布。另外在北京平原区新生代沉积之下也隐伏有寒武纪—奥陶纪地层（见图 4－1）。

1867 年 Pumpelly 在西山最早划分的“泥盆纪石灰岩”，1882 年 Richthofen 划分的“震旦系”和“石炭纪石灰岩”虽很粗略，但都包含了寒武纪—奥陶纪地层。

叶良辅等（1920）将西山寒武纪—奥陶纪地层划分为：①下页岩；②中灰岩；③上页岩；④鲕状灰岩；⑤竹叶状灰岩；⑥笋石（珠角石）灰岩。其中的“下页岩”和“中灰岩”的下部按现在的认识已划归龙山组和景儿峪组。黄汲清（1927）研究了军庄—南庄一带早古生代地层剖面后，将其划分为：Ⅰ．馒头页岩；Ⅱ．鲕状灰岩系；Ⅲ．竹叶状灰岩系；Ⅳ．北岭子层；Ⅴ．马家沟灰岩。从而奠定了本市寒武纪—奥陶纪地层划分的基础。

以后在本市从事过下古生代地层工作的有高振西等（1934），陈恺、熊永先（1935），张文佑（1935）和小幡忠宏（1939）等。张文佑（1935）在昌平龙山原“景儿峪灰岩”上部层位内发现三叶虫化石 *Redlichia chinensis* 等，因而将这段灰岩单独划分出来，创名为“昌平灰岩”，时代定为早寒武世晚期。这一发现具有重要意义，为在燕山地区确立显生宇寒武系底界提供了确切的古生物依据。

孙云铸（1957）“根据下寒武统砾状灰岩和景儿峪组千枚岩之间的平行不整合”，提出“蓟县运动”，并认为昌平产 *Redlichia* 化石的豹皮灰岩可与云南龙王庙灰岩对比，属馒头统。

50 年代末期开始，北京市加强了生物地层方面的工作。1960—1962 年北京地质学院地层队在郝诒纯教授的指导下，对门头沟区下苇甸—韭园的寒武系和奥陶系进行研究，系统采集了化石，与山东及唐山剖面对比后，认为特征基本一致，从而引用其地层名称，划分了 7 阶 5 组。其资料和成果未正式发表，但被北京市区域地层表编写组（1977）采用。乔秀夫（1963）认为：“上景儿峪灰岩……与云南的沧浪铺和龙王庙阶大致相当，因而需要单独建立新的组，暂时采用馒头灰岩组，代表燕山区早寒武世晚期的海相沉积层，以区别于过去的馒头组。”项礼文、郭振明（1964）在龙山“昌平灰岩”的下部找到 *Palaeolenus fengyangensis* 和 *Redlichia* sp.，提出建“昌平灰岩组”，认为“它可以和滇东沧浪铺组或黔北明心寺组上部相当。在华北地区，山东临沂的 *Palaeolenus* 灰岩、河南嵩山的朱砂洞灰岩、安徽凤阳的猴家山组顶部、河北蓟县的福金山组，与昌平灰岩组暂为同时代的沉积。这一灰岩组在燕山及辽

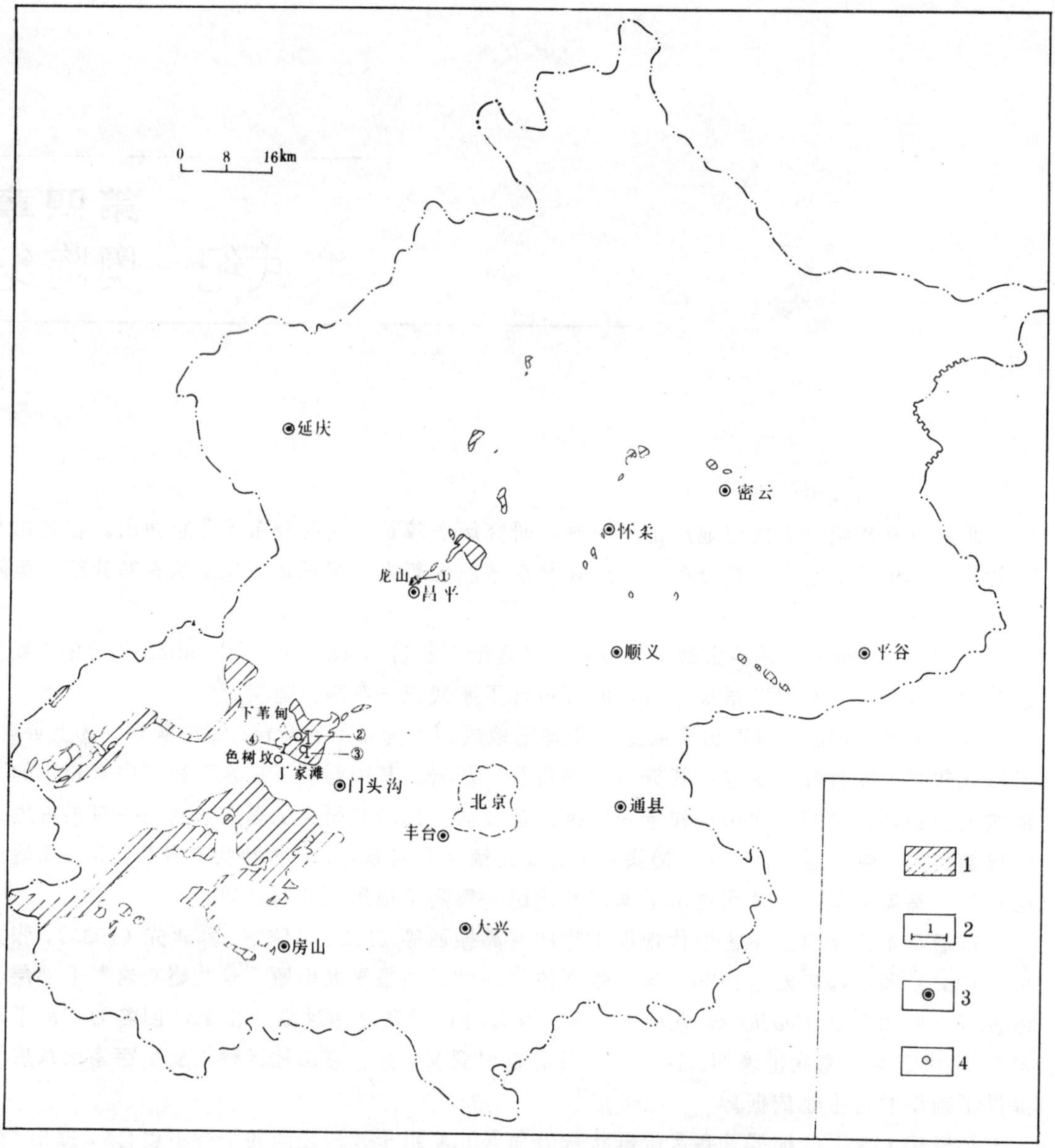


图 4-1　北京市早古生代岩石地层及层型分布简图

1. 早古生代岩石地层；2. 层型：①龙山昌平组剖面；②下苇甸馒头组—炒米店组剖面；③丁家滩冶里组、亮甲山组剖面；④色树坟马家沟组剖面；3. 县（区）政府驻地；4. 村庄

宁地区分布相当普遍，除上述蓟县、昌平外，在河北唐山、兴隆，辽宁凌源、本溪、复县等地皆有其踪迹。”

60 年代初以来，北京市地质局综合地质大队等地勘单位作了大量化学地层方面的研究和评价工作。对早古生代碳酸盐岩沉积地层逐层取样开展多组分分析，了解氧化钙等多种组分的含量变化特征，进行成因解释，最终评价其含矿性。70 年代末期开始，又有众多地质学者开展了早古生代碳酸盐岩岩石学及其沉积环境等方面的研究，管守锐等（1979）、张俊明等（1981）、王英华等（1982）、冯增昭（1986）、孟祥化、乔秀夫等（1986）先后发表了一批文章和著作。作为地层方面的综合性总结则有1977年出版的《华北地区区域地层表·北京市分册》和1991年出版的《北京市区域地质志》。

经本次对比研究，北京市寒武纪—奥陶纪地层共分7个组级岩石地层单位（见表4-1），其中昌平组的创名地位于北京市。

## 第一节　岩石地层单位

**昌平组**　$\in\hat{c}$　（**11-0013**）

【创名及原始定义】　原称“昌平灰岩”，1935年张文佑在昌平龙山创名。原始定义：余等于昌平县城北二、三里许之龙山，在暗灰色厚层灰岩中，发现三叶虫化石，此种三叶虫形体甚小。……皆为下寒武纪上部之标准化石，故知此暗灰色厚层灰岩属下寒武纪上部，姑名之曰“昌平灰岩”，…… 可相当于蓟县之景儿峪灰岩之顶部。

【沿革】　1920年叶良辅等在《北京西山地质志》中对其所划分的地层单位——“中灰岩”的岩性描述为：“上半色灰而层厚，下半浅红或浅绿色，而层薄”。因此“中灰岩”的上半部相当于现今划分的昌平组，其下半部相当于景儿峪组。1934年高振西等在蓟县建立“震旦系”标准剖面，其最顶部的一个岩石地层单位创名为“景儿峪灰岩”，它包括了叶良辅等所划分的“下页岩”和“中灰岩”。1935年张文佑创建“昌平灰岩”。但他是从生物地层角度划分的。此后郝诒纯（1954）称“豹皮灰岩”（乔秀夫1956年首次介绍），孙云铸（1957）称“馒头组”，北京地质学院（1961）称“豹皮灰岩”，但划归“青白口组景儿峪段”上部。乔秀夫（1963）称“馒头灰岩组”，项礼文、郭振明（1964）则称“昌平灰岩组”。1977年出版的《华北地区区域地层表·北京市分册》正式称为昌平组，时代为早寒武世，此后一直沿用至今。本次清理认为，昌平组虽从生物地层角度创名，但其岩性特征明显有别于上、下地层，接触关系清楚，可以作为岩石地层单位使用。

【现在定义】　为一套灰色、灰黑色厚层—块状豹斑状粉晶—泥晶白云质灰岩、厚层细粉晶—泥晶灰岩及灰质白云岩。为北京地区显生宇第一个地层单位，开始产出三叶虫、腕足类、棘皮类和软舌螺等动物化石。与下伏景儿峪组杂色薄层含泥灰岩和上覆馒头组紫红色页岩均为平行不整合接触。

【层型】　正层型为昌平县龙山剖面（116°13′43″，40°14′41″）。由于张文佑的剖面非常粗糙，北京市地质局延昌勘探队1962年重测。

上覆地层：**馒头组**　紫红色泥质页岩，下部有角砾泥岩

——————— 平行不整合 ———————

| | |
|---|---|
| 昌平组 | 总厚度52.48 m |
| 10. 浅灰色中厚层细晶白云质灰岩，局部含燧石结核 | 1.60 m |
| 9. 灰色厚层豹斑状中细晶灰岩，局部含有燧石结核 | 5.78 m |
| 8. 灰黑色厚层致密块状细晶灰岩 | 2.20 m |
| 7. 浅灰色中厚层豹斑状中—细晶灰岩，含有不规则之燧石结核 | 13.56 m |
| 6. 灰黑色块状细晶灰岩 | 1.20 m |
| 5. 深灰色厚层—块状豹斑状细晶灰岩，局部含有燧石结核 | 5.70 m |
| 4. 灰黑色厚层致密块状细粉晶灰岩 | 2.00 m |
| 3. 浅灰色厚层豹斑状细晶灰岩 | 11.23 m |

表 4-1 北京市早古生代岩石地层划分沿革表

<table>
<tr><td colspan="2">叶良辅等</td><td colspan="2">黄汲清</td><td colspan="2">张文佑</td><td colspan="2">陈恺、熊永先</td><td colspan="2">小幡忠宏</td><td colspan="2">北京地质学院</td><td colspan="2">《华北地区区域地层表·北京市分册》</td><td colspan="2">《北京市区域地质志》</td><td>本书</td></tr>
<tr><td colspan="2">1920</td><td colspan="2">1927</td><td colspan="2">1935</td><td colspan="2">1935</td><td colspan="2">1939</td><td colspan="2">1961</td><td colspan="2">1977</td><td colspan="2">1991</td><td></td></tr>
<tr><td colspan="2">西山</td><td colspan="2">西山</td><td colspan="2">昌平</td><td colspan="2">西山</td><td colspan="2">军庄</td><td colspan="2">北京</td><td colspan="2">北京</td><td colspan="2">北京</td><td>北京</td></tr>
<tr><td>石炭纪</td><td>杨家屯煤系</td><td>C—P</td><td>杨家屯煤系</td><td colspan="2" rowspan="11"></td><td>C</td><td>莫斯科期灰岩</td><td>$C_2$—$P_1$</td><td>杨家屯层</td><td>$C_2$</td><td>清水涧组</td><td>$C_2$</td><td>本溪组</td><td>$C_2$</td><td>清水涧组</td><td>太原组</td></tr>
<tr><td rowspan="4">奥陶纪(上震旦层)</td><td rowspan="4">笋石石灰岩</td><td rowspan="2">$O_2$</td><td rowspan="2">马家沟灰岩</td><td rowspan="4">O</td><td rowspan="4">奥陶纪灰岩</td><td rowspan="2">$O_2$</td><td rowspan="2">军庄层</td><td rowspan="2">$O_2$</td><td rowspan="2">中奥陶统</td><td rowspan="2">$O_2$</td><td>上马家沟组</td><td rowspan="2">$O_2$</td><td>上马家沟组</td><td rowspan="2">马家沟组</td></tr>
<tr><td>下马家沟组</td><td>下马家沟组</td></tr>
<tr><td rowspan="2">$O_1$</td><td></td><td rowspan="2">$O_1$</td><td rowspan="2">西北涧层</td><td rowspan="2">$O_1$</td><td rowspan="2">下奥陶统</td><td rowspan="2">$O_1$</td><td>亮甲山组</td><td rowspan="2">$O_1$</td><td>亮甲山组</td><td>亮甲山组</td></tr>
<tr><td>北岭子层</td><td>冶里组</td><td>冶里组</td><td>冶里组</td></tr>
<tr><td rowspan="8">寒武纪(下震旦层)</td><td rowspan="3">竹叶状灰岩</td><td rowspan="3">$\in_3$—$\in_2$</td><td rowspan="3">竹叶状灰岩系</td><td rowspan="3">$\in_3$</td><td rowspan="3">炒米店灰岩</td><td rowspan="3">$\in_3$</td><td rowspan="3">十八盘层</td><td rowspan="3">$\in_3$</td><td rowspan="3">炒米店组</td><td rowspan="3">$\in_3$</td><td>凤山组</td><td rowspan="3">$\in_3$</td><td>凤山阶</td><td rowspan="3">炒米店组</td></tr>
<tr><td>长山组</td><td>长山阶</td></tr>
<tr><td>崮山组</td><td>崮山阶</td></tr>
<tr><td rowspan="2">鲕状灰岩</td><td rowspan="2">$\in_2$</td><td rowspan="2">鲕状灰岩系</td><td rowspan="2">$\in_2$</td><td rowspan="2">张夏灰岩</td><td rowspan="2">$\in_2$</td><td rowspan="2">南庄层</td><td rowspan="2">$\in_2$</td><td rowspan="2">张夏组</td><td rowspan="2">$\in_2$</td><td>张夏组</td><td rowspan="3">$\in_2$</td><td>张夏阶</td><td rowspan="2">张夏组</td></tr>
<tr><td>徐庄组</td><td>徐庄阶</td></tr>
<tr><td>上页岩</td><td>$\in_1$</td><td>馒头页岩(未见底)</td><td>$\in_1$</td><td>馒头页岩</td><td>$\in_1$</td><td>桃园层</td><td rowspan="3">$\in_1$</td><td>馒头组</td><td>$\in_1$</td><td>馒头组和毛庄组</td><td>毛庄阶</td><td>馒头组</td></tr>
<tr><td rowspan="2">中灰岩</td><td rowspan="2"></td><td rowspan="2"></td><td>$\in_1^3$</td><td>昌平灰岩</td><td rowspan="2">Z</td><td rowspan="2">景儿峪灰岩</td><td>Z</td><td>南口层</td><td rowspan="2">青白口组</td><td rowspan="2">Qn</td><td>昌平组</td><td>$\in_1$</td><td>昌平组</td><td>昌平组</td></tr>
<tr><td>Z</td><td>景儿峪灰岩</td><td></td><td></td><td>景儿峪组</td><td>Qn</td><td>景儿峪组</td><td>景儿峪组</td></tr>
</table>

2. 浅灰色细晶白云质灰岩，底部为泥晶白云岩 9.21 m

——————— 平行不整合 ———————

下伏地层：**景儿峪组** 紫红色板状泥质灰岩

【地质特征及区域变化】 昌平组岩性主要是灰色、深灰色厚层至块状豹斑状灰岩和细晶灰岩，上、下部为白云岩和白云质灰岩。龙山剖面厚 50 多米。下部曾采到三叶虫和棘皮类、腕足类化石碎片。含有制电石、制碱、熔剂和水泥用石灰石。与下伏景儿峪组为平行不整合接触。

昌平组主要分布在西山门头沟区的齐家庄—青白口—大村和下苇甸，房山区的龙门台—柳林水—鲁家滩—黄山店。下苇甸剖面厚 89 m，青白口 60 m，双石头 50 m，班各庄一带 60 m，主要是豹斑状灰岩和白云岩，底部普遍发育灰质和白云质角砾岩，厚十多米到几十米，最底部有时可见古风化壳，与下伏景儿峪组为平行不整合接触。青白口一带含有优质白云石矿。

在北山则零星出露于十三陵、河防口、九渡河、二道关、秤钩湾和西智等地，厚度 50～138 m，岩性主要是细晶灰岩、豹斑状灰岩，底部也有角砾状白云岩。局部大理岩化。含有重要的工业用灰岩矿层。

总之，在青白口—庄户台以东地区，以豹斑状灰岩为主，以西则以白云岩为主。

【其他】 蓟县运动使华北地区抬升遭受风化剥蚀，直到昌平期海水才进入本区，开始显生宙的首次海侵。昌平期初期海侵伊始，形成一套蒸发相土黄色含陆源碎屑含燧石泥晶白云岩，西部双石头一带趋于尖灭。早期为潮间环境，形成角砾岩，证明有陡坡存在，在下苇甸之西较发育。中期为潮下环境，形成了厚层泥晶灰岩和豹斑状灰岩。晚期至末期又逐渐为潮间到潮上环境，形成含燧石团块白云岩和土黄色薄层状泥晶白云岩。可见，昌平期从早到晚环境经历了从潮上蒸发低能→潮间高能→潮下低能→潮间低能→潮上蒸发低能的演变过程，末期又上升为陆，重新遭受风化剥蚀作用。

**馒头组** $\in m$ **(11－0014)**

【创名及原始定义】 馒头组是美国学者 Willis 和 Blackwelder (1907) 在山东张夏建立的岩石地层单位。创名地点位于山东省长清县张夏镇馒头山。原始定义：馒头层主要是一套红和棕色页岩，夹有灰色或浅灰色石灰岩，石灰岩经常含泥质成分。这套地层见于张夏村陡壁下四周的坡上，总厚 135～225 m。位于张夏村之正南叫做馒头山的一个孤山处，有一个下与花岗岩不整合接触，上面整合盖着石灰岩的馒头层的完整而出露好的剖面。这就是馒头层的典型剖面。单位就根据这个孤山而创名。

【沿革】 Richthofen (1882) 最早在北京地区所划分的“红页岩和灰岩”和叶良辅等 (1920) 的“上页岩”相当于现今的馒头组。黄汲清 (1927) 最先引用了“馒头页岩”这一名称，后高振西等 (1934)、陈恺、熊永先 (1935) 也均称“馒头页岩”，小幡忠宏 (1939) 则称“桃园层”，这些划分和名称基本上都是岩石地层单位的概念。《华北地区区域地层表·北京市分册》(1977) 称“馒头组和毛庄组”，这种划分混淆了岩石地层和生物地层单位的概念。而《北京市区域地质志》(1991) 称毛庄阶，接受了乔秀夫等人认为燕山地区馒头组缺失的观点，时代定为中寒武世。这是从生物地层学的角度来划分和对比的。根据古生物资料，本市的昌平组与山东馒头组相当，为“同时异相”，而本市昌平组之上的紫红色泥岩夹白云岩根据化石情况相当于山东龙王庙阶上部地层，有所谓穿时现象。本次清理后根据其具有标志性的紫红色页岩仍称馒头组。

【现在定义】 指寒武系下部以紫（砖）红色页岩为主，夹云泥岩、泥云岩、白云岩、灰岩和砂岩岩石地层单位。底以灰岩或白云岩组合结束、杂色页岩或云泥岩出现划界，与朱砂洞组整合接触；顶以页岩或砂岩结束，大套灰岩出现划界，与张夏组整合接触。归长清群。

【层型】 正层型位于山东省长清县张夏镇馒头孤山。北京市选取门头沟区下苇甸剖面为次层型（116°01′52″，40°00′21″。由《北京市区域地质志》下古生界编写小组1985年测制）。

上覆地层：张夏组 灰紫色鲕粒灰岩，产 *Sunaspis* sp.

——————整 合——————

馒头组 总厚度 129 m

19. 紫红色粉砂质泥岩夹泥质粉砂岩条带 7.0 m

18. 灰色、灰绿色中薄层含砂泥质条带鲕粒云灰岩，含云母片，产 *Shantungaspis aclis*, *Ptychoparia mantoensis*, *P. theano* 4.0 m

17. 紫红色粉砂质泥岩 2.0 m

16. 灰色、灰绿色薄层含泥质条带砾屑灰岩，含砂，产棘皮动物化石碎片 2.0 m

15. 紫红色薄层粉砂质泥岩夹浅绿色薄层灰岩 3.0 m

14. 灰色、灰绿色中薄层条带状藻团藻屑灰岩，白云质粉砂岩与灰岩互层，含砂质泥晶白云岩条带，夹紫红色粉砂质泥岩，产三叶虫化石碎片 2.0 m

13. 暗紫红色中厚层—薄层粉砂质泥岩 17.3 m

12. 灰白色薄层含砂含棘皮生屑鲕粒灰岩夹紫红色页岩，上部含少量泥晶白云岩，顶部见波痕 2.8 m

11. 紫红色薄层砂质泥岩、页岩 18.5 m

10. 棕黄色薄层条带状砂质泥晶白云岩 4.2 m

9. 灰色厚层泥晶、细晶白云岩 3.4 m

8. 灰黄色中薄层含砂泥晶白云岩、砂屑粉晶白云岩 1.1 m

7. 浅灰色厚层细晶白云岩 1.5 m

6. 灰黄色薄层含砂粉晶云质砾岩 1.0 m

5. 砖红色中厚层粉砂质泥岩 13.5 m

4. 灰白色纹带状泥晶白云岩夹泥质条带 3.2 m

3. 砖红色薄层粉砂质泥岩 13.6 m

2. 土黄色、紫红色泥质角砾岩 23.3 m

1. 土黄色含燧石条带角砾状含砂细粉晶—泥晶白云岩 5.6 m

－－－－平行不整合－－－－

下伏地层：昌平组 深灰色厚层细晶白云岩

【地质特征及区域变化】 北京市的馒头组是指昌平组灰岩或白云岩之上，张夏组鲕粒灰岩之下的一套紫红色泥岩和白云岩地层。底部为土黄色，含燧石条带角砾状含砂细晶—泥晶白云岩。下部为紫红色、土黄色泥质角砾岩，不显层理。中部为紫红色薄—中层粉砂质泥岩夹灰、灰黄色泥晶—粉晶白云岩。上部为紫红色粉砂质泥岩与灰色、灰绿色薄层灰岩互层。灰岩中含有藻团、鲕粒和三叶虫、棘皮动物化石碎片。下苇甸剖面厚129 m。与下伏昌平组为平行不整合接触。

馒头组主要分布于西山和北山。在西山，出露于门头沟区的齐家庄—青白口—大村和九山、下苇甸等地，房山区的蒲洼—黄土台—班各庄—龙宝峪一带。青白口剖面厚140 m，九山剖面厚 191 m，主要是一套紫红色泥页岩，白云岩夹薄层灰岩和粉砂岩。底部有紫色角砾状白云岩。北山地区则零星分布于昌平县文殊峪、十三陵、龙山，怀柔县河防口、九渡河、二道关和密云县西智。九渡河剖面厚 146 m，主要是灰色钙质页岩、粉砂质页岩和白云质灰岩、灰质白云岩，底部为灰色角砾状钙质千枚岩。西智剖面 120 m，以紫色或暗紫色含泥质粉砂岩为主夹灰色中薄层泥灰岩，顶部为浅褐黄色薄层—薄板状粉—细砂岩，与下伏昌平组为平行不整合接触。

【其他】 馒头期海水处于半封闭状态，气候炎热干燥，蒸发作用强烈，早期为潮上塞卜哈环境，形成一套以紫红色泥岩、页岩为主的岩石组合，底部普遍具有风化壳和角砾岩，角砾岩为岩溶塌陷产物，其中发现大量纤维状石膏及其溶蚀残余物。晚期为潮间、泻湖环境，气候渐转正常，常形成灰色、灰绿色条带状藻屑灰岩，含砂鲕粒灰岩夹层，并含有正常底栖三叶虫和棘皮动物化石等。

**张夏组 $\in\hat{z}$ （11－0015）**

【创名及原始定义】 原称“张夏灰岩”，是美国地质学家 Willis 和 Blackwelder（1907）在山东省长清县张夏镇附近建立的地层单位。原始定义：九龙群的第一个层是盖在馒头页岩软地层之上 150 m 厚的块状石灰岩，形成几百英尺高的陡壁，创名为张夏灰岩或鲕状岩，有时也叫张夏层。最底部是 18 m 厚的薄层橄榄灰色石灰岩，然后是形成陡壁的块状黑色鲕状岩层，平均厚 70 m。陡壁之上的小坡里发育着 30 m 厚的结晶灰岩。上部为暗色和浅灰色递变的灰岩。近顶部有浅灰色砾石灰岩。

【沿革】 Richthofen（1882）划分的“含三叶虫化石的球粒状灰岩”相当于现今的张夏组。此后，叶良辅等（1920）称“鲕状灰岩”，黄汲清（1927）称“鲕状灰岩系”，高振西等（1934）、陈恺、熊永先（1935）开始引用“张夏灰岩”这一名称，小幡忠宏（1939）称“南庄层”，北京地质学院（1961）称张夏组，时代多定为中寒武世，都是依据灰岩具鲕粒结构这一特征而划分的岩石地层单位。但 70 年代以来，又根据其中的三叶虫化石划分为徐庄组和张夏组或徐庄阶和张夏阶，这已是从生物地层角度来划分了。本次清理后仍恢复其原来的含义。

【现在定义】 指馒头组之上、崮山组之下，以厚层鲕粒灰岩和藻灰岩为主夹钙质页岩岩石地层单位。底以页岩或砂岩结束、大套鲕粒灰岩出现划界，与馒头组整合接触；顶以厚层藻屑鲕粒灰岩结束，薄层砾屑灰岩夹页岩出现划界，与崮山组整合接触。归九龙山群，辖盘车沟段。

【层型】 正层型位于山东省长清县崮山镇虎头崖—黄草顶，由张增奇等 1992 年重测。北京市选取门头沟区下苇甸剖面为的次层型（116°02′01″，40°00′08″。由《北京市区域地质志》下古生界编写小组 1985 年测制）。

上覆地层：**炒米店组** 黄灰色中层泥云质条带泥晶灰岩

——————整 合——————

| 张夏组 | 总厚度 222.1 m |
|---|---|
| 25. 深灰色中—厚层亮晶含藻屑鲕粒灰岩夹黄灰色中—薄层粉晶云质灰岩，产三叶虫 *Kolpura* sp.，*Lorenzella* sp.，*Dorypyge*（?）sp. | 17.2 m |
| 24. 深灰色巨厚层亮晶鲕粒含云灰岩 | 17.6 m |
| 23. 深灰色巨厚层泥亮晶鲕粒灰岩，上部夹泥质条带泥晶灰岩 | 10.5 m |
| 22. 深灰色巨厚层泥亮晶含砂屑、生屑鲕粒灰岩，夹泥晶泥质灰岩条带，含棘皮动物化石碎屑 | 7.8 m |

21. 深灰色中层泥亮晶鲕粒灰岩，夹深灰色中—薄层钙质粉砂岩和黄灰色中—薄层条带状泥晶粉砂质白云质灰岩，组成6个韵律层。产三叶虫 *Damesella* aff. *blackwelderi*，*D. damesei*，*Anomocarella* sp.，*Poshania* sp. 11.4 m

20. 上部为灰色中层竹叶状灰岩，中薄层细晶含鲕粒竹叶状生屑灰岩夹深灰色中—薄层粉砂质钙质页岩，灰质条带粉晶含泥灰岩；下部为深灰色中—薄层泥晶鲕粒灰岩夹深灰色中—薄层粉砂质钙质页岩。砾屑形状似"竹叶"，分选磨圆好，具氧化圈，产三叶虫 *Amphoton* sp.，*Damesella nitida*，*Asaphiscus* sp.，*Aojia spinosa*，*Manchuriella typa*，*Dorypyge* sp.，*Anomocarella* sp. 7.6 m

19. 灰色中厚层云化泥晶鲕粒灰岩夹绿灰色薄层钙质粉砂岩。产三叶虫 *Psilaspis* sp.，*Manchuriella* sp.，*Solenoparia* sp.，*Crepicephalus convexus*，*Dorypyge* sp.，*Aojia* sp.，*Anomocarella baucia*，*Lisania* sp. 11.1 m

18. 灰绿色薄层钙质粉砂岩，褐灰色中—薄层灰质条带泥晶白云质灰岩夹深灰色中—薄层泥晶鲕粒灰岩，灰色薄层竹叶状鲕粒灰岩，灰色薄层细晶灰岩。底部为灰色中—薄层泥晶灰岩。产三叶虫 *Crepicephalina quadrata*，*Proasaphiscus* sp.，*Asaphiscus* sp. 11.7 m

17. 绿灰色薄层含石英粉砂粉晶灰岩夹灰色鲕粒灰岩 10.1 m

16. 灰色中厚层泥亮晶鲕粒灰岩，含生物碎屑及粉砂岩砾屑 4.7 m

15. 黄灰色中薄层泥云质条带泥晶泥质灰岩夹灰色中薄层泥晶鲕、豆粒灰岩 6.2 m

14. 灰色中层鲕粒灰岩与绿灰色薄层钙质粉砂岩不等厚互层夹豆粒灰岩（10 cm），其中粉砂岩占60% 3.8 m

13. 绿灰色中层钙质粉砂岩，顶部夹灰岩 4.1 m

12. 绿灰色薄层灰质条带含泥粉砂岩，黄灰色中—薄层断续条带状泥晶泥质灰岩与灰色中层颗粒灰岩互层，顶部为灰色薄层细晶灰岩。粉砂岩、泥晶泥质灰岩与颗粒灰岩、泥晶灰岩构成韵律层。产三叶虫 *Crepicephalina* aff. *quadrata* 11.8 m

11. 深灰色中层含内碎屑泥亮晶鲕粒灰岩，夹绿灰色中—薄层泥钙质粉砂岩 2.8 m

10. 灰绿色薄层含泥钙质粉砂岩，中部夹 30 cm 灰色泥晶颗粒灰岩透镜体 6.6 m

9. 黄灰色中—薄层泥质条带泥晶灰岩，泥晶灰岩夹灰色中薄层颗粒灰岩，黄灰—浅绿色薄层泥质粉砂岩，见波痕 3.3 m

8. 深灰色厚层含竹叶状砾屑鲕粒细晶灰岩。竹叶状砾屑为长条状，蝌蚪状。产三叶虫 *Bailiella lantenoisi*，*Anomocarella* sp.，*Proasaphiscus* sp.；腕足类 *Eoorthis* sp. 11.0 m

7. 深灰色中薄层含竹叶状泥、亮晶鲕粒含云灰岩夹薄层灰绿色粉砂岩及深灰色中—薄层含鲕细晶灰岩；顶部为绿灰色，黄色中—薄层粉砂质亮晶竹叶状灰岩，竹叶状砾屑多具红色氧化圈，由下而上陆源成分增多 13.8 m

6. 灰色厚层含竹叶状亮晶鲕粒灰岩，顶部为颗粒灰岩，从下向上砾屑增多，砾屑变长，产三叶虫 *Serrodiscus*? sp.，*Solenoparia* sp.，*Manchuriella typa*，*Crepicephalus convexus*；腕足类 *Obolus* sp. 20.5 m

5. 浅绿色中—薄层钙泥质粉砂岩，底部夹有厚 20cm 含三叶虫碎屑的细晶灰岩 2.5 m

4. 灰色中—厚层粉砂质鲕粒细晶灰岩，顶部含竹叶状砾屑，产三叶虫 *Proasaphiscus paotaiensis*，*P. suni*，*Anomocarella concava*，*A. chinensis*，*Asaphiscus walcotti*，*Manchuriella typa*，*Crepicephalus convexus*；腕足类 *Obolus* sp. 8.2 m

3. 绿灰色薄层钙质粉砂岩与深灰色中—薄层含竹叶状泥、亮晶鲕粒灰岩不等厚互层 4.7 m

2. 灰色（局部紫色）中厚层泥、亮晶鲕粒灰岩夹绿灰色薄层钙质粉砂岩。鲕粒灰岩含竹叶状砾屑，产三叶虫 *Anomocarella temenus* 8.3 m

1. 灰绿色薄层泥钙质粉砂岩夹灰紫色薄层鲕粒灰岩。产三叶虫 *Sunaspis* sp. 4.8 m

——————整　合——————

下伏地层：**馒头组**　紫红色粉砂质泥岩

【地质特征及区域变化】　北京市的张夏组是指馒头组紫红色泥页岩之上，炒米店组泥云质灰岩、竹叶状灰岩之下的以发育厚层鲕粒灰岩为特征的一套地层，厚度200多米。底部为灰绿色薄层泥钙质粉砂岩与灰紫色、深灰色中层泥、亮晶鲕粒灰岩互层，部分灰岩呈竹叶状。下部为灰色、深灰色中薄层—厚层含竹叶状泥、亮晶鲕粒灰岩、条带状灰岩夹灰绿色薄层粉砂岩。竹叶状砾屑有时具氧化圈。中部为灰绿色薄层钙质粉砂岩，深灰、黄灰色条带状泥晶泥质灰岩与颗粒灰岩互层。上部为深灰色巨厚层泥、亮晶鲕粒灰岩夹泥质条带泥晶灰岩和少量粉砂岩。整个张夏组由钙质粉砂岩和鲕粒灰岩构成了两个旋回。本组含有丰富的三叶虫化石，华北区重要的带化石均可见到。本组下部和上部厚层和巨厚层鲕粒灰岩可用作熔剂、水泥用灰岩，是北京市重要的石灰石含矿层位。与下伏馒头组为整合接触。

张夏组分布于西山和北山，但在北山地区有的出露不全。

在西山地区主要分布于门头沟区的齐家庄—柏峪—青白口—大村一带以及九山和下苇甸等地，房山区的蒲洼—黄土台—班各庄—龙宝峪及鲁家滩一带。

下苇甸剖面厚222 m，主要由钙质粉砂岩和鲕粒灰岩组成（如上述）。青白口剖面厚199 m，底部为灰色中薄层白云质细砂岩夹灰黑色泥质粉砂岩；下部为灰黑色中厚层亮晶鲕粒灰岩，偶夹泥质粉砂岩；中部为灰黄、灰黑色泥质条带钙质粉砂岩夹竹叶状灰岩，鲕粒灰岩或与之互层；上部为灰黑色厚层亮晶含生屑鲕粒灰岩。九山剖面厚207 m，下部以灰色厚层鲕粒灰岩为主；上部为灰色中厚层鲕粒灰岩夹薄层泥质条带灰岩。在南部鲁家滩等地，张夏组厚度减薄，泥砂含量显著增多。

在北山地区，零星分布于昌平县文殊峪、十三陵、怀柔县河防口、二道关、九渡河和密云县西智。文殊峪剖面厚194 m，底部为灰色中层和厚层鲕粒灰岩夹钙质粉砂岩，泥质条带灰岩；下部为深灰色巨厚层鲕粒灰岩夹薄层泥灰岩；中部为条带状灰岩和泥灰岩夹鲕粒灰岩；上部为条带状灰岩，泥质灰岩；顶部为巨厚层含鲕灰岩。其他地点出露不全。河防口一带含有海绿石。文殊峪、河防口和西智一带的灰岩可用作熔剂、水泥用石灰石矿。

【其他或问题讨论】　张夏期为正常海潮下带浅滩高能环境间夹局限海潮下低能环境。张夏组岩性以亮晶鲕粒灰岩为主，为潮下浅滩高能环境的产物。钙质粉砂岩、泥晶灰岩和粉砂质泥晶灰岩产于潮下低能环境。张夏期海水条件正常，气候温暖，三叶虫大量繁衍。岩石中含有少量竹叶状灰岩，说明时有大风暴发生。三叶虫多呈碎片状，证明环境较动荡。

**炒米店组**　$\in cm$　**（11－0016）**

【创名及原始定义】　原称“炒米店灰岩”，美国地质学家Willis和Blackwelder（1907）在山东省长清县崮山镇炒米店村东北脊上，即范庄东侧高山北坡创名的岩石地层单位。原始定义：九龙群的第三个层是炒米店石灰岩，由硬质石灰岩组成，形成炒米店东南和西南的小山。呈蓝色，新鲜面为暗灰色、细晶。崮山页岩和炒米店灰岩间的过渡带为12m的板状灰岩，具砾状特征。之上才是炒米店灰岩的灰色层，单层厚度时常不大于5或6英尺。其顶界以沉积特征变化为标志，即上覆济南层底部变为浅黄色，已显著白云岩化。

【沿革】　Richthofen（1882）划分的“竹叶状灰岩”相当于现今的炒米店组。此后，叶良辅等（1920）称“竹叶状灰岩”，黄汲清（1927）称“竹叶状灰岩系”，时代定为中—晚寒武世。陈恺、熊永先（1935）最先引用“炒米店灰岩”，北京地质学院（1961）称为炒米店组，时代定为晚寒武世。70年代以来则根据其中的三叶虫化石划分为3个组或阶：崮山组（阶）、长山组（阶）、凤山组（阶），逐渐由岩石地层转为生物地层。本次清理，恢复其炒米店组之名。

【现在定义】 指以灰色中厚层微晶灰岩、含生物碎屑藻球粒灰岩、鲕粒灰岩、中薄层竹叶状灰岩为主，夹云斑叠层石藻礁灰岩等以灰岩为特征岩石地层单位。底以页岩结束划界，与崮山组整合接触；顶以灰岩结束，白云岩（或页岩）出现划界，与三山子组（或冶里组）整合接触。归九龙群。

【层型】 正层型位于山东省长清县崮山镇唐王寨南坡至范庄东坡，由张增奇等1992年重测。北京市选取门头沟区下苇甸剖面作为本市炒米店组次层型（116°02′02″，39°59′45″。由《北京市区域地质志》下古生界编写小组1985年测制）。

上覆地层：冶里组 深灰色厚层含云斑泥晶灰岩

——————整 合——————

炒米店组

总厚度 192.9 m

47. 灰色泥晶竹叶状灰岩与灰黄色泥云质条带泥晶灰岩互层。泥云质条带为毫米级，个别可达1 cm 10.6 m

46. 灰色条带泥晶灰岩夹粉晶竹叶状灰岩。云泥质条带较少，夹9层竹叶状灰岩，竹叶状砾屑排列杂乱 16.4 m

45. 灰色中—薄层泥晶云泥质灰岩夹泥晶灰岩条带 8.7 m

44. 深灰色厚—中层泥晶灰岩，含云泥质条带，底部为泥晶竹叶状灰岩 5.9 m

43. 深灰色中—薄层云泥质条带泥晶灰岩，含生屑，层理多弯曲呈波状。产三叶虫 *Tellerina chinhsiensis*；腕足类 *Obolus* sp. 9.0 m

42. 灰、黄灰色中—薄层云泥质条带泥晶灰岩夹粉晶竹叶状灰岩 7.3 m

41. 灰、黄褐色中—薄层白云质泥岩和泥晶灰岩夹灰色泥晶竹叶状灰岩，白云质泥岩和泥晶灰岩互成条带，泥晶灰岩条带常断续而形成竹叶状砾屑。产三叶虫 *Calvinella walcotti*；腕足类 *Lingulella marcia* 17.2 m

40. 深灰色厚层云斑、云条粉晶灰岩夹泥晶竹叶状灰岩。云质条带宽1cm，密集断续平行层理分布，多弯曲变形或断开，有的将灰岩分割成"竹叶"状，有时呈云朵状。泥晶竹叶状灰岩呈透镜状。上部产三叶虫 *Quadraticephalus linyuensis*, *Kaolishania* sp., *Ptychaspis* sp.；腕足类 *Eoorthis* sp.。下部产三叶虫 *Tsinania canens*, *Ptychaspis subglobosa*；腕足类 *Lingulella* sp. 11.0 m

39. 灰紫色薄层泥云质条带泥晶灰岩夹泥亮晶竹叶状白云质灰岩，层间含有厚度变化较大的竹叶状灰岩透镜体，底部为厚35 cm竹叶状灰岩。上部产三叶虫 *Mansuyia orientalis*, *Homagnostus hoi*, *Pagodia* sp.；底部产三叶虫 *Kaolishania* sp., *Mansuyia orientalis*, *Anomocarella* sp., *Quadraticephalus* ? sp., *Ptychaspis* sp., *Tsinania* sp.；腕足类 *Lingulella* sp., *Obolus* sp. 10.6 m

38. 紫灰色中、薄层泥晶泥云质灰岩夹泥质灰岩条带，底部条带少顶部多，与泥晶泥云质灰岩组成等厚互层，含白云质灰岩角砾 6.3 m

37. 上部为灰色薄层云泥质粉砂岩，夹不连续的泥晶灰岩条带，含竹叶状灰岩透镜体。中部为灰色中层竹叶状泥云质灰岩，竹叶状砾屑分选磨圆皆好，具红色氧化圈。下部为浅灰色中、薄层泥质条带泥晶含云灰岩，条带密集。产三叶虫 *Changshania truncata*, *Dikelocephalites* cf. *flabelliformis*, *Pagodia* (?) sp.；腕足类 *Obolus* sp. 3.2 m

36. 灰绿色薄层泥云质钙质粉砂岩，夹灰岩透镜体，局部为细晶生屑灰岩 2.5 m

35. 紫色泥晶竹叶状灰岩夹泥云质条带泥晶灰岩，竹叶状砾屑具红色氧化圈 3.6 m

34. 浅黄绿色薄层钙质粉砂质泥岩，泥云质粉砂岩与泥、亮晶竹叶状灰岩互层。底部为紫色、浅紫色竹叶状灰岩，具氧化圈，竹叶状砾屑定向或不定向排列。粉砂岩中发育扁豆状层理。上部竹叶状灰岩中产三叶虫 *Chuangia* aff. *batia*，*Changshanocephalus reedi* 7.9 m

33. 灰色中厚层泥云质条带泥晶颗粒灰岩，底部夹泥晶竹叶状白云质灰岩，竹叶状砾屑多具氧化圈。泥云质条带为深灰色，风化后呈褐黄色 3.1 m

32. 浅灰色中—薄层条带状粉晶鲕粒灰岩，条带为紫红色粉砂质泥晶云质灰岩，平行层理密集分布。产三叶虫 *Drepanura* sp.，*D. premesnili*，*Stephanocare* sp.，*Teinistion* sp.，*Blackwelderia* sp.，*Homagnostus hoi*，*H. convexus*，*Pseudagnostus douvillei* 3.9 m

31. 深灰色中—薄层泥云质条带泥晶灰岩夹灰绿色薄层钙质粉砂岩，底部夹泥晶鲕粒灰岩及竹叶状灰岩 10.3 m

30. 深灰色块状泥晶灰岩，风化面呈鱼鳞状 1.5 m

29. 上部为黄灰色中层泥云质条带泥晶灰岩与绿灰色薄层钙质粉砂岩互层，夹 3 层灰色竹叶状灰岩。中部为 2.5 m 绿灰色薄层钙质粉砂岩夹灰色薄层含生屑钙质泥质白云岩。下部为深灰色中厚层粉晶鲕粒灰岩与粉晶竹叶状灰岩不等厚互层，含生物化石碎片，鲕粒灰岩中夹绿灰色薄层钙质泥岩，部分竹叶状砾屑具氧化圈。产三叶虫：*Blackwelderia sinensis* 18.4 m

28. 灰色厚层含颗粒叠层石泥晶灰岩，叠层石为柱状，柱间有鲕粒、生屑、内碎屑充填，底部夹泥晶竹叶状灰岩 22.2 m

27. 灰色厚层砂质条带泥晶灰岩，局部含鲕，夹 4 小层竹叶状灰岩 10.1 m

26. 上部为灰色中层含钙质粉砂岩条带细晶竹叶状灰岩，下部为灰、黄、绿等杂色中层含泥云质条带泥晶灰岩，条带断续相连 3.2 m

———————— 整　合 ————————

下伏地层：**张夏组**　深灰色巨厚层亮晶鲕粒灰岩

【地质特征及区域变化】　北京市的炒米店组是指张夏组鲕粒灰岩之上、冶里组厚—中层灰岩之下的一套以中—薄层泥云质条带灰岩、竹叶状灰岩为主的岩石地层，厚约 200 m。下部主要是灰色、黄灰色中—薄层状含泥云质条带泥晶灰岩，叠层石灰岩夹竹叶状灰岩和鲕粒灰岩；中部为绿灰色薄层钙质粉砂岩，泥岩和灰色中薄层泥云质条带泥晶灰岩，鲕粒灰岩和竹叶状灰岩，竹叶状砾屑具红色氧化圈；上部为灰色、深灰色中—薄层泥云质条带泥质灰岩，粉晶灰岩夹竹叶状灰岩或与之互层，条带极为发育，多 1 cm 左右，有时断续相连，类似平行排列的“竹叶”。本组产有大量三叶虫化石和少量腕足类化石。竹叶状砾屑灰岩具美观的颜色和结构可作建筑饰面石材。

炒米店组主要分布于西山门头沟区的齐家庄—柏峪—青白口—田庄以及九山和下苇甸一带、房山区的蒲洼—黄土台—班各庄—龙宝峪一带。下苇甸剖面厚 193 m，岩性如上述。青白口厚 244 m，岩性基本同下苇甸剖面。双石头剖面厚 166 m，下部为灰色泥质条带灰岩，鲕粒灰岩互层夹少量竹叶状灰岩；中部为灰绿色和紫红色薄层状泥质条带灰岩与竹叶状灰岩互层，竹叶状砾石具红色氧化圈；上部为灰色、灰黑色中厚层泥质条带灰岩夹竹叶状灰岩或与之互层。产有大量三叶虫化石。九山剖面厚度 147 m（未见顶），下部主要是灰色中厚层—薄层泥质条带灰岩夹鲕粒灰岩，竹叶状灰岩；上部主要是竹叶状灰岩与泥质条带灰岩互层，竹叶状砾屑具红色氧化圈。

北山地区仅出露于怀柔县的东口楼和河防口一带。东口楼一带厚 363 m，未见顶。底部为

1 m 厚的砾状灰岩；下部为浅灰色厚层灰岩和紫灰色中层泥质条带灰岩；中部为灰白色厚层泥质条带灰岩，含三叶虫化石碎片；上部为灰色厚层泥质条带灰岩和灰白色巨厚层纹带灰岩。

【其他】 炒米店期主要是正常海潮间带—潮下带环境，水体能量较低，岩类以泥质条带泥晶灰岩为主，中下部普遍发育叠层石和钙质粉砂岩，说明早期以潮坪环境为主，本组最显著的特征是夹有大量竹叶状砾屑灰岩，其中的竹叶状砾石多为泥晶灰岩，据研究是风暴成因。风暴将半固结的泥晶灰岩破坏，经扰动和磨蚀、溶蚀堆积而成，早、中期多为异地堆积，说明水体较浅，风暴经常发生，到晚期竹叶状砾屑明显变小，有时似断实连，说明风暴影响渐弱，海水加深，形成条带状或纹层状薄层灰岩。

**冶里组 O*y*** （11－0017）

【创名及原始定义】 原称“冶里石灰岩”，是 Grabau 1922 年在河北省唐山所建，标准地点位于唐山市开平镇冶里村。原始定义：马家沟北冶里村附近之石灰岩，名为冶里石灰岩（Yehli Limestone）。是系底部有砾岩，位于寒武纪岩层之上。

【沿革】 叶良辅等（1920）将西山整个奥陶纪地层称为“笋石石灰岩”。黄汲清（1927）将其在西山划分的“北岭子层”对比到“冶里灰岩”（实际上相当于亮甲山组）。60 年代初郝诒纯研究了西山丁家滩剖面，经与唐山剖面对比，认为基本一致，遂将冶里组名称引用过来，此后一直沿用至今，时代划为早奥陶世。

【现在定义】 指整合于炒米店组与亮甲山组间以灰色巨厚层豹皮状灰岩及灰色厚层泥纹灰岩为主，上部夹灰色薄层泥纹灰岩、灰色竹叶状灰岩及少量黄绿色页岩的岩性组合。底界以灰色巨厚层豹皮状灰岩与炒米店组灰色薄层泥质条带灰岩分界；顶界以页岩消失与亮甲山组浅灰色巨厚层含燧石结核灰岩分界。

【层型】 正层型位于河北省唐山市赵各庄长山，由河北省地质局第二区测大队 1977 年重测。北京市选取门头沟区丁家滩剖面为次层型（116°01′49″，39°59′37″。由《华北地区区域地层表·北京市分册》下古生界编写小组 1975 年测制）。

上覆地层：**亮甲山组** 灰黑色粉晶含云灰岩

——————整 合——————

冶里组

总厚度 93 m

| | |
|---|---|
| 10. 灰黑色中层含生物碎屑含泥纹细粉晶灰岩夹竹叶状灰岩和页岩，竹叶状灰岩中产三叶虫 *Asaphellus*? sp. | 3.0 m |
| 9. 灰黑色中层含生物碎屑含云斑细粉晶灰岩夹钙质页岩 | 5.0 m |
| 8. 深灰色中层泥云斑细粉晶、泥晶灰岩夹黄绿色钙质页岩 | 2.0 m |
| 7. 深灰色厚层泥质条带细粉晶、泥晶灰岩夹竹叶状含云灰岩，底部为页岩 | 6.0 m |
| 6. 深灰色中厚层含砂屑泥云纹层泥晶灰岩夹绿色页岩 | 10.0 m |
| 5. 灰黑色中—厚层含泥纹泥、粉晶含云质灰岩夹竹叶状灰岩 | 9.0 m |
| 4. 灰黑色中层含泥纹粉晶、泥晶含云质灰岩夹黄色薄层泥灰岩 | 3.0 m |
| 3. 浅灰色巨厚层细粉晶灰岩，凝块状细晶灰岩夹钙质页岩 | 33.0 m |
| 2. 浅灰色巨厚层含砂屑细粉晶、泥晶含云质灰岩 | 14.0 m |
| 1. 深灰色厚层含云斑泥、粉晶灰岩，下部夹薄层灰岩 | 8.0 m |

——————整 合——————

下伏地层：**炒米店组** 泥云质条带泥晶灰岩夹竹叶状灰岩

【地质特征及区域变化】　在丁家滩剖面，下部为深灰—浅灰色厚—巨厚层含云斑和砂屑泥晶—粉晶灰岩，局部为白云岩。中上部为深灰色—灰黑色中—厚层含泥质条带、泥质条纹粉晶、泥晶灰岩夹竹叶状灰岩和黄绿色钙质页岩。产有三叶虫化石。含有重要的优质石灰石矿。与下伏炒米店组为整合接触。

冶里组主要分布在西山地区。在顺义二十里长山少量出露。在西山青白口，厚 91 m。下部为灰色巨厚层泥晶灰岩，斑块状灰岩夹竹叶状砾屑灰岩；中部为灰色中厚层含泥质条带泥晶灰岩、砂砾屑灰岩夹钙质粉砂岩；上部为浅灰色中厚—巨厚层含生屑、砂屑泥晶灰岩。

双石头剖面厚 98 m。下部为灰、灰白色巨厚层白云岩；中部为灰色中厚—薄层状泥质条纹灰岩夹竹叶状灰岩；上部为灰色中厚层泥质条带、条纹灰岩夹竹叶状灰岩和钙质页岩。产有大量牙形石化石。

京东二十里长山出露不全。主要是豹斑状灰岩。

【其他或问题讨论】　冶里组以泥晶灰岩为主，中上部夹有钙质页岩和竹叶状灰岩，泥质条带、泥纹层很发育，含有正常海相生物三叶虫、牙形石、棘皮动物等，反映水体较深，能量较低，属潮下浅海低能环境。

**亮甲山组　*Ol*　（11－0018）**

【创名及原始定义】　原称“亮甲山灰岩层”，是叶良辅、刘季辰（1919）在河北省抚宁县石门寨亮甲山创名。原始定义：馒头页岩之上，石炭纪含煤层之下。总厚约 800 m 之石灰岩。自下而上又可分为 4 层：1. 黑色纯石灰岩；2. 鲕状石灰岩；3. 竹叶石灰岩；4. 黑色纯灰岩。

【沿革】　从原始定义来看，叶良辅、刘季辰的“亮甲山灰岩层”包括了现今的张夏组到马家沟组。叶良辅等在《北京西山地质志》（1920）中将西山的奥陶纪地层统称“笋石石灰岩”，未作详细划分。1927 年，黄汲清认为西山缺失“亮甲山层”，但他所划分的“北岭子层”实际上大致相当于亮甲山组。60 年代初郝诒纯将京西丁家滩剖面与唐山剖面对比，认为基本一致，遂引用亮甲山组等名称并沿用至今。

【现在定义】　指冶里组之上、马家沟组之下的灰色厚层燧石结核灰岩、中厚层灰岩夹薄板状灰岩及少量竹叶状灰岩的岩性组合。底界以页岩出现划为冶里组，为整合接触；顶部与马家沟组呈平行不整合接触。

【层型】　选层型位于河北省唐山市赵各庄长山，为河北省地质局第二区测大队 1977 年测制。北京市选取门头沟区丁家滩剖面为次层型（116°01′45″，39°59′24″。由《华北地区区域地层表·北京市分册》下古生界编写小组 1975 年测制）。

上覆地层：**马家沟组**　灰黄色含陆源碎屑泥晶白云岩

——————— 平行不整合 ———————

| | |
|---|---|
| 亮甲山组 | 总厚度 246.0 m |
| 41. 深灰色中、厚层含砂、砾屑粉晶含灰质白云岩 | 7.0 m |
| 40. 灰色薄层夹中层含燧石粉晶灰质白云岩，局部为角砾状灰质白云岩 | 6.0 m |
| 39. 深灰色中层细晶泥质白云岩，上部夹生屑粉晶灰质白云岩 | 13.0 m |
| 38. 灰色中层粉晶白云岩，含燧石团块，含腹足类 *Ophileta* sp.，*Helicotoma* sp.；双壳类 *Modiolopsis parallelus* | 12.0 m |
| 37. 灰色中层泥质条带粉晶白云岩夹薄层云质灰岩，含燧石团块，产头足类 *Sactoceras* sp.；腹足类 *Euomphalus* sp. | 16.0 m |

36. 灰黑色中层含燧石团块粉晶泥质白云岩，产腹足类 *Euomphalus* sp. 9.0 m

35. 灰黑色中层含燧石粉晶含灰质白云岩 12.0 m

34. 灰色中层含燧石细晶泥质白云岩 10.0 m

33. 浅灰色中层粉晶白云岩，下部含燧石团块 6.0 m

32. 黄灰色中层粉晶白云岩，含燧石团块 23.0 m

31. 浅灰色厚层粉晶白云岩，含黑色燧石团块或含不连续燧石条带 15.0 m

30. 灰黄色中层粉晶细晶泥质白云岩夹云质灰岩，含燧石团块，产头足类 *Cameroceras* sp.；腹足类 *Ecculiomphalus* sp.，*Ophileta* cf. *plana* 16.0 m

29. 浅灰色中层细晶含灰、泥质白云岩 11.0 m

28. 灰色中厚层含燧石条带和团块含云斑生屑泥晶灰岩，生屑为三叶虫、棘皮动物化石碎片，约 10%，产头足类 *Manchuroceras* aff. *platyventrum*；腹足类 *Ecculiomphalus*? sp.，*Ophileta* sp. 4.0 m

27. 灰黑色中层夹巨厚层含燧石团块泥晶灰岩，含头足类 *Piloceras* sp.，*Cameroceras* sp.；腹足类 *Ophileta* cf. *plana* 4.0 m

26. 灰黑色厚—巨厚层含燧石团块含生屑泥晶灰岩，产头足类 *Piloceras* sp.；腹足类 *Ophileta* cf. *squamosa* 6.0 m

25. 灰黑色中层泥质斑纹含生屑粉晶含云质灰岩，底部含燧石 1.0 m

24. 灰黑色薄层夹中层粉晶含云质灰岩，底部含燧石 4.0 m

23. 深灰色厚层花斑状细粉晶白云质灰岩 9.0 m

22. 深灰色中层中晶—粉晶白云质灰岩，含三叶虫化石碎片，产腹足类 *Ophileta* sp. 2.0 m

21. 黑色中层含泥纹粉晶含云质灰岩 7.0 m

20. 灰黑色中厚层含泥纹含球粒泥晶、细粉晶含云质灰岩，产腹足类 *Ophileta* sp.；头足类 *Piloceras* sp. 7.0 m

19. 灰色中层含泥纹泥晶灰岩夹钙质页岩 3.0 m

18. 灰黑色中层泥质条带粉晶灰岩夹粉晶含云质灰岩，夹页岩 18.0 m

17. 灰黑色中层花斑状泥晶含云质灰岩 2.0 m

16. 灰色中层细粉晶含云质泥质灰岩夹似竹叶状灰岩及页岩 5.0 m

15. 灰黑色中层泥质条纹泥晶灰岩 2.0 m

14. 灰黑色中层含燧石结核含生屑泥晶灰岩，含三叶虫化石碎屑，产腹足类 *Ophileta* sp.，*O.* cf. *plana*，*O.* cf. *squamosa*，*Ecculiomphalus* sp.；头足类 *Cameroceras* sp.，*Proterocameroceras* sp. 2.0 m

13. 灰黑色巨厚层含燧石结核细粉晶含云质灰岩，见三叶虫化石碎片 2.0 m

12. 灰黑色巨厚层花斑状细粉晶云质灰岩，由下往上云质增多 11.0 m

11. 灰黑色巨厚层细粉晶含云质灰岩，含燧石团块 1.0 m

——————— 整　合 ———————

下伏地层：冶里组　灰黑色中层含泥纹粉晶灰岩夹竹叶状灰岩

【地质特征及区域变化】　亮甲山组特征比较明显，从岩性和岩石颜色很易与上、下地层区别。在丁家滩剖面，底部为灰黑色巨厚层燧石团块含泥纹含生屑粉晶云质灰岩；下部为灰黑色—深灰色中层—中厚层泥晶灰岩，粉晶灰岩，含有燧石团块、结核、泥纹、泥云质条带、云斑或生屑、球粒等，夹有少量页岩或钙质页岩；中、上部为浅灰、黄灰及灰黑—深灰色中层状含燧石团块含泥质、灰质粉晶白云岩，夹有白云质灰岩。本组产有大量的头足类、腹足类等动物化石。出露厚度 246 m，与下伏冶里组为整合接触。

本组主要分布在西山地区，京东二十里长山也有出露。

亮甲山组出露厚度170～330 m，一般200 m左右。岩性变化不大。青白口一带厚188 m。下部为浅灰色厚层粉晶灰岩、泥晶灰岩和白云质灰岩，含少量燧石。中、上部为灰色块状—巨厚层细—粉晶白云岩，夹白云质灰岩和少量钙质粉砂岩。双石头一带厚214 m。下部为灰黑色、深灰色巨厚—中厚层含泥纹和燧石团块灰岩。中上部则为灰色—灰白色中厚层状含燧石团块白云岩，夹薄层灰岩。产有牙形石、腹足类和头足类化石。

**【其他】** 亮甲山组下部以深灰—灰黑色泥晶、粉晶灰岩为主，中、上部以细—粉晶白云岩为主，含有正常海相生物化石。岩石中颗粒较少，主要是砂屑、生屑、藻屑等，砾屑极少，反映亮甲山期为潮下开阔海环境，安静，低能。本组的白云岩为准同生后成因。燧石团块的大量出现可能与海水的pH值较低有关。

**马家沟组 *Om* （11－0019）**

**【创名及原始定义】** 原称“马家沟灰岩”，是Grabau 1922年在河北省唐山市开平镇马家沟村创名。原始定义：马家沟村附近之石灰岩，名为马家沟石灰岩（Machiakou Limestone），因产*Actinoceras*（珠角石）甚富，曾名之为珠角石石灰岩。

**【沿革】** 叶良辅等（1920）将西山奥陶纪地层统称“笋石石灰岩”。黄汲清（1927）称“马家沟灰岩”。北京地质学院（1961）则冠以“中奥陶统”。60年代初郝诒纯称马家沟组。1975年以后根据华北奥陶系专题讨论会方案分为下马家沟组和上马家沟组，《华北地区区域地层表·北京市分册》（1977）和《北京市区域地质志》（1991）都是这种用法。本次清理恢复原来含义使用马家沟组。

**【现在定义】** 指亮甲山组或三山子组之上，本溪组之下的灰色厚层—巨厚层灰岩夹白云岩、角砾状灰岩、角砾状白云岩的岩性组合。顶部与本溪组、底部与亮甲山组均呈平行不整合接触。

**【层型】** 正层型位于河北省唐山市赵各庄长山，由河北省地质局第二区测大队1977年重测。北京地区选取门头沟区色树坟剖面为次层型（116°00′22″，39°58′26″。由《华北地区区域地层表·北京市分册》下古生界编写小组1975年测制）。

上覆地层：太原组　底砾岩

——————　平行不整合　——————

| 马家沟组 | 总厚度 404 m |
| --- | --- |
| 81. 深灰色中层粉晶灰岩及角砾状灰岩 | 9.0 m |
| 80. 灰色厚—中层含生屑粉晶含云灰岩，局部呈角砾状，产头足类 *Ormoceras koraiense* | 19.0 m |
| 79. 灰黑色巨厚层粉晶灰岩，局部浅灰色，花斑状，产头足类 *Discoactinoceras* sp.，*Armenoceras* sp. | 6.0 m |
| 78. 灰黑色厚—巨厚层粉晶泥质灰岩，夹条纹状含云灰岩，产头足类 *Actinoceras* cf. *centrale*，*Armenoceras* sp. | 6.0 m |
| 77. 深灰色巨厚层花斑状细晶含泥灰质白云岩，顶部为灰黑色含生屑粉晶灰岩 | 8.0 m |
| 76. 灰黑色厚层夹中层含泥质球粒灰岩和晶质白云岩，局部薄层状 | 9.0 m |
| 75. 深灰色厚—巨厚层局部夹中层含生屑粉晶含泥质灰岩 | 32.0 m |
| 74. 灰色厚—巨厚层花斑状粉晶白云质灰岩，产头足类 *Stereoplasmoceras*? sp.，?*Ormoceras suanpanoides*，? *Armenoceras tateiwai* | 4.0 m |
| 73. 灰黑色厚—巨厚层灰岩与粉砂质粉晶灰质白云岩互层，含燧石结核，产头足类 *Ar-* | |

*menoceras tateiwai*，*Actinoceras* sp.，*Ormoceras suanpanoides* 28.0 m

72. 灰黑色厚—巨厚层夹中层含砂屑粉晶含云灰岩，含燧石结核，产头足类 *Ormoceras suanpanoides* 20.0 m

71. 灰黑色巨厚层含燧石结核花斑状含粉屑粉晶灰岩，产头足类 *Ormoceras suanpanoides* 5.0 m

70. 灰褐色、灰粉色薄层细晶灰岩、钙质页岩夹泥质白云岩 5.0 m

69. 灰白色巨厚层含角砾泥晶含灰质白云岩 10.0 m

68. 灰色厚—中层含灰质白云岩及角砾状含灰质白云岩 8.0 m

67. 浅灰—浅黄色厚层—巨厚层角砾状粉晶含云质泥质灰岩，夹薄层白云岩 11.0 m

66. 浅灰、灰黄色厚层含泥钙质角砾岩 2.0 m

65. 深灰色巨厚层泥晶含云灰岩与灰白色泥质白云岩互层，顶部见波痕 34.0 m

64. 灰色巨厚层花斑状粉晶灰质白云岩，含头足类 *Tofangoceras*? sp. 13.0 m

63. 浅灰、灰黄色巨厚层粉晶含灰质白云岩 3.0 m

62. 灰黑色厚—中层粉晶含云质灰岩 6.0 m

61. 深灰色中层亮晶含竹叶砂屑含云质灰岩 1.0 m

60. 浅灰色、灰黄色厚—巨厚层细粉晶含云灰岩 28.0 m

59. 灰黑色、深灰色厚—巨厚层粉屑含云灰岩，含头足类 *Tofangoceras* sp. 3.0 m

58. 深灰色中—厚层粉晶含灰质白云岩 3.0 m

57. 灰色厚—巨厚层粉晶灰岩，局部含角砾 13.0 m

56. 灰黑色夹浅灰色条带巨厚层花斑状粉晶含云灰岩 5.0 m

55. 灰、灰黑色中层花斑状粉晶灰质白云岩，含头足类 *Armenoceras* sp.，腹足类 *Donaldiella* sp. 9.0 m

54. 灰黑色巨厚层含海绵骨针泥晶灰岩夹薄层粉晶灰岩 8.0 m

53. 灰黑色厚—巨厚层泥晶泥质灰岩，含丰富的头足类化石 *Armenoceras coreanicum*，*A. teicherti*，*A. orientale*，*Kogenoceras nanpiaoense*，*Tofangoceras* sp.，*Wutinoceras aigawaense*，*W. taipingkouense*，*Ormoceras* cf. *nagaoi*，*Actinoceras* sp. 19.0 m

52. 黄灰色薄层泥晶泥质白云岩，含泥质条纹，含生屑、粉屑灰岩及含泥晶灰岩条带 3.0 m

51. 灰黑色巨厚层含粉砂、球粒含云灰岩，含头足类 *Tofangoceras* sp. 10.0 m

50. 灰黑色厚—巨厚层花斑状泥晶含云灰岩，含头足类：*Kogenoceras nanpiaoense* 5.0 m

49. 深灰色、灰黑色巨厚层夹薄层泥晶灰岩 6.0 m

48. 黄灰色、粉灰色薄层夹中层泥晶泥质白云岩 3.0 m

47. 杂色厚—巨厚层云泥质条纹泥晶灰岩，底部为泥质白云岩 4.0 m

46. 灰黑色厚层角砾状泥晶白云质灰岩和浅灰色细粉晶含云泥质灰岩 9.0 m

45. 灰黑色巨厚层含生屑泥晶灰岩，局部呈角砾状 10.0 m

44. 浅粉红色薄层泥晶泥质白云岩，含灰质条带 2.0 m

43. 灰色角砾状泥晶泥质灰岩，碎屑状细粉晶白云质灰岩，下部为浅黄色、浅灰色角砾状泥晶白云岩 21.0 m

42. 灰黄色含陆源碎屑泥晶泥质白云岩 4.0 m

——————— 平行不整合 ———————

下伏地层：亮甲山组　粉晶白云岩

【地质特征及区域变化】　北京市的马家沟组是指亮甲山组含燧石团块、条带白云岩之上，太原组砾岩及砂、页岩之下的一套灰岩和白云岩地层。厚度大，岩性也较复杂。在色树坟剖面，其底部为灰黄色含陆源碎屑泥质泥晶白云岩，厚数米，但横向上不稳定。向上为灰色、灰黑色薄—厚层角砾状泥晶泥质灰岩和泥晶泥质白云岩。下部则由浅黄色纹带状泥晶含灰白云岩，深灰色花斑状含生屑泥晶含云灰岩，球粒灰岩，亮晶含棘皮生屑与藻粒含云灰岩，亮晶内碎屑灰岩（竹叶状灰岩、砂屑灰岩）构成沉积韵律层。一般为10多个韵律层，单个厚约10 m。上部从下向上为：浅灰、灰黄色钙质角砾岩，巨厚层角砾状粉晶泥质灰岩和灰质白云岩，灰黑—深灰色厚层—巨厚层含燧石花斑状含砂屑粉晶含云灰岩夹粉晶白云岩，球粒细晶含泥灰岩，白云质灰岩等。顶部为灰色中层粉晶灰岩夹白云岩，角砾状灰岩及薄层泥质灰岩，含生物碎屑。本组产有丰富的头足类化石，含有熔剂、水泥和电石用石灰石矿层。厚404 m。与下伏亮甲山组为平行不整合接触。

马家沟组主要分布于西山。在齐家庄—青白口—淤白一线，呈北东向带状展布。在丁家滩—寨口一带构成复式背、向斜翼部。在周口店—龙宝峪—南窖—磁家务呈马蹄形构成北岭向斜翼部。在古迹山庄构成背斜，在芦子水—史家营—白湖呈北东向分布。另外在京东二十里长山有零星出露。

马家沟组岩性在区内比较稳定，主要是灰、深灰及灰黑色厚—巨厚层泥晶灰岩、花斑状、豹斑状灰岩、泥质条带灰岩、白云质灰岩和灰质白云岩，夹少量钙质页岩。在底部以及中部层位，普遍发育角砾状泥晶白云岩和灰岩或角砾岩。

本组厚度变化较大，以柳林水、千军台、色树坟及南辛房厚度较大，向周围减薄。如色树坟剖面404 m，水波涧498 m，千军台489 m，南辛房482 m。在西山西部蒲洼、齐家庄、上清水等地顶部甚至中部遭剥蚀而缺失，厚度显著变薄。在京东二十里长山也仅有300 m。

【其他】　马家沟组厚度较大，岩性复杂多样，反映了沉积环境的多变性。

马家沟期初期，由于受怀远运动的影响，地形不平坦，沉积了一套土黄色含陆源岩块、泥晶白云岩，见泥裂，为海侵开始的蒸发云坪环境。早期为潮上—潮间环境，海水动荡，地形起伏大，常有塌陷作用，形成一套角砾状灰岩和白云岩。中期海水变深为潮下环境，形成浅灰与深灰色纹带状含灰泥晶白云岩、含生屑花斑状泥晶灰岩、球粒灰岩、生物碎屑灰岩、亮晶含云藻粒灰岩、内碎屑灰岩等构成的韵律层，以灰岩为主，多具水平层理。在纵向上可能是局限海与开阔海环境交互出现，中期曾一度水体变浅形成十多米角砾状泥质灰岩，含灰白云岩及钙质角砾岩。中晚期为潮下静水环境，以厚层—巨厚层灰黑色—深灰色粉晶灰岩、粉晶泥质灰岩、条纹状灰岩为主，夹少量白云岩和角砾状灰岩。晚期由于陆壳抬升遭受剥蚀，保留不全。

## 第二节　生物地层概况

华北地区早古生代地层只有寒武系和奥陶系，属稳定地台型沉积，以滨海—浅海碳酸盐岩为主。从寒武纪开始，海生无脊椎动物大量繁衍，并迅速演化成众多门类。寒武纪以三叶虫为主，奥陶纪以头足类和牙形石为主。其他如腕足类、腹足类和双壳类等则种属和数量都很少。经过多年努力，我国地质学家已在鲁中和冀东建立了中—上寒武统5个阶和16个三叶虫化石带。奥陶系各组的生物化石组合面貌也确立下来。北京市早古生代岩石地层中含有丰富的化石，地层时代容易确定，与邻区也极易对比（参见表4-2，表4-3）。

**1. 昌平组**

昌平组为北京市显生宙第一个岩石地层单位，所产化石甚少，只在下部发现三叶虫化石 *Megapalaeolenus fengyangensis* 和 *Redlichia chinensis*，属小型三叶虫，可划归 *Megapalae-*

**表 4-2 北京市寒武纪生物地层对比简表**

| 中国寒武系标准划分 | | | | 北京市寒武纪生物地层 | | |
|---|---|---|---|---|---|---|
| 统 | 阶 | 三叶虫化石带 | 牙形石 | 组 | 三叶虫化石带 | 牙形石 |
| 上统 | 凤山阶 | *Calvinella - Mictosaukia*<br>*Quadraticephalus - Dictyella*<br>*Ptychaspis - Tsinania* | *Hertzina*<br>*Cordylodus*<br>*Proacodus*<br>*Proconodontus* | 炒米店组 | *Tellerina - Calvinella*<br>*Quadraticephalus*<br>*Ptychaspis - Tsinania* | *Proconodontus muelleri*,<br>*Prooneotodus rotundatus*,<br>*P. gallitini*,<br>*P. tenuis*,<br>*Rotundoconus jingxiensis* |
| | 长山阶 | *Kaolishania*<br>*Changshania*<br>*Chuangia* | *Problematoconites*<br>*Prooneotodus*<br>*Prosagittodontus* | | *Mansuyia - Kaolishania*<br>*Changshania*<br>*Chuangia* | *Westergaardodina bicuspidata*,<br>*Prooneotodus rotundatus*,<br>*P. gallitini*,<br>*P. tenuis* |
| | 崮山阶 | *Drepanura*<br>*Blackwelderia* | *Westergaardodina*<br>*Proacodus* | | *Drepanura*<br>*Blackwelderia* | *Westergaardodina matsushitai* |
| 中统 | 张夏阶 | *Damesella*<br>*Amphoton - Taitzuia*<br>*Crepicephalina* | *Prooneotodus*<br>*Furnishina* | 张夏组 | *Damesella*<br>*Amphoton*<br>*Crepicephalina* | *Furnishina latuspa* |
| | 徐庄阶 | *Bailiella*<br>*Poriagraulos abrota*<br>*Sunaspis*<br>*Kaochaspis* | *Furnishina* | | *Builiella*<br>*Sunaspis* | *Furnishina primitiva* |
| 下统 | 龙王庙阶 | *Shantungaspis* | | 馒头组 | *Shantungaspis* | |
| | | *Hoffetella - Redlichia murakamii* | | 昌平组 | *Redlichia chinensis*<br>*Megapalaeolenus* | |
| | 沧浪铺阶 | *Palaeolenus Drepanuroides Yiliangella - Yunnanaspis* | | | | |
| | 筇竹寺阶 | *Eoredlichia* | | | | |
| | 梅树村阶 | | | | | |

表 4-3 北京市奥陶纪生物地层对比简表

| 阶 | 组 | 北京市 | | 河北省（唐山） | |
|---|---|---|---|---|---|
| | | 头足类 | 牙形石 | 头足类 | 牙形石 |
| 宁国阶 | 马家沟组 | *Armenoceras tateiwai*<br>*Ormoceras suanpanoides*<br>*Discoactinoceras*<br>*Tofangoceras*<br>*Kogenoceras nanpiaoense*<br>*Wutinoceras*<br>*Stereoplasmoceras pseudoseptatum* | *Tangshanodus tangshanensis* | *Tofangoceras* - *Hemipiloceras* 组合带<br>*Stereoplasmoceras* - *Discoactinoceras* 组合带 | *Scandodus* - *Panderodus* 组合带<br>*Aurilobodus aurilobus* - *Erraticodon tangshanensis* 组合带 |
| | | | | *Ordosoceras* - *Pseudoskimoceras* 组合带<br>*Polydesmia* - *Wutinoceras* 组合带 | *Tangshanodus tangshanensis* 组合带 |
| | 亮甲山组 | *Manchuroceras*<br>*Hopeioceras*<br>*Kaipingoceras*<br>*Cameroceras*<br>*Proterocameroceras* | *Serratognathus bilobatus* | *Manchuroceras* - *Coreanoceras* - *Hopeioceras* 组合带<br>*Eothinoceras* - *Leptocyrtoceras* - *Proterocameroceras* 组合带 | *Paraserratognathus paltodiformis* 组合带<br>*Serratognathus bilobatus* 组合带<br>*Scolopodus rex* - *Scalpellodus tersus* 组合带 |
| 新厂阶 | 冶里组 | | "*Acodus*" *oneotensis*<br>*Cordylodus* aff. *prior*<br>*Paltodus nitidus*<br>*P. bicostatus*<br>*Acontiodus* aff. *stanfferi*<br>*Oneotodus variabilis* | *Cumberloceras* - *Laishuceras* 组合带 | "*Acodus*" *oneotensis* - *Scolopodus quadraplicatus* 组合带<br>*Drepanodus simplex* 组合带 |

*olenus* 带。时代为早寒武世沧浪铺期晚期至龙王庙期早—中期。鲁中馒头组产有三叶虫 *Redlichia chinensis*，但岩性却为紫红色泥页岩，与本区昌平组应是同时异相关系，因而岩性界线具穿时性。

**2. 馒头组**

本组未发现莱得利基虫，却大量出现褶颊虫科三叶虫。如下苇甸产 *Ptychoparia mantoensis*，*P. theano*，*Shantungaspis aclis*；西山西部产 *Probowmania* aff. *convexa*。这些化石可划归 *Shantungaspis* 带，属龙王庙阶，时代为中寒武世早期（龙王庙期晚期）。与层型所在地山东省对比，该区以紫红色砂页岩为主夹白云岩、泥岩和灰岩的这套岩石地层，其形成的地质年代跨度从龙王庙期到徐庄期，说明沉积环境在横向上有较大的变化。

**3. 张夏组**

张夏组含有极为丰富的三叶虫化石，标志着三叶虫已发展到极盛阶段。如下苇甸剖面产三叶虫 *Sunaspis* sp.，*Anomocarella temenus*，*A. concava*，*A. chinensis*，*Proasaphiscus paotaiensis*，*P. suni*，*Manchuriella typa*，*Crepicephalus convexus*，*Bailiella lantenoisi*，*Crepicephalina quadrata*，*Dorypyge* sp.，*Amphoton* sp.，*Damesella nitida*，*D. demesei*，*Kolpura* sp.，*Lorenzella* sp.。

在西山西部、柳林水和北山等地还另见三叶虫 *Koptura* sp.，*Dorypyge richthofeni*，*Liaoyangaspis* sp.，*Wuania* sp.，*Inouyia* aff. *capax*，*Sunaspis laevis*，*Taitzuia puteata* 等。

本组下部产有牙形石 *Furnishina primitiva*，上部产牙形石 *Furnishina latuspa*。本组还见少量的腕足类化石 *Obolus* sp.，*Eoorthis* sp.。

张夏组的三叶虫化石自下而上可归为 5 个化石带：① *Sunaspis* 带；② *Bailiella* 带；③ *Crepicephalina* 带；④ *Amphoton* 带；⑤ *Damesella* 带。其中 ① 和 ② 可与徐庄阶对比，③—⑤可与张夏阶对比。牙形石特征也一致。时代为中寒武世徐庄期至张夏期。

在山东省正层型，灰岩相占绝对优势的层段是从张夏期开始，而本区在徐庄期已进入正常海高能鲕粒滩沉积环境，形成大套鲕粒灰岩，地质历史时间相对提前，从而使张夏组鲕粒灰岩的底界出现穿时性。

**4. 炒米店组**

炒米店组也含有很丰富的三叶虫化石，而且同张夏组相比有不少新科出现。如中部以光盖虫科、长山虫科、高里山虫科为主，上部以褶盾虫科、济南虫科和索克虫科分子大量出现为特征。如下苇甸剖面产有三叶虫 *Blackwelderia sinensis*，*Drepanura premesnili*，*Stephanocare* sp.，*Teinistion* sp.，*Homagnostus hoi*，*H. convexus*，*Chuangia* aff. *batia*，*Changshania truncata*，*Kaolishania* sp.，*Mansuyia orientalis*，*Ptychaspis subglobosa*，*Tsinania canens*，*Quadraticephalus linyuensis*，*Calvinella walcotti*，*Tellerina chinhsiensis*。另见少量腕足类：*Lingulella marcia*，*Eoorthis* sp. 等。在西山其他地段和北山十三陵等地也采到不少三叶虫化石。在西山丁家滩一带产有牙形石：*Westergaardodina matsushitai*，*W. bicuspidata*，*Prooneotodus rotundatus*，*P. gallitini*，*P. tenuis*，*P. terashimai*，*Proconodontus muelleri*。

炒米店组动物化石以三叶虫为主，可归于 8 个化石带，从下向上为：① *Blackwelderia* 带；② *Drepanura* 带；③ *Chuangia* 带；④ *Changshania* 带；⑤ *Mansuyia*－*Kaolishania* 带；⑥ *Ptychaspis*－*Tsinania* 带；⑦ *Quadraticephalus* 带；⑧ *Tellerina*－*Calvinella* 带。

本组岩性复杂难以细分，但三叶虫化石丰富，含有重要的带化石，在年代地层上完全可以对比到崮山阶、长山阶和凤山阶，时代为晚寒武世。

**5. 冶里组**

冶里组中发现的化石主要是牙形石。如在京西双石头剖面产有：*Paltodus bicostatus*，*P. bassleri*，*P.* aff. *variabilis*，*P. nitidus*，*Oneotodus variabilis*，*Drepanodus arcuatus*，*Acodus rhaphidus*，*Acontiodus* aff. *stanfferi*，*Scolopodus* cf. *transformis*。在下苇甸产："*Acodus*" *oneotensis*。

在北京市共发现牙形石约 17 种，均为单锥形。其中 *Acontiodus* aff. *stanfferi*，*Oneotodus variabilis*，*Paltodus* aff. *variabilis*，*P. bassleri* 等均是早奥陶世早期重要分子。"*Acodus*" *oneotensis* 在河北、辽宁等地都出现在冶里组。在北美、澳洲等早奥陶纪地层中也广泛分布。本组时代定为早奥陶世早期，可与新厂阶对比。

**6. 亮甲山组**

亮甲山组所含的生物化石较丰富，头足类开始大量出现，腹足类、双壳类、腕足类和牙形石等进一步发展。腹足类以 *Ophileta* 最常见。头足类种属丰富，以 *Manchuroceras*，*Kaipingoceras*，*Proterocameroceras* 分布广，层位稳定，与北美、大洋洲西部、朝鲜、西伯利亚等地同期所产的头足类化石相似。*Proterocameroceras* 普遍见于华北区亮甲山组下部。*Manchuroceras* 在华北普遍分布。*Hopeioceras* 在邻区如河北唐山和平泉等地常见。牙形石种属也较多，其中 *Serratognathus bilobatus* 为亮甲山组带化石，亦大量见于华南红花园组中。本组可对比到宁国阶下部，时代为早奥陶世晚期。

**7. 马家沟组**

马家沟组动物化石主要是头足类、牙形石和腹足类，其中头足类又以珠角石种类繁多，数量丰富，所以马家沟组曾称为"珠角石石灰岩"。产出地点主要在西山的色树坟、水波涧和军庄等地。头足类主要有 *Kogenoceras nanpiaoense*，*Tofangoceras* sp.，*Armenoceras coreanicum*，*A. teicherti*，*A. orientale*，*A. tateiwai*，*A. manchuriense*，*Wutinoceras aigawaense*，*W. taipingkouense*，*Actinoceras* cf. *centrale*，*Ormoceras suanpanoides*，*Discoactinoceras* sp.；腹足类：*Donaldiella* sp.，*Lophospira terrassa*；牙形石 *Scandodus* sp.，*Drepanodus* sp.，*Oistodus longibasis*，*Rhipidognathus rhipidus*，*Tangshanodus tangshanensis*，*Scolopodus* sp. 等。

本组头足类以珠角石类为主。下部多产：*Wutinoceras*，*Kogenoceras* 和 *Tofangoceras*。在邻区广泛分布，也见于北美白石阶和澳大利亚雷通灰岩、齐享灰岩。下部牙形石 *Oistodus*，*Drepanodus* 和 *Tangshanodus* 是重要的带化石。上部以 *Armenoceras*，*Ormoceras* 和 *Discoactinoceras* 为主，尤其是 *Discoactinoceras* 数量多，时限短，易于发现，在华北广泛分布，在朝鲜北部晚达组也常见。本组可对比到宁国阶中、上部，时代为中奥陶世。

## 第三节　岩石地层格架

早古生代，华北地区已经演变为稳定的华北地台，形成一个坡度很小的缓坡型碳酸盐岩台地。北京市早古生代沉积盆地可用单斜型缓坡来表示。据 Burchette 和 Wright (1993) 的研究，这类单斜型碳酸盐岩缓坡沉积可以根据水体深浅和海底坡度进一步划分沉积环境和沉积岩相（参见图 4-2）。因而，从各岩石地层单位的岩石组合和基本层序特征可以判断其沉积环境。本节讨论的地层格架着重于各岩石地层单位的纵向叠覆和演化，而侧向变化，由于北京地域不大，岩石横向变化不明显，故不作过多讨论。

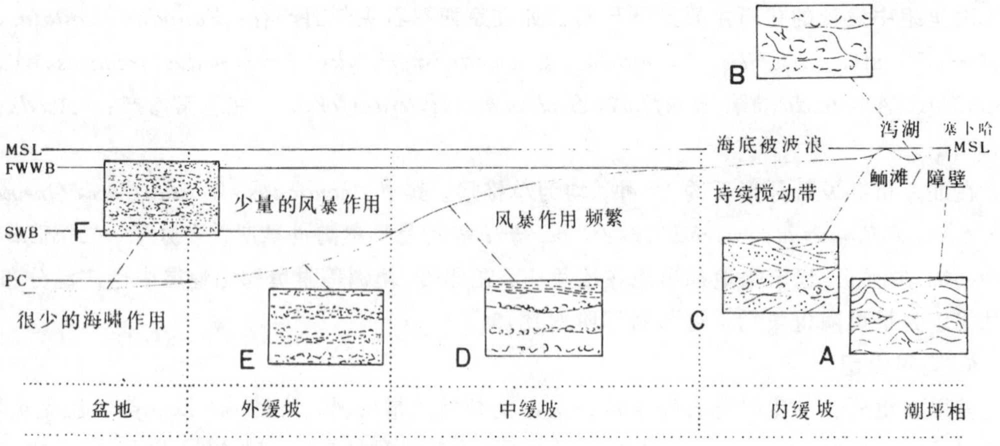


图 4-2 单斜型碳酸盐岩缓坡沉积亚环境及主要沉积相带（Burchette & Wright，1993）

MSL. 平均海平面；FWWB. 好天气浪基面；SWB. 风暴浪基面；PC. 海水密度跃层；A. 环潮坪和塞卜哈相，有叠层石和蒸发岩；B. 生物扰动潟湖相泥晶灰岩、泥粒灰岩和粒泥灰岩；C. 具交错层理的鲕滩相或生物碎屑颗粒灰岩相；D. 风暴砾屑灰岩，常见丘状交错层理；E. 细粒粒序风暴岩（风暴递变层）与生物扰动或条带状灰泥或陆源泥岩互层；F. 纹层状粉砂级碳酸盐岩沉积物或石英粉砂岩、粉砂质泥岩

## 一、岩石组合特征和基本层序类型

**1. 昌平组**

昌平组岩性主要是灰色、深灰色厚层豹斑状灰岩、泥晶灰岩、白云质灰岩和灰质白云岩，上、下部白云质较多。在青白口—庄户台以东地区，以豹斑状灰岩为主，以西以白云岩为主。昌平组本身即构成了一个较完整的海侵—海退沉积层序，内部不易细分。

**2. 馒头组**

馒头组厚约 120 m，以岩石普遍呈紫红色而区别于上、下层位。除底部泥质角砾岩外，其上的岩石明显是由紫红色粉砂质泥岩和灰色、灰黄色白云岩或灰岩组成的基本层序（图 4-3，A）叠置而成，大约有 6～7 个。基本层序到上部层厚减薄。本组与下伏昌平组为平行不整合接触，底部可见薄的古风化壳及角砾岩。馒头组基本层序显示了该期本区气候干燥炎热，蒸发作用强烈，泥坪与云坪交互沉积间有潮间潟湖及泥砂混合坪。

**3. 张夏组**

张夏组厚约 200 m，以发育鲕粒灰岩为特征。整个张夏组是由钙质粉砂岩和鲕粒灰岩构成的基本层序（图 4-3，B-1）叠置而成。该基本层序显示了正常海潮下浅滩高能环境与局限海或潮下低能环境的交替出现。其次一级的沉积层序如图 4-3，B-1 圆圈中所示，表明一种环境占优势，其间较短暂的不断间夹出现另一种环境。据苏德辰（1994）① 研究，张夏组中可细分出 8 种型式的“米级旋回层序”（图 4-3，B-2）。不同型式的米级旋回层序分别代表不同的形成环境。本组共有 100 多个米级旋回层序。

**4. 炒米店组**

炒米店组厚约 200 m，以发育竹叶状砾屑灰岩为显著特征。本组岩石类型多样，主要有钙

① 苏德辰，1994，北京地区下寒武统—下奥陶统旋回层序格架及相关沉积学研究（博士论文）。

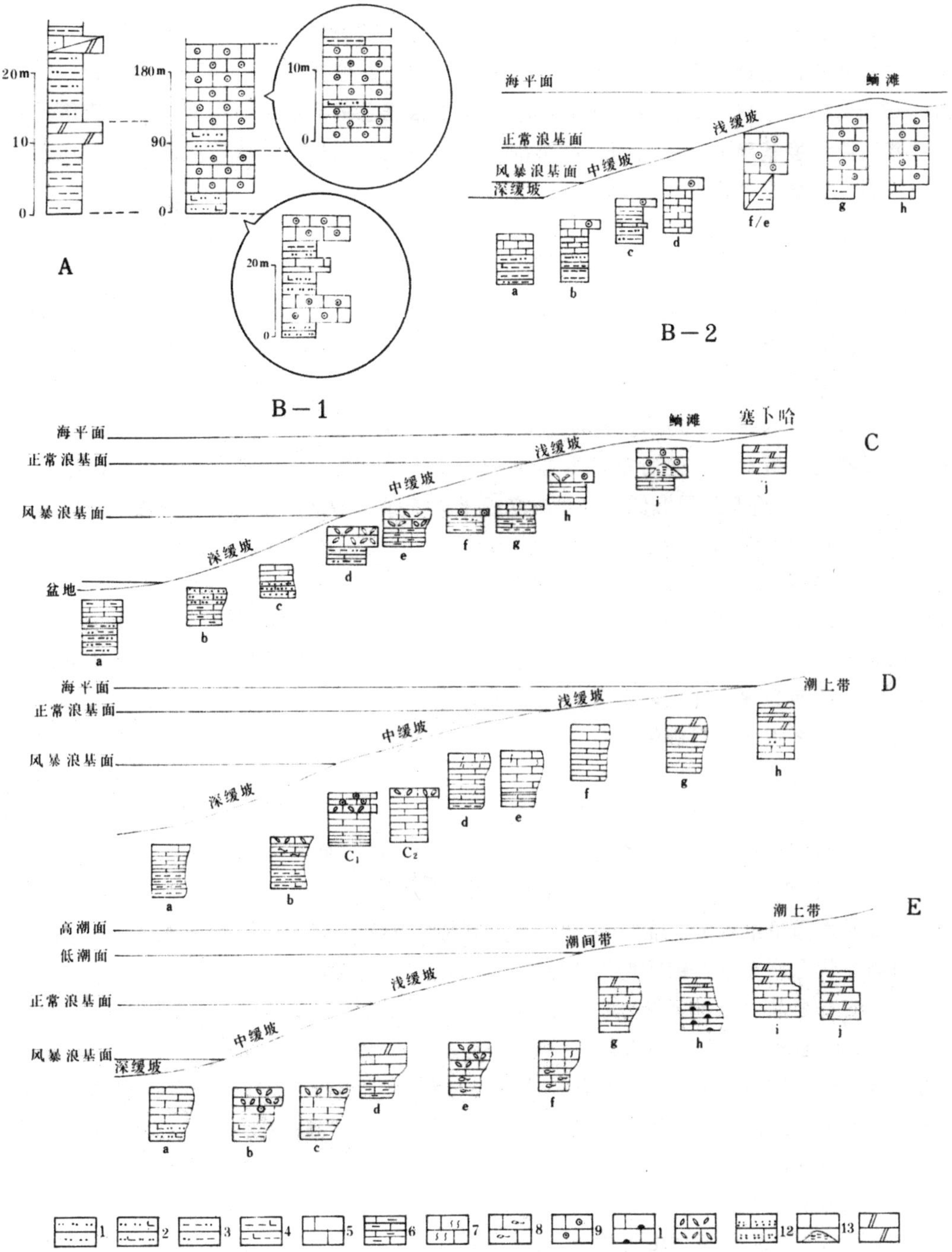


**图 4－3　北京市早古生代岩石地层基本层序及米级旋回层序图**

1. 粉砂岩；2. 钙质粉砂岩；3. 粉砂质泥岩；4. 钙质泥岩；5. 灰岩；6. 泥质灰岩；7. 生物扰动灰岩；8. 泥质条带灰岩；9. 鲕粒灰岩；10. 燧石团块灰岩；11. 竹叶状灰岩；12. 风暴递变层理灰岩；13. 生物丘灰岩；14. 白云岩；A. 馒头组基本层序；B－1. 张夏组基本层序；B－2. 张夏组米级旋回层序及其生成环境示意图（据苏德辰，1994，略改，下同）；C. 炒米店组米级旋回层序及其生成环境；D. 冶里组米级旋回层序及其生成环境；E. 亮甲山组米级旋回层序及其生成环境质粉砂岩、泥晶灰岩、鲕粒灰岩、生物丘灰岩、竹叶状砾屑灰岩、条带状灰岩等，相互叠置关系非常复杂，很难用简单的几类基本层序予以概括。但其米级旋回层序很发育。据苏德辰（1994）研究，大约有10种型式（图4-3，C）。根据总的岩石组合面貌，炒米店组是在张夏组鲕滩高能环境基础上，由潮间逐渐向潮下环境演化。大量竹叶状砾屑灰岩的存在反映风暴作用强烈、频繁而普遍。

**5. 冶里组**

冶里组厚约100 m，岩性主要是一套深灰色—灰黑色厚层泥晶、粉晶灰岩夹薄层钙质页岩和竹叶状砾屑灰岩，泥质条带和纹带非常发育。据苏德辰（1994）研究，本组可识别出9种型式米级旋回层序（图4-3，D），属潮下浅海低能环境。

**6. 亮甲山组**

亮甲山组厚度一般200 m。下部以灰岩为主，上部以白云岩为主，夹有少量页岩。本组以含有燧石团块、燧石结核为特征。据苏德辰（1994）研究，本组发育10种型式米级旋回层序（图4-3，E），为潮下开阔海低能环境。本组米级旋回层序同冶里组极为近似，但以发育含燧石团块和结核的h型为特点。

**7. 马家沟组**

马家沟组厚约400 m，岩类很复杂，主要是含砂泥晶白云岩，角砾状泥晶灰岩，粉晶灰岩等。从其岩石组合面貌来看，初期为蒸发云坪环境，早期为潮上—潮间环境，伴有塌陷形成的角砾岩，中期为潮下环境，发育比较复杂的韵律沉积，中—晚期为潮下环境。其米级旋回层序可参见冶里组和亮甲山组。

## 二、地层格架讨论

北京市早古生代岩石地层格架由三大沉积旋回构成（见图4-4）。

**1. 第一旋回**

本旋回由昌平组构成。北京市受“蓟县运动”影响，在早寒武世沧浪铺中期之前一直处于风化剥蚀状态。在沧浪铺晚期海水侵入本区时，首先沉积了一套底砾岩和潮上云坪相含陆源碎屑含燧石泥晶白云岩。随海水不断加深，沉积了潮间—潮下环境的泥晶灰岩、豹斑状灰岩，含有三叶虫和棘皮动物等化石碎片。在下苇甸—青白口一带，本组下部发育灰质和白云质角砾岩，这是原始陡坡发生沉积塌陷作用的结果。到龙王庙中期，海水逐渐回落，又形成一套潮上蒸发泥晶白云岩。到龙王庙晚期，本区再次上升成陆遭受剥蚀。因此，昌平组构成了一个较完整的海侵—海退沉积旋回。

**2. 第二旋回**

本旋回由馒头组到亮甲山组构成。

馒头组由紫红色粉砂质泥岩和灰色灰岩或土黄色泥晶白云岩组成基本层序，表明本旋回初期，气候炎热干燥，蒸发强烈。底部普遍发育角砾岩，同昌平组角砾岩一样，为岩溶塌陷成因。

张夏组以发育鲕粒灰岩为特征，由钙质粉砂岩和鲕粒灰岩构成基本层序，反映潮下浅滩高能环境夹局限海低能环境。由于碳酸盐岩不断进积和加积，使缓坡环境逐渐演变为高能浅滩台地环境，这亦是华北地台成熟的标志。

炒米店组主要是由竹叶状砾屑灰岩、泥质条带泥晶灰岩、鲕粒灰岩和钙质粉砂岩等组成，岩石以薄到中层为主，毫米到厘米级纹带和条带极为发育，说明海水频繁振荡，竹叶状砾屑的发育则反映风暴活动时常发生。炒米店组属于缓坡环境，生物丘的发育和截切及与风暴砾屑的共生是缓坡环境最典型的代表和产物。本组中上部和其上的冶里组构成了本区早古生代最大海侵的沉积物。

冶里组以泥晶灰岩为主，夹有少量竹叶状砾屑灰岩，是炒米店组的继承和发展，但风暴作用已明显减弱，属最大海侵的潮下低能环境。

亮甲山组下部以灰岩为主，上部以白云岩为主，说明海水开始逐渐下降，水体变浅。由于普遍含有黑色燧石团块和燧石结核，沉积环境和台地发展到另一阶段。

**3. 第三旋回**

本旋回由马家沟组构成。马家沟组厚度大，岩类复杂，由角砾岩、泥云岩和生屑灰岩构成两个次一级海侵序列。角砾岩的形成是由于沉积垮塌和暴露水面的结果，大量白云岩、灰质白云岩的出现则是气候干燥，潮上蒸发的结果。本组还含有较多的斑块、生屑、团块、内碎屑等，也反映了水体较浅而动荡的环境。到马家沟期末，本区又上升成陆遭受剥蚀，从而结束了本次旋回，也使北京地区早古生代的沉积告一段落。

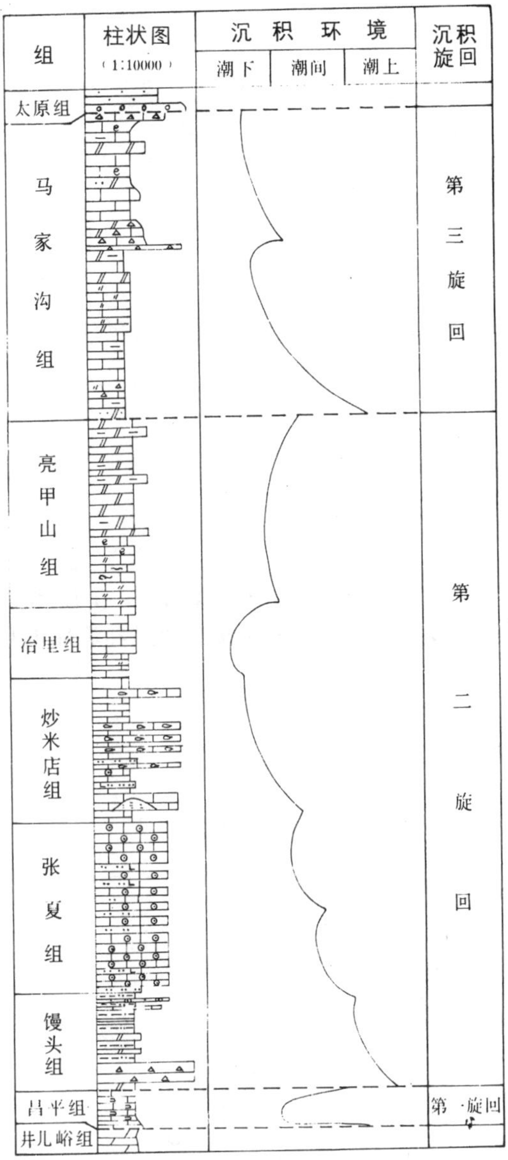


图 4-4　北京市早古生代岩石地层格架示意图

# 第五章
# 石炭纪—三叠纪（早、中世）

北京市境域内的石炭纪至三叠纪早、中世地层主要分布于北京西部的门头沟区、房山区、石景山区及海淀区，京东的顺义县和通县等地也有分布，但被掩埋在新生代沉积物之下（见图5-1）。

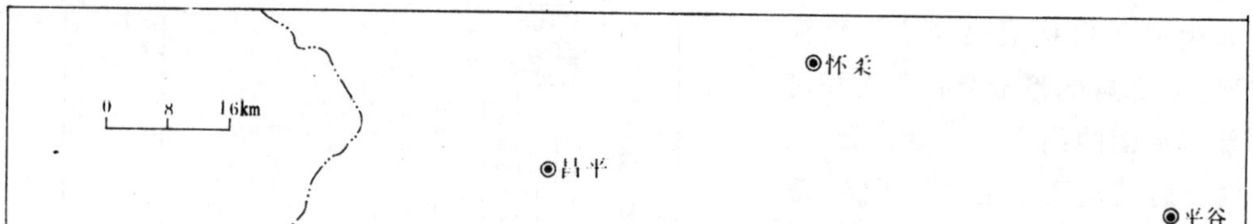


图5-1 北京市晚古生代—中三叠世岩石地层及层型剖面分布简图

1. 晚古生代—中三叠世岩石地层；2. 层型：①灰峪东山梁—军庄太原组至石盒子组剖面；②潭柘寺东山梁双泉组剖面；3. 县（区）政府驻地；4. 村庄

该套地层顶底界面清楚，底部为一个极明显的平行不整合面与下伏的奥陶纪马家沟组白云质灰岩相接触。这一界面为地质历史上延续长约 140 Ma 的风化剥蚀面，其间缺失了马家沟组以后至石炭纪太原组以前的沉积。顶部则为发生于晚三叠世的印支运动构造面所限定，表现为双泉组与上覆地层杏石口组之间的不整合（或平行不整合）。地层发育总厚约 700 余米，区域沉积环境由滨海平原向内陆河湖盆地发展，其下部为滨海—内陆含煤碎屑岩建造，上部为内陆河湖相红色及杂色碎屑岩建造。

1920 年叶良辅等撰写出版的《北京西山地质志》开始了对北京地区晚古生代一中三叠世沉积地层的划分研究工作。当时划分出下部“杨家屯煤系”与上部“红庙岭砂岩”两个地层单位，前者属石炭纪，后者属二叠三叠纪。杨曾威等（1928）考查了杨坨煤矿①，测制了煤系地层剖面，据此将“杨家屯煤系”又进一步三分为“上、中、下杨家屯煤系”，并分别与山西的“石盒子系”、“山西系”和“太原系—本溪系”相对比。计荣森等（1933）测制了京西九龙山向斜南翼双泉寺一天泰山剖面，重新厘定了“红庙岭砂岩”的含义，将其限定在下部以厚层粗砂岩为主的层段，而把其上部以页岩为主的层段另取名为“双泉层”。潘钟祥鉴定了采自大悲寺附近的“双泉层”植物化石后认为可能属下三叠统，“红庙岭砂岩层”则属上二叠统（计荣森、潘钟祥，1933）。熊秉信（1936）于京西清水涧“下杨家屯煤系”的下部发现了有孔虫（含䗴类）化石，认为“下杨家屯煤系”下部以页岩为主的层段与“本溪系”相当，创名“清水涧页岩层”，而把“下杨家屯煤系”的上部仍称“下杨家屯煤系”。杨杰（1957）把相当于“双泉层”的层位另起名“八大处统”，又细分为“金山口层”和“石景山层”；并将“石景山层”之上“辉绿岩”（南大岭组玄武岩）之下的一套灰褐色砂砾岩层划分出来创名“杏石口亚统”，归属侏罗系下统—门头沟统。至此，北京地区石炭纪至中三叠世地层的划分方案基本上确定了下来，而且其划分依据主要是基于岩性特征的差异，然后再依据其中所采化石来论述其时代归属（参见表 5-1）。

从 50 年代后期至今，该套地层的划分对比并无重大改变，因其中赋存有煤、耐火粘土、铝土矿、叶蜡石等矿产，因此不少地质单位为评价其含矿性投入过各种普查勘探工作。1991 年出版的《北京市区域地质志》基本上归纳反映了该断代地层划分与归属方面的各种意见。

本次对比研究认为该断代各岩石地层单位的组合特征变化不大，其共性是主要的，因此按华北大区地层清理研究几次工作会议的精神，尽可能采用晋冀鲁豫地层区统一地层名称，将北京地区该断代下面的 3 个岩石地层单位正式改称太原组、山西组、石盒子组，停止使用以往所惯用的地区性地层单位名称；而上部的双泉组在地层发育厚度等方面与石千峰群及二马营组存在一定差异，继续保留使用地区性的地层单位名称。

## 第一节　岩石地层单位

**太原组　*Ct*　（11-0020）**

【创名及原始定义】　原称“太原系”，翁文灏、Grabau 1922 年创名于山西省太原市西山。原始定义：“华北晚古生代含煤地层的下部”。翁文灏等把华北晚古生代含煤地层分成两部分。下部称太原系，上部称山西系。在太原西山，太原系是指奥陶系风化面以上的一段海陆交互相含煤地层。

① 实际地名为杨坨，作为地层名词杨家屯煤系沿用。

**表 5-1 北京市晚古生代—中三叠世岩石地层单位划分沿革表**

| 叶良辅等 | 杨曾威等 | 计荣森等 | 熊秉信 | 《中国区域地层表(草案)》 | 杨 杰 | 李星学 | 《华北地区区域地层表·北京市分册》 | 《中国煤田地质学》 | 《北京市区域地质志》 | 肖宗正等 | 本书 |
|---|---|---|---|---|---|---|---|---|---|---|---|
| 1920 | 1928 | 1933 | 1936 | 1956 | 1957 | 1963 | 1977 | 1980 | 1991 | 1994 | |
| 西山 | 西山 | 西山 | 西山 | 北京 | 西山 | 北京 | 北京 | 北京 | 北京 | 北京 | 北京 |
| 门头沟煤系 | 门头沟煤系 | 门头沟煤系 | 门头沟煤系 | 辉绿岩 | 门头沟统 辉绿岩 | 南大岭组 | $J_1$ 南大岭组 | 南大岭组 | 南大岭组 | 南大岭组 | 南大岭组 |
| T—P 红庙岭砂岩 | 红庙岭砂岩 | $T_1$ 双泉层 | 双泉层 | 双泉统 | 杏石口亚统 | 杏石口组 | 杏石口组 | 杏石口组 | $T_3$ 杏石口组 | $T_3$ 杏石口组 | 杏石口组 |
| | | | | | 八大处统 石景山层 | $P_2^2$ 双泉群 上部 | $P_2$ 双泉组 | $P_2^2$ 双泉组 | $T_2$—$P_2$ 双泉组 | $T_2$ 双泉群 潭柘寺组 | 双泉组 |
| | | | | | 金山口层 | $P_2^1$ 下部 | | $P_2^{1-2}$ | | $T_1$ 大悲寺组 | |
| | | $P_2$ 红庙岭砂岩 | 红庙岭砂岩 | 石盒子统 红庙岭砂岩 | 红庙岭统 大悲寺层 红山口层 | $P_1^{2-2}$ 红庙岭组 | $P_1^2$ 红庙岭组 | $P_2^{1-1}$ 红庙岭组 | $P_2$ 红庙岭组 | 红庙岭组 | 石盒子组 |
| C 杨家屯煤系 | 上杨家屯煤系 | | 上杨家屯煤系 | 上杨家屯煤系 | | $P_1^{2-1}$ 杨家屯群 上部 | $P_1^1$ 山西组 | $P_1^2$ 杨家屯群 阴山沟组 | $P_1$ 阴山沟组 | | |
| | 中杨家屯煤系 | | 中杨家屯煤系 | 山西统 中杨家屯煤系 | | $P_1^1$ 中部 | | $P_1^1$ 岔儿沟组 | 岔儿沟组 | | 山西组 |
| | 下杨家屯煤系 | | 下杨家屯煤系 | 太原统 下杨家屯煤系 | | $C_3$ 下部 | $C_3$ 太原组 | $C_3$ 灰峪组 | $C_3$ 灰峪组 | | |
| | | | 清水涧页岩层 | 本溪统 清水涧组 房山组 | | $C_2$ 清水涧组 | $C_2$ 本溪组 | $C_2$ 清水涧组 | $C_2$ 清水涧组 | | 太原组 |

【沿革】 北京的晚古生代含煤地层叶良辅等（1920）最早命名为“杨家屯煤系”。杨曾威等（1928）又将其三分，把“下杨家屯煤系”对比到“太原系”和“本溪系”。熊秉信（1936）在“下杨家屯煤系”下部以页岩为主的层段中发现䗴类等海相化石，将其划出，另创名“清水涧页岩层”，其上部仍称“下杨家屯煤系”。《中国区域地层表》草案（1956）将北京的上古生界归为5个统，除最上部的“双泉统”使用北京地区性的名称外，其他4个统均使用华北统一的地层名称，把熊秉信厘定后的“下杨家屯煤系”归属“太原统”。《华北地区区域地层表·北京市分册》（1977）正式使用太原组这一名称。以后《中国地层典（七）石炭系》（1966）和《北京市区域地质志》（1991）等又突出其地区性特点，把太原组改称“灰峪组”。

本次对比研究认为过去曾在北京地区引用的太原组是按生物地层资料对比原则划分确定的，这段地层不含海相灰岩夹层，均是陆相含煤沉积，与作为岩石地层单位的太原组定义不符。而以往所划的“清水涧组”则为海陆交替沉积，常见1～3层海相灰岩或泥灰岩夹层，产丰富的有孔虫、䗴类、腕足类等海生动物化石，并夹有数层薄煤层或煤线。为此把“清水涧组”新厘定为太原组。

【现在定义】 指华北地区平行不整合于奥陶系之上的月门沟群(煤系)下部地层。由海陆交互相的页岩夹砂岩、煤、石灰岩构成的旋回层（多个）组成。其底界，一般（本溪组大多缺失）即划在湖田铁铝岩段底面；其上，以最上部一层灰岩的顶面与同属月门沟群的山西组为界，整合接触。

【层型】 正层型在山西省太原市西山西铭七里沟。北京市的次层型为门头沟区灰峪村东山梁剖面（116°05′13″，40°00′29″。1975年武汉地质学院煤田教研室测制①）。

上覆地层：山西组　中粗粒杂砂岩

——————— 整　合 ———————

| | |
|---|---|
| 太原组 | 总厚度 58.52 m |
| 11. 灰色细砂岩，具缓波状层理，顶部粉砂岩内含海生动物化石碎片 | 8.70 m |
| 10. 灰色粉砂岩，含植物化石：*Asterophyllites longifolius*, *Neuropteris* cf. *gigantea*, *Neuropteris kaipingiana*. | 4.00 m |
| 9. 灰色细砂岩，钙质胶结，下部水平层理，上部缓波状层理并含植物根化石 | 10.03 m |
| 8. 灰黑色泥质岩，具波状层理，含海相动物化石：腕足类 *Dictyoclostus gruenewaldti*, *Schellwienella* sp., *Choristites yanghukouensis*.；双壳类 *Aviculopecten* sp. | 4.85 m |
| 7. 灰黑色灰岩，具不明显之水平层理，含海相动物化石：有孔虫 *Textularia defrance*, *Ozawainella* sp. | 0.40 m |
| 6. 深灰色粉砂岩，具水平层理，含铁质结核和海相动物化石：腕足类 *Dictyoclostus* sp., *Schellwienella* sp., *Chonetes* sp.；双壳类 *Pseudomonotis* sp., *Palaeolima* sp., *Aviculopecten* sp., *Acanthopecten* cf. *carboniferus* | 4.85 m |
| 5. 灰色细砂岩，具断续的波状层理，含植物根化石 | 1.94 m |
| 4. 灰色粉砂岩，层理不显，含粉砂质结核，结核大小一般在4～5cm，中部含有丰富的海相动物化石：腕足类 *Chonetes* sp., *Choristites yanghukouensis*, *Dictyoclostus gruenewaldti*, *Pugnoides weeler*, *Schellwienella crenistria*；双壳类 *Acanthopecten* cf. *carboniferus*, *Anthraconaia* sp., *Anthraconauta* sp., *Aviculopecten* sp., *Edmondia* | |

① 武汉地质学院煤田教研室，1975，北京市门头沟区灰峪矿区地质，武汉地质学院地质科技资料(3)，(内刊)。

sp., *Pseudomonotis* sp.；其他 *Phillipsia* sp., *Yangjiatunconularia qingshuijianensis*。顶部含有少量的植物化石碎片 12.03 m

3. 浅灰色粘土岩，风化后成粉红色，鲕状结构，鲕粒大小 1 mm，鲕粒含铁，呈暗红色 9.20 m

2. 灰白色砾岩，砾石成分以石英岩为主（约占 70%），次为燧石、硅质灰岩。砾石直径 1～9 cm，一般为 3～5 cm。磨圆好，分选中等，孔隙式粘土质胶结。砾岩横向变化大，多成透镜状 2.52 m

——————— 平行不整合 ——————

下伏地层：马家沟组　灰黑色致密块状灰岩

【地质特征及区域变化】　本组底部，紧接马家沟组灰岩风化剥蚀面之上为底砾岩，砾石成分以石英为主，次为燧石及硅质灰岩，底砾岩延伸变化不稳定。其上为铁质砂岩，偶夹扁豆状赤铁矿透镜体。再上为粉红色粘土岩。这一总厚数米至十余米的铁铝质岩段即区域上所正式命名的湖田段，为铝土矿、硬质粘土、铁矾土产出的层位。由于它产出不甚稳定，且在北京含矿性也不好，故不单独分出建段。铁铝质岩段之上为一套海陆交互相沉积，主要由灰色—灰黑色的粉砂岩、细砂岩、泥质岩、泥灰岩（灰岩）组成，水平层理发育。在钙质粉砂岩、薄层泥灰岩、灰岩层中含腕足类、双壳类、䗴类、有孔虫和海百合茎等生物化石，属海相沉积。细砂岩和部分粉砂岩中波状层理发育，含植物化石、植物根部化石，夹薄煤层及煤线，属滨海相沉积。顶部以中粗粒砂岩的出现划归山西组。

太原组分布在京西的门头沟区、房山区、海淀区，及京东的顺义县、通县等地。现今分布严格受九龙山向斜、髫髻山向斜、北岭向斜、大孙各庄向斜等构造所控制，在各向斜的翼部作带状延伸。但在髫髻山向斜的北翼原始沉积时已变薄且不稳定，因此在清水涧、蔡家岭、淤白等地零散分布断续出露。而产于京东顺义、通县境内的大孙各庄向斜核部的太原组，则整体被新生代沉积层所覆盖。太原组的厚度一般在 60 m 左右，灰峪剖面厚 58.52 m，清水涧剖面厚 69.0 m，史家营剖面厚 53.8 m，南车营剖面仅厚 31.96 m。

【其他】　从太原组的剖面结构来看，一般出现 3 层富含海相生物化石的灰岩（或泥灰岩、泥质岩）层位，说明经历过 3 次海泛；在其他一些细砂、粉砂岩中出现有植物根部化石，显示为滨海陆相沉积，从而构成 3 个旋回性基本层序。关于太原组的顶界问题，在现在定义中明确规定“以最上部一层灰岩的顶面与同属月门沟煤系的山西组为界”。这一点在北京地区的具体划分对比实践中有些不妥，如图 5-2 所示，在不同地点的剖面上产有海相生物化石的海相灰岩（或泥灰岩、钙质粉砂岩）层数目不一，有两层，也有的出现 3 层，究其原因主要是冲刷所致，因此以中粗粒砂岩的出现作为山西组的开始较为妥当，而且在地貌上出现陡坎，标志明显易于辨认，否则将对剖面的连接和解释出现人为的歪曲。

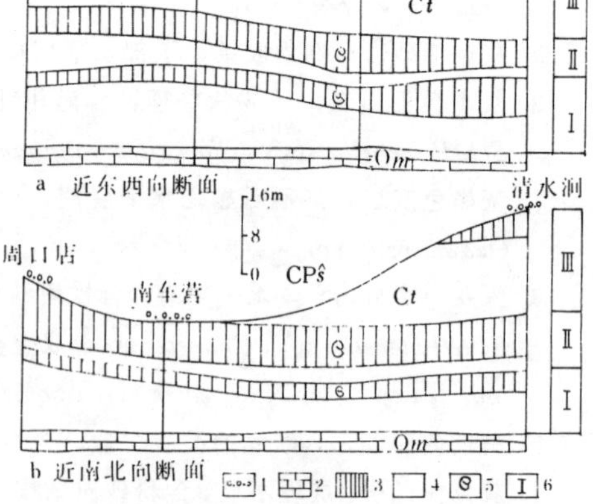


图 5-2　太原组与山西组接触关系示意图

1. 砾岩；2. 灰岩；3. 海相层；4. 陆相层；5. 海生动物化石；6. 旋回

**山西组　CPŝ　(11-0021)**

【创名及原始定义】 原称“山西系”，Willis，Blackwelder 1907 年命名于山西省太原市晋祠柳子沟。原始定义：Willis 和 Blackwelder 在他们的专著《Reaserch in China》中称“从 Richthofen 和其他观察者的考察中，可知石炭纪和二叠—石炭纪陆相沉积在山西省广泛出露。因此，我们提出山西系的名称。在太原府附近向南到汾河向西弯曲处，我们时常发现它们。在太原府和文水县之间露头是几乎连续的。那儿有两套主要地层：(1) 杂页软页岩，Richthofen 称为太阳，它包含煤层，并直接覆盖在震旦纪灰岩之上；(2)一套浅红色砂岩夹少量砂质页岩。

【沿革】 Blackwelder 与 Willis 合著的《Research in China》一书中命名了“山西系”，但其原始含义很笼统。1922 年 Norin 在太原西山西铭月门沟详细测制地层剖面，重新厘定了“山西系”的含义，指“月门沟煤系上部的一套陆相含煤地层，在太原西山其底界为北岔沟砂岩，顶界为骆驼脖子砂岩之底面。”

北京地区晚古生代煤系地层划分对比格局实际上是由杨曾威等（1928）和熊秉信（1936）所确定下来的，其划分内容和地层对比前面已有叙述。《中国区域地层表草案》（1956）正式使用了“山西统”的名词，用以指杨、熊两氏所划分的“中杨家屯煤系”。以后《中国地层典（七）石炭系》（1966）使用了杨士恭所命名的“郝家坊组”①。而《中国煤田地质学》（1980）则又根据北京矿务局煤田预测组（1976）② 的意见称“岔儿沟组”。1977 年出版的《华北地区区域地层表·北京市分册》正式引用山西组这一名称，但在地层划分上与《中国区域地层表草案》不同，将山西组包括“中、上杨家屯煤系”两部分。

本次对比研究认为：依据岩石地层单位的划分原则，对照山西组的含义，应将北京地区以往的划分进行重新厘定。既然山西组最主要的特点是晚古生代陆相含煤地层，那么，对比到北京应该相当于“下杨家屯煤系”和“中杨家屯煤系”这两部分。以往将“中杨家屯煤系”或“中、上杨家屯煤系”两部分合并对比成山西组，这是依据生物地层资料确定的。

【现在定义】 指华北地区平行不整合于奥陶系之上的月门沟群（煤系）上部地层，由陆相砂岩、页岩、煤构成的旋回层（多个）组成，夹层数不等的含舌形贝及双壳类化石的非正常海相层。其下界为同属月门沟群的太原组最上一层石灰岩顶面；其上界面为石盒子组最底部灰绿色长石石英砂岩的底面。

【层型】 正层型为山西省太原市晋祠柳子沟剖面。北京市的次层型为北京市门头沟区灰峪村东山梁剖面（116°05′13″，40°00′29″。1975 年武汉地质学院煤田教研室测制）。

上覆地层：**石盒子组** 灰白色厚层砾岩

——————— 整 合 ———————

山西组 总厚度 309.28 m

45. 深灰色粉砂岩，具有不明显的水平层理，顶部含有丰富而完整的植物化石：*Calamites suckowii*，*Lobatannularia sinensis*，*Taeniopteris* sp.，*Sphenopteris tenuis*，*Plagiozamites tungweiensis*，*Cordaites* sp. 18.10 m

44. 细砂岩和粉砂岩互层，砂岩呈灰褐色，常含砾石。粉砂岩中多波状层理，常含植物化石碎片 32.41 m

43. 深灰色粉砂岩，具不明显的水平层理，含植物化石：*Calamites suckowii*，*Lobatannularia sinensis*，*Sphenopteris tenuis*，*Cordaites* sp. 5.72 m

① 杨士恭，1963，对北京西山晚古生代含煤沉积的几点认识（未刊）。
② 北京矿务局煤田预测组，1976，杨家屯煤系的划分意见（未刊）。

42. 深灰色粗—中粒砂岩，杂砂岩，颗粒呈棱角状，分选差 4.61 m

41. 深色粉砂岩，具波状层理，含植物化石碎片 6.81 m

40. 深灰色砾岩，砾石成分以燧石为主，石英次之。砾石直径一般在 0.5 cm 左右，粉砂质胶结。此砾岩厚度不大，但层位较稳定，是本矿区标志层之一 1.37 m

39. 暗绿色粉砂岩，具水平层理 4.51 m

38. 灰黑色粘土岩，具滑感和吸水性；上部是“子煤” 1.87 m

37. 灰—紫色粉砂岩，具水平层理，下部含铁质结核，上部含植物根部化石 13.73 m

36. 灰色砾岩，砾石成分以石英和燧石为主，次为硅质灰岩。磨圆较好，分选差，泥质胶结。与下伏地层呈冲刷接触。此砾岩横向变化大，但层位稳定，是本区重要的标志层之一 21.95 m

35. 深灰色泥质岩。从下到上岩性逐渐变为细砂岩。下部含植物化石：*Lobatannularia sinensis*，*Pecopteris* sp.，*Lepidodendron* sp.，*Calamites suckowii*，*Sphenophyllum thonii*，*Emplectopteris triangularis* 11.35 m

34. 粘土岩夹煤层，粘土灰黑色，有滑感和吸水性。所夹煤层俗名“黑煤大炭”，为本矿区的重要煤层之一。中部含植物化石：*Lepidodendron* sp.，*Lobatannularia sinensis*，*Pecopteris candolleana*，*Cordaites* sp. 9.40 m

33. 深灰色粉砂岩，具水平层理。上部含植物化石：*Sphenophyllum thonii*，*S. oblongifolium*，*S. verticillatum*，*Sphenopteris* sp.，*Calamites suckowii*，*Alethopteris hallei*，*Emplectopteris triangularis*，*Lepidodendron* sp. 7.40 m

32. 灰色中粒砂岩，杂砂岩。底部较粗，往上变为细砂岩，具有交错层理和波状层理 24.10 m

31. 灰色砾岩。砾石成分主要为黑色燧石和白色石英，其次为硅质灰岩和粉砂岩。砾石大小一般在 2 cm 左右，半棱角状，分选较好，基底式泥质胶结。与下伏地层呈冲刷接触关系。此层砾岩层位稳定，出露较好 10.90 m

30. 深灰色煤层，无烟煤。复杂结构。因含高岭土矿物，俗名“小白煤”。为本矿区重要的可采煤层之一 0.80 m

29. 灰黑色粘土岩，具滑感、吸水性和塑性。含植物根化石。此粘土为半软质粘土，是本矿区重要的粘土矿层之一 2.70 m

28. 灰黑色粉砂岩。具不明显的水平层理，含有大量保存完好的植物化石：*Sphenophyllum oblongifolium*，*S. laterale*，*Annularia* sp.，*Pecopteris* sp.，*Cordaites* sp.，*Calamites cistii*，*Lobatannularia sinensis*，*Taeniopteris* sp. 3.38 m

27. 灰色细—中粒砂岩。碎屑以石英为主，燧石次之，次棱角状，具有大型斜层理。顶部和底部有少量的植物化石：*Lobatannularia sinensis*，*Calamites suckowii*，*Lepidodendron incertum* 22.17 m

26. 深灰色粉砂岩，下部含瘤状铁质结核，中上部水平层理发育。是本矿区最丰富的化石层之一，常见的植物化石有：*Sphenophyllum oblongifolium*，*S. laterale*，*S. thonii*，*S. verticillatum*，*Annularia orientalis*，*A.* cf. *stellata*，*Calamites suckowii*，*Bowmanites* sp.，*Lepidodendron oculusfelis*，*L. incertum*，*Bergeria* sp.，*Stigmaria* sp.，*Neuropteris plicata*，*N. otozamioides*，*Alethopteris hallei*，*Pecopteris* sp. 7.50 m

25. 深灰色无烟煤。煤层呈复杂结构，厚度稳定，为本矿区的主要煤层之一。因含大量高岭土，俗称“大白煤” 2.10 m

24. 黑色粘土岩。具有滑感、吸水性及可塑性，含有瘤状铁质结核及植物根化石。植物化石有：*Sphenophyllum oblongifolium*，*Neuropteris otozamioides*，*Calamites suckowii*。本层属软质耐火粘土，厚度稳定 2.40 m

23. 深灰色粉砂岩。具有不明显的水平层理。上部含有丰富的植物化石：*Lepidodendron*

*incertum*, *Stigmaria* sp., *Neuropteris plicata*, *Neuropteris otozamioides*, *Sphenophyllum thonii*；底部含有：*Lingulella* sp. 13.60 m

22. 深灰色中粒杂砂岩。碎屑半圆状，分选中等，具有不明显的交错层理 3.36 m

21. 深灰色粉砂岩。具有不明显的水平层理 13.00 m

20. 灰色中粒杂砂岩。碎屑半圆状，分选中等，具有波状层理和水平层理 2.15 m

19. 深灰色粉砂岩。具有水平层理，风化后呈薄片状 2.70 m

18. 灰黑色细砂岩，杂砂岩。具有水平层理和波状层理 6.80 m

17. 深灰色粉砂岩。具有不明显的水平层理 9.36 m

16. 深灰色无烟煤。煤层呈简单结构，厚度不大，但全区稳定。因煤层中含有大量的黄铁矿，烧时冒黄烟并发出臭味，俗名"黄煤"或"臭煤" 0.40 m

15. 深灰色粉砂岩含植物根化石 7.53 m

14. 灰色细砂岩，杂砂岩。分选磨圆中等，水平层理 2.45 m

13. 灰色粉砂岩。具波状层理，顶部含煤层。含植物化石：*Sphenophyllum oblongifolium*, *Lepidodendron posthumii*, *Pecopteris feminaeformis* 15.65 m

12. 灰色粗—中粒杂砂岩。泥质胶结。碎屑次圆状，分选中等。上部有波状层理，下部斜层理。本层层位稳定 8.00 m

—————— 整　合 ——————

下伏地层：**太原组**　灰色细砂岩

【地质特征及区域变化】　山西组在北京地区以深灰、灰黑色砂岩、页岩、粘土岩及砾岩为主，夹有7～13层煤层和煤线，剖面的旋回性强。在北京地区的分布基本上与太原组相同，只是在门头沟区西部髫髻山—百花山向斜的北翼受南大岭组玄武岩喷发超覆等多种因素的影响而变薄甚至缺失。灰峪地区发育最厚，达309.28 m，木城涧剖面厚212.8 m，史家营剖面厚238.36 m，南车营剖面厚199.89 m，长流水剖面厚145.2 m。

【其他】　北京地区所发育的山西组与层型对比在岩性组合特征上存在一定差异，明显表现为沉积物的颗粒变粗，出现多层砾岩，这在太原西山是很少见的。由于北京地区当时所处的古地理位置紧邻北侧陆缘剥蚀区，因此粗碎屑物质大量增加。

**石盒子组　Pŝ　(11-0022)**

【创名及原始定义】　原称"石盒子系"，Norin 1922年创名于山西省太原市东山陈家峪石盒子沟。原始定义：指月门沟煤系之上，石千峰系之下的一套黄绿色、紫红色砂页岩系，分为下石盒子系和上石盒子系。"下石盒子系几乎全由灰、绿、黄等色的泥质沉积物和淡色的砂岩所组成；上石盒子系则以巧克力色的沉积物为主要成分"。石盒子系以骆驼脖子杂砂岩为下界，以大羽羊齿带为上界。

【沿革】　北京地区的上古生代地层自叶良辅等(1920)开始进行研究并作地层划分以来，一直采用北京地区性的地层名称，没有直接正式引用过石盒子组这一名称。杨曾威等于1928年将"杨家屯煤系"三分后，曾将"上杨家屯煤系"对比为山西的"石盒子系"。以后《中国区域地层表草案》(1956)则将"上杨家屯煤系"和"红庙岭砂岩"两个地层单位合归"石盒子统"。另在"上杨家屯煤系"的名称上有过不同的叫法，《中国地层典（七）石炭系》(1966)称"卧牛台组"，《中国煤田地质学》(1980)称"阴山沟组"。在地层对比上虽有各种不同认识和分歧，但趋向性的意见是将"上杨家屯煤系"（"阴山沟组"）对比为"下石盒子组"，其上的"红庙岭组"对比为"上石盒子组"。

本次对比研究后认为应将"阴山沟组"（"上杨家屯煤系"）和"红庙岭组"合并，直接引用石盒子组这一晋冀鲁豫地层区统一使用的地层名称。从岩石组合特征来看与层型所在地山西太原基本相同。其他有关的名称停止使用。

【现在定义】 指华北地层区上古生界上部由灰绿、灰白色砂岩，黄绿、杏黄、巧克力、灰紫、暗紫红色粉砂质泥岩、页岩等组成，夹黑色页岩、煤（层）线的岩石组合，属近海平原河湖相沉积岩系。下伏地层为以灰、灰黑色为特征的含煤岩系月门沟群，以出现绿色砂岩为本组底界；上覆地层为以红色为特征的石千峰群，以出现鲜红色泥岩划界。

【层型】 以山西省太原西山西铭月门沟骆驼脖子沟—石千峰山剖面为本组的新层型。北京市的次层型为北京市门头沟区军庄火车站东侧石盒子组剖面（116°05′46″，39°59′51″。系1987年北京矿务局陈瑞琪、李有纲、姚春青测制）。该剖面下部层位出露不好，1—11层由处于军庄沟北侧的灰峪东山梁剖面拼接而成（其1—11层相当于灰峪东山梁剖面原编号的45—55层，12—45层则相当于军庄火车站东侧剖面原始编号的第6—39层）。为复合次层型。

上覆地层：双泉组　黄褐色粉砂岩

——————　整　合　——————

石盒子组　总厚度305.2 m

45. 黄绿色含砾粗砂岩　5.2 m
44. 褐紫色粉砂岩　6.1 m
43. 黄绿、黄褐色细砂岩　5.4 m
42. 黄绿色含砾粗砂岩　3.5 m
41. 黄绿色粉砂岩　3.0 m
40. 灰褐、灰绿色细砂岩　2.3 m
39. 黄绿色含砾粗砂岩中夹一层0.50 m粉砂岩　4.4 m
38. 褐黄色粉砂岩　1.9 m
37. 灰黄、灰绿色含砾粗砂岩，局部为0.1～1.0 cm砾径的砾岩　4.8 m
36. 灰绿、灰黄色粉砂岩　1.9 m
35. 灰绿色粗砂岩夹灰色薄层细砂岩及含砾粗砂岩透镜体　3.8 m
34. 深灰色粉砂岩，底部0.3 m碳质泥岩中含丰富植物化石：*Taeniopteris mucronata*，*Pecopteris chihliensis*，*Yuania striata*，*Asterophyllites* sp.，*Odontopteris* ? sp.，*Neuropteris* sp.，*Cordaites principalis*，*Macrostachya*? sp.　3.1 m
33. 灰黄色含砾粗砂岩，含细砾岩透镜体　2.5 m
32. 灰褐色厚层状细砂岩，含铁质结核　1.6 m
31. 黄绿色含砾粗砂岩，具大型斜层理、含铁质结核　9.6 m
30. 灰绿色细砂岩，底为0.15 m含碳泥质岩，具斜层理　2.8 m
29. 灰绿色含燧石砾石粗砂岩，砾径0.5～1.5cm，棱角状　2.3 m
28. 灰绿色粉砂岩　1.2 m
27. 灰绿色中粒石英砂岩，底部含砾　8.8 m
26. 深灰色粉砂岩　0.7 m
25. 褐黄色粉砂岩　16.2 m
24. 灰绿色细砂岩　4.2 m
23. 灰绿色粗砂岩，风化后呈灰黄色　5.5 m
22. 灰黄色粉砂岩　6.5 m
21. 灰黄色粗砂岩　6.6 m
20. 灰黄色粉砂岩　4.9 m

| | | |
|---|---|---|
| 19. 灰黄色细砂岩 | 12.0 m |
| 18. 灰绿色细砂岩夹深灰色粉砂岩透镜体多层 | 2.2 m |
| 17. 灰绿色含砾粗砂岩 | 1.8 m |
| 16. 灰黑色碳质泥岩 | 0.2 m |
| 15. 褐黄色粉砂岩，含铁质结核 | 11.7 m |
| 14. 灰绿色粗砂岩，风化后呈灰白色 | 10.5 m |
| 13. 灰黄、灰绿色粉砂岩 | 3.1 m |
| 12. 灰绿色含砾粗砂岩，顶部夹薄层粉砂岩 | 6.9 m |
| 11. 暗黄色粉砂岩，具水平层理和缓波状层理 | 27.0 m |
| 10. 粗粒砂岩，灰黄色，碎屑以石英为主，泥质胶结，斜层理较发育 | 8.0 m |
| 9. 暗黄色砂岩粉砂岩互层，砂岩成分以石英为主，泥质胶结，常见斜层理。粉砂岩中可见水平层理和波状层理，含有少量的植物化石：*Calamites* sp.，*Pecopteris* sp. | 35.0 m |
| 8. 暗黄色含砾砂岩，分选差，砂泥质胶结 | 6.0 m |
| 7. 砾岩：岩性与2层同。横向变化大，有时逐渐过渡为砂岩 | 7.0 m |
| 6. 土黄色粉砂岩，具水平层理。含铁质结核和少量的植物化石：*Calamites suckowii*，*Sphenopteris* sp.，*Walchia* sp. | 8.0 m |
| 5. 深灰色中粒砂岩，碎屑以石英为主，次为燧石，泥质胶结 | 10.0 m |
| 4. 灰色砾岩，厚层状。砾石成分同2层 | 10.0 m |
| 3. 灰黄色粗砂岩，碎屑成分以石英和燧石为主，次为长石，磨圆度差，分选性较好，斜层理发育 | 17.0 m |
| 2. 灰白色厚层状砾岩，砾石成分以石英为主，次为燧石。砾石大小一般在0.5cm左右。孔隙式泥质胶结 | 10.0 m |

——————— 整　合 ———————

下伏地层：山西组　粉砂岩

【地质特征及区域变化】　石盒子组在地层颜色上以灰绿色为主，下部夹有灰白色、灰黑色，上部夹有肉红色或紫灰色，与上、下相邻地层在岩石色调上差异较大。岩性以含砾砂岩、粗砂岩、粉砂岩、粉砂质粘土岩为主，中粒级碎屑岩较少，下部夹煤线。砾岩多分布于该组的下部，约占剖面总厚的9%，单层厚层最大10 m，但横向延伸并不稳定，侧向延伸不远即变为含砾砂岩或粗砂岩。砾石成分以石英为主，次为燧石，孔隙式泥质胶结。含砾粗砂岩及粗砂岩斜层理发育，成分以石英和燧石为主，次为长石。磨圆度差，分选性好，硅质胶结，剖面下部多为泥质胶结。单层厚1.8～10 m，平均厚约6 m，约占剖面总厚的32%。粉砂岩、砂质粘土岩、粘土质页岩发育水平层理和波状层理，单层厚0.7～35 m，平均厚约8 m，约占剖面总厚的41%，含化石层位较少，种属单一，组合简单。中粒至细粒砂岩不发育，仅占剖面总厚的18%。

石盒子组的分布基本上与山西组相近，分布于京西的门头沟区、海淀区、石景山区及房山区，受九龙山向斜、北岭向斜及髫髻山—百花山向斜的控制，但在髫髻山—百花山向斜的北翼原始沉积变薄甚至缺失。石盒子组在灰峪—军庄火车站附近厚度最大，达305.2 m，向西、向南逐渐变薄，往西史家营剖面厚287.9 m，往南南车营剖面165 m，而往北则很快变薄缺失。

**双泉组　PTŝ　(11－0023)**

【创名及原始定义】　计荣森、潘钟祥（1933）以双泉寺地层剖面和大悲寺、三仙庵的植物化石为依据创建了“双泉统”。原始定义：主要由绿色细砂岩与紫、绿色页岩互层构成的一套岩层，有时中部含有薄煤线和含植物化石的页岩，偶见砾岩层。一般位于红庙岭砂岩和门头沟煤系之间，在若干地点该套岩石明显被辉绿岩侵入，且有时部分变质。该统最显著的特征是其厚度变化，有时甚至完全缺失，与上覆九龙山系不整合接触，有时上覆门头沟煤系的龙门统或上窑坡统。

【沿革】 自计荣森、潘钟祥创名以来，由于该套地层的色调特殊，易与上下地层区别，因此在顶、底界的划分上没有多大变动。在名称上仅有“双泉统”、双泉组或“双泉群”这些变化。在地层时代归属上，由于一直没有找到典型的具有确定其时代意义的化石，因此对其时代归属问题，一直在争论之中。计荣森、潘钟祥（1933）最初定为早三叠世，赵家骧（1938）认为其时代为晚二叠世的可能性较早三叠世大。《北京市区域地质志》（1991）把它定为晚二叠世至中三叠世。

【现在定义】 为一套岩屑砂岩、粉砂岩及页岩夹砾岩的岩石组合，属河湖相沉积。分两段，下部一段以紫红色调的粉砂岩、细砂岩为主夹灰绿、黄绿及灰白色粗砂岩；上部二段主要为灰绿、灰白色岩屑碎屑岩，凝灰质火山碎屑物增多。与下伏石盒子组整合接触，以一层紫色粘土岩作底界；与上覆杏石口组平行不整合接触。

【层型】 由于天泰山双泉寺剖面上该组顶部岩层出露不全，以北京市门头沟区潭柘寺东山梁剖面为选层型（116°01′48″，39°54′19″。由肖宗正等 1990 年测制）。

上覆地层：**杏石口组** 灰白色石英砾岩

——————— 平行不整合 ———————

| 双泉组 | 总厚度 170.6 m |
| --- | --- |
| 26. 土黄色、浅黄色薄层砂质板岩 | 15.0 m |
| 25. 灰白色薄层—中层含岩屑砂岩 | 1.0 m |
| 24. 褐黄色薄—中层板岩。板理发育 | 9.2 m |
| 23. 浅灰绿色厚层含细砂质板岩。上部夹粗砂岩 | 2.4 m |
| 22. 灰褐色薄层含细砂质板岩。上部夹粗—中砂岩 | 22.8 m |
| 21. 灰白色、褐灰色厚层含细砾复成分巨粒砂岩。砾径一般不超过 1 cm，磨圆度差 | 13.5 m |
| 20. 灰绿色粉砂质板岩。层面可见绢云母，板理发育 | 8.0 m |
| 19. 灰绿色厚层含细砂岩屑粉砂岩 | 7.8 m |
| 18. 灰白色厚层中—粗粒长石砂岩，局部含砾，具斜层理 | 4.1 m |
| 17. 浅灰绿色巨厚层粘土质细砂岩 | 5.5 m |
| 16. 灰绿色粘土质板岩，夹紫红色板岩。板理发育 | 3.8 m |
| 15. 浅灰绿色厚层粉砂质板岩 | 1.5 m |
| 14. 紫色中—厚层含岩屑粉砂岩 | 0.7 m |
| 13. 灰白色、白色厚层—巨厚层含钙中粒砂岩 | 10.0 m |
| 12. 灰绿色、浅绿色厚层—巨厚层细砂质岩屑粉砂岩 | 12.5 m |
| 11. 灰白色中—厚层含钙中粒砂岩 | 1.6 m |
| 10. 灰绿色厚层含细砂岩屑粉砂岩 | 1.4 m |
| 9. 紫色巨厚层含钙细粒岩屑砂岩 | 14.6 m |
| 8. 深灰色、灰色厚层状中粗粒—细粒岩屑粉砂岩。上部含砾及磁铁矿等暗色矿物，具斜层理 | 5.3 m |
| 7. 灰绿色、黄绿色薄—中厚层中—细粒岩屑粉砂岩。顶部颗粒变细，层理发育 | 2.6 m |
| 6. 红色淡红色中厚层中—细粒含岩屑砂岩 | 2.3 m |

5. 黄绿色厚层细粒岩屑砂岩。具斜层理 1.3 m

4. 淡红色、黄绿色厚层硬绿泥石细粒岩屑砂岩，硬绿泥石千枚岩。下部以淡红色为主，上部黄绿色为主，具斜层理 6.7 m

3. 紫色、浅紫色厚层细粒岩屑砂岩，硬绿泥石千枚岩。上部黄绿色为主，下部淡红色为主，具斜层理 6.4 m

2. 灰色、浅灰色中层中—细粒岩屑砂岩。底部颗粒变粗，局部含砾 2.1 m

1. 紫色、紫红色中层细粒岩屑砂岩及叶蜡石化页岩 8.4 m

——————— 整 合 ———————

下伏地层：**石盒子组** 石英砂岩

【地质特征及区域变化】 双泉组的显著特征是其具有紫红和灰绿色的醒目色调。下部以紫红色为主，上部多灰绿色、灰白色。在房山北岭向斜一带，受印支期区域变质作用影响，岩性多变为变质砂岩、千枚岩、片岩。变质矿物多见绢云母，特征矿物有硬绿泥石、滑石、叶蜡石。双泉组在北京地区的分布较为局限，出露在海淀、石景山、门头沟和房山等县区的境域内，在北岭向斜，九龙山—香峪大梁向斜的两翼分布。厚度变化较大，总趋势为东厚西薄，如大悲寺 200 m，赵家台 100 余米，潘涧沟 50 余米，再向西则断续出露直至尖灭。

## 第二节 生物地层概况及地层时代归属

本区石炭纪—三叠纪地层从所含古生物情况来看基本上为两套面貌。下部为海陆交互相沉积，在几层海相灰岩夹层中（或泥灰岩、钙质粉砂岩、钙质泥岩）富产䗴类、腕足类、双壳类等海相动物化石；其上为重要的陆相含煤沉积和陆相杂色碎屑岩沉积，主要的生物化石为植物，发育具有东方色彩的华夏植物群。

本区这一套地层以往没有进行过详细而深入的生物地层学研究，资料不丰富也不系统，现就已有资料概略地介绍一下各组地层中所含化石的情况，并与区域对比以确定其相应的年代地层位置。

我国石炭系的研究以南方沉积区为主，而南方沉积区的石炭系又以湘中、黔南和黔西为标准。石炭系二分，下统以珊瑚组合为划分标准，上统以䗴带为分层依据。在中国地质科学院主编的《中国地层概论》(1982) 一书中，对华南地区上石炭统年代地层单位及生物组合带的划分见表 5 - 2。

经本次清理后，发育于北京地区的太原组，含有较多的海生动物化石，综合已有报道资料，汇集起来计有：

䗴 类：*Fusiella paradoxa*，*Fusulina cylindrica*，*F. quasicylindrica*，*F. konnoi*，*F. schellwieni*，*Profusulinella parva*，*Fusulinella bocki*，*Boultonia rawi*，*schubertella obscura*；

非䗴有孔虫：*Bradyina* cf. *nautiliformis*，*Textularia eximia*，*Tetrataxis conica* var. *gibba*，*Schellwienis* sp.，*Climacammima longissimoides*，*C. maximum*；

腕 足 类：*Choristites mosquensis*，*C. yanghukouensis*，*Dictyoclostus taiyuanfuensis*，*D. manchuricus*，*D. semireticulatus*，*D. gruenewaldti*，*Orthotetes regularis*，*Chonetes* sp.，*Stenoscisma* sp.，*Schellwienella crenistria*，*Chaoiella gruenewaldti*；

双壳类：*Euculopsis anthraconeitoides*，*Parallelodon chihliensis*，*Deltopecten multistriatus*，*Aviculopecten manchuricus*，*Acanthopecten* cf. *carboniferus*，*Allorisma regularis*，*Schizodus shansiensis*，*Pseudomonotis* sp.，*Nuculopsis anthraconeiloides*。

该组还含有以下植物化石：*Neuropteris gigantea*，*N. kaipingiana*，*N. pseudogigantea*，*Sphenophyllum oblongifolium*，*S. verticillatum*，*S.* cf. *emarginatum*，*Sphenopteris neuropteroides*，*Linopteris brongniartii*，*Pecopteris* cf. *cyathea*，*P. feminaeformis*，*P. acuta*，*Cordaites schenkii*，*C. principalis*，*Annularia* sp.，*Lepidodendron galeatum*，*Putrella* sp.，*Rhacopteris* cf. *busseana*，*Asterophyllites longifolius*。

**表 5-2　中国南部地区上石炭统年代地层单位及生物组合带**

| 年代地层单位 | 生物组合或带 | | | |
|---|---|---|---|---|
| | 菊石 | 䗴类 | 腕足类 | 珊瑚 |
| 马平阶 | | *Zellia - Pseudoschwagerina* | *Meekella - Dictyoclostus uralicus* | *Kepingophyllum* |
| | | | | *Nephelophyllum* |
| | | *Triticites* | | ? |
| | | *Montiparus* | | |
| 达拉阶 | *Neodimorphoceras* | *Fusulina - Fusulinella* | "*Muirwoodia*" *sinensis* - *Choristites mansuyi* - *Plicatifera chaoi* | *Kionophyllum* |
| | *Branneroceras*<br>*Gastrioceras* | *Profusulinella* | | |
| 滑石板阶 | *Retites kueichowensis* | *Pseudostaffella posterior antiqua*<br>*Ps. composita* | | |

上述动物化石中含有莫斯科期标准化石 *Choristites mosquensis*，以及 *Fusulinella - Fusulina* 䗴类化石组合，其时代相当于华南地区晚石炭世的达拉阶。而植物化石中以 *Neuropteris gigantea*，*N. kaipingiana* 和 *Linopteris brongniartii* 最常见，为华夏植物群早期的植物组合。动植物化石资料均表明其时代属于石炭纪二分的晚石炭世中期，或相当于国外的维斯特法期或莫斯科期。

晚石炭世开始出现的以大羽羊齿类植物为代表的华夏植物群，李星学（1963）最早在华北地区进行系统的研究和划分（见表 5-3），1979 年李星学又进一步把华夏植物区分为北方亚区和南方亚区，北方亚区的二叠纪华夏植物可划分出 4 个组合，自下而上为：

（1）*Emplectopteris triangularis - Taeniopteris* spp. - *Emplectopteridium alatum* 组合；

（2）*Emplectopteris triangularis - Taeniopteris* spp. - *Cathaysiopteris whitei* 组合；

（3）*Gigantonoclea hallei - Fascipteris* spp. - *Lobatannularia ensifolia* 组合；

（4）未名组合

盛金章等（1982）亦将北方大区华夏植物群划分为 4 个组合，下面 3 个组合同李星学（1979），最上面第（4）组合称 *Rhipidopsis lobata - Ullmannia* aff. *bronni* 组合。

从华夏植物群的演化特征来看，早期主要是鳞木类植物大量发育，以及属于脉羊齿类奇羽组的 *Neuropteris ovata* 的大量存在；中期华夏植物群则以鳞木和脉羊齿的大量衰退，栉羊齿非常繁盛，枝脉蕨属和织羊齿属等达到鼎盛时期为标志，晚期华夏植物群以瓣轮叶 *Lobatannularia* 为主体，束羊齿则比前有所繁盛，尤其是 *Fascipteris hallei*，银杏纲大大发展为特征。

对照以上研究成果来具体分析北京地区有关地层中所产植物化石情况，可获得以下认识：

山西组所含的植物化石可区分为两套组合，以大白煤层的间接顶板灰绿色厚层含砾粗砂

**表 5-3 华北晚古生代植物群划分表** （李星学，1963）

| 植物群期 | 系（组合）名称 | 地质时代 | |
|---|---|---|---|
| 4. 晚期华夏植物群或烟叶大羽羊齿-瓣轮叶系<br>(*Gigantopteris nicotianaefolia* - *Lobatannularia* Series) | B期：瓣状拟扇叶-布朗乌尔曼杉组合<br>(*Rhipidopsis lobata* - *Ullmannia* aff. *bronni* Assemblage) | $P_2^2$ | 晚二叠世<br>Zechstein |
| | A期：烟叶大羽羊齿-平安瓣轮叶组合<br>(*Gigantopteris nicotianaefolia* - *Lobatannularia heianensis* Assemblage) | $P_2^1$ | |
| 3. 中期华夏植物群或三角织羊齿-带羊齿系<br>(*Emplectopteris triangularis* - *Taeniopteris* Series) | B期：三角织羊齿-怀特华夏羊齿组合<br>(*Emplectopteris triangularis* - *Cathaysiopteris whitei* Assemblage) | $P_1^2$ | 早二叠世<br>Rotliegende |
| | A期：三角织羊齿-翅状拟织羊齿组合<br>(*Emplectopteris triangularis* - *Emplectopteridium alatum* Assemblage) | $P_1^1$ | |
| 2. 早期华夏植物群或假蛋形脉羊齿-博次须鳞木系（组合）<br>(*Neuropteris pseudoovata* - *Lepidodendron posthumii* Series) | | 晚石炭世 $C_3$<br>(Stephanian) | |
| 1. 欧美式植物群或巨大脉羊齿-布龙尼尔网羊齿系（组合）<br>(*Neuropteris gigantea* - *Linopteris brongniartii* Series) | | 中石炭世 $C_2$<br>(Westphalian) | |

岩夹砂砾岩为界，下面地层中所见植物化石有：*Neuropteris ovata*，*N. plicata*，*N. otozamioides*，*N. gigantea*，*Sphenophyllum thonii*，*S. oblongifolium*，*S. laterale*，*S. verticillatum*，*Sphenopteris tenuis*，*Annularia orientalis*，*Cordaites principalis*，*Calamites suckowii*，*Alethopteris* cf. *huiana*，*Lepidodendron posthumii*，*L. incertum*，*Pecopteris feminaeformis* 等。这些植物化石反映出以 *Neuropteris ovata* 与 *Lepidodendron posthumii* 为代表的植物组合，具典型的早期华夏植物群面貌，其时代为晚石炭世斯蒂芬期。而大白煤层的间接顶板以上，山西组上部的地层中所含植物化石主要有：*Sphenophyllum laterale*，*S. oblongifolium*，*S. thonii*，*S. verticillatum*，*Calamites cistii*，*C. suckowii*，*Lobatannularia sinensis*，*Plagiozamites tungweiensis*，*Sphenopteris tenuis*，*S. gothanii*，*Annularia orientalis*，*Alethopteris hallei*，*Lepidodendron* sp.，*Emplectopteris triangularis*，*Cordaites principalis*，*Pecopteris* sp. 等。这些化石与华北地区早二叠世早期（$P_1^1$）植物组合面貌基本一致，确定其地质时代是比较可靠的，因此北京地区的山西组其地质时代依据植物化石资料可确定为晚石炭世的斯蒂芬期延续到早二叠世早期。很显然，其开始沉积堆积的地质时期要早于层型所在地——山西太原西山，该地区山西组的地质时代为 $P_1^1$，两地相比，同一个岩石地层单位，具有明显的穿时性。究其原因，北京地区在晚石炭世时其古地理位置靠近北侧古陆边缘，当时海水从北往南逐渐后退，晚石炭世斯蒂芬期北京地区已经海退，形成一套陆相含煤沉积；而在太原西山则为滨海平原，于同一时期形成海陆交替相含煤地层，到早二叠世早期海水才退出，形成岩石地层特征相同的陆相含煤地层。

北京地区的石盒子组，在其下部层位内所采植物化石较少，经鉴定有下列属种：*Pecopteris* cf. *orientalis*，*P.* cf. *hemitelioides*，*Calamites suckowii*，*C. cistii*，*Cordaites principalis*，*C. schenkii*，*Sphenopteris gothenii*，*Sphenophyllum oblongifolium* 等。这一段地层按岩性特征与层位关系可与太原西山原划分的“下石盒子组”对比，但植物化石不如后者丰富，也尚未发现具有地质时代鉴定意义的代表分子。在石盒子组的上部层位内，即以往所划分的“红庙岭组”砂岩层位内，找到过不少植物化石种属，综合已有资料计有：*Lobatannularia* cf. *lingu-*

*lata*，*L. ensifolia*，*Pecopteris* sp.，*Fascipteris hallei*，*Taeniopteris szei*，*T.* cf. *multinervis*，*Psygmophyllum ginkgoides*，*P. multipartitum*，*Gigantopteris* sp.，*Neuropteridium polymorphum*，*Sphenophyllum minor*，*Cladophlebis* sp.，*Conchophyllum* sp.，*Radicites* sp.，*Tingia hamaguchii*，*Pelourdea reflexa*，*Sphenopteris* sp.，*Neuropteris* sp.，*Odontopteris* sp.，*Plagiozamites oblongifolius*，*Calamites* sp.，*Cordoites principalis* 等。很显然其面貌反映为华夏植物群晚期，相当于李星学（1979）和盛金章等（1982）所划分的二叠纪华夏植物群第三个组合，重要的代表分子如 *Lobatannularia ensifolia*，*Fascipteris hallei* 等都有见及，其时代应为晚二叠世早期。由此可见本区所划分的石盒子组与山西太原西山层型所在地对比，依据化石资料所确定的年代地层层位是基本相当的。

双泉组的植物化石仅发现于下部一段以紫红色调为主的层段中，在其中所夹的浅灰绿色细砂岩和黄绿色泥质岩层中产有以下化石：

蕨类植物：*Lobatannularia* cf. *multifolia*，*L. heianensis*，*Pecopteris* aff. *lativenosa*，*P. orientalis*，*Ptychocarpus* sp.，*Neuropteridium coreanicum*，*N. nervosum*，*Chiropteris* sp.，*Gigantopteris shuangquanensis*，cf. *Danaeopsis hughesi*；

裸子植物：*Fascipteris* sp.，*Nilssonia* cf. *simplex*，*Cordaites* sp.，*Psygmophyllum multipartitum*，*Nephropsis* cf. *integerrima*，*Podozamites distans*?，*Ullmannia* sp.，*Albertia* sp.，*Taeniopteris tongshanensis*，*T. densissima*，*T. norinii*，*T. spatulata*；

种子化石：*Hallea pekinensis* 等。

在整个植物群中，蕨类植物占 39%（节蕨 7%，真蕨 32%），裸子植物占 54%（种子蕨 3.6%，苏铁 3.6%，科达 3.6%，银杏 7.2%，松柏 14.4%，分类不明的裸子植物 21%），分类不明的种子器官化石占 7%，说明当时蕨类植物与裸子植物都占很重要地位，而后者又略占优势。从植物群面貌来看，这是一个混生植物群，它兼有晚二叠世与早三叠世植物分子的双重面貌，如 *Psygmophyllum multipartitum*，*Pecopteris lativenosa*，*Neuropteridium coreanicum*，*Taeniopteris densissima*，*Lobatannularia heianensis*，*Gigantopteris shuangquanensis* 等多见于晚二叠世，而 *Nilssonia* cf. *simplex*，*Podozamites distans*，cf. *Danaeopsis hughesi*，*Albertia* sp.，*Taeniopteris spatulata* 等是属三叠纪或出现于中生代的化石。因此推定其地质时代为晚二叠世至早三叠世，基本上与山西的石千峰群相当。

双泉组的上部以灰绿色调为主的层段（二段）迄今未采获任何化石，无法确定其时代。只能依据上、下地层的时代，以及与邻区相关地层的对比来推定。考虑到中生代时整个华北地区古气候变化的一致性，同样的气候环境下形成雷同的陆相地层，因此与山西宁武的二马营组相比（均为灰绿色不同粒级碎屑岩夹红色泥岩），推断其时代为中三叠世。而整个双泉组的时代大体为晚二叠世晚期至中三叠世。

## 第三节　对区域地层格架的几点认识

决定石炭纪—三叠纪（早、中世）区域地层格架的基本因素有二：一是本断代是在准地台处于稳定发展阶段所接受的沉积，而且是在晚奥陶世地台整体隆升、经历了长达 140 Ma 的风化剥蚀、地表地形已起伏差异很小的剥蚀夷平面上接受的沉积，这一条件决定了本断代各岩石地层单位垂向叠覆关系清楚，侧向变化相对较小；二是北京地区在该地质发展阶段所处的古地理位置是在古陆的边缘，因此在整体沉积环境由海陆交替相向陆相发展变化的过程中，敏感地反映为较其他地区提早结束海侵，转为陆相沉积。从而决定了下部的两个岩石地层单位——太原组和山西组具有明显的穿时性。

## 一、基本层序特征

本断代的岩石地层有3种基本层序类型：

（1）发育于太原组由滨海砂体发展到海相灰岩、泥灰岩的海侵型退积结构基本层序类型。该类型基本层序的下部细砂岩和部分粉砂岩，含植物根部化石，为滨海相沉积；往上渐变为富含海生动物化石的钙质粉砂岩、薄层泥灰岩或灰岩层。每一基本层序的厚度10余米至20余米。太原组一般发育3个旋回性基本层序。

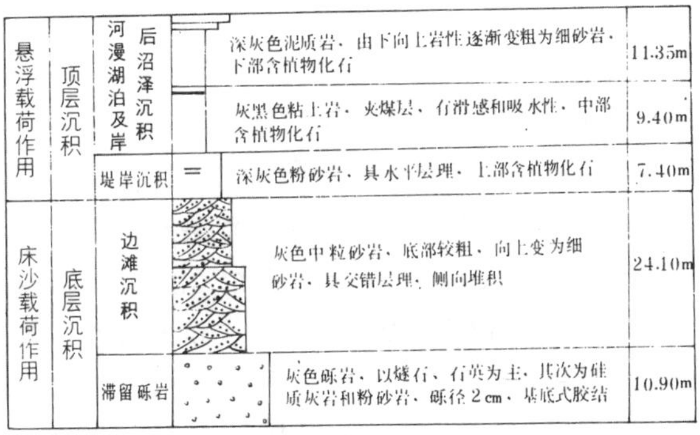

图5-3　山西组河流相沉积剖面结构及其解释图

（2）主要发育于山西组的陆相河流退积型基本层序类型。其旋回性基本层序显示清楚的二元结构，如图5-3所示。下部为床沙载荷侧向堆积形成河流底层沉积的粗碎屑岩，由滞留砾岩、边滩沉积的中粒砂岩及细砂岩组成。滞留砾岩的砾石成分复杂，砾径粗大，常呈透镜状，横向变化大，底面具有十分明显的冲刷面。边滩沉积的中—细粒砂岩分选性差，交错层理发育。上部则由悬浮载荷垂向加积形成的细碎屑岩组成。北京地区山西组煤层均产于旋回性基本层序的顶部。整个山西组大体可分为5个旋回性基本层序，如图5-4所示。

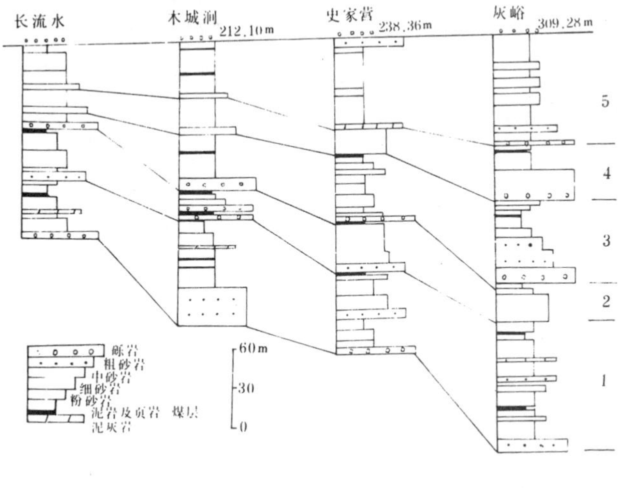

图5-4　山西组旋回性基本层序对比图

（3）加积型基本层序类型。表现为粗碎屑岩与细碎屑岩单调重复，岩石的粒级相差悬殊，细碎屑岩（粉砂岩、粘土岩）具水平层理，而粗碎屑岩（粗砂岩、含砾粗砂岩）常见斜层理。这种河湖相加积型基本层序类型多见于石盒子组的上部及双泉组地层内。

## 二、沉积环境的演变

从上述基本层序类型特征的分析，已可看出该断代沉积时其环境的发展演变过程。

太原组是在地台长期隆升剥蚀所形成的古夷平面上开始接受沉积，几次海水的漫侵，形成了由滨海碎屑岩到海相灰岩的海侵型退积结构基本层序。本区出现过3次海泛，因此3个旋回性退积型基本层序的叠置构成了太原组岩石地层。太原组的顶底界面清楚，底界面为与奥陶纪马家沟组灰岩之间的平行不整合面；顶界面则为最上面的一层海相沉积岩层（灰岩、泥灰岩或富含海相生物化石的钙质粉砂岩）。整体为一套海陆交替相岩石组合，横向较为稳定。进入山西组沉积时，海水已全部退出，沉积环境演变为滨海平原陆相沉积，受河流流水作用的控制，发育退积型旋回性基本层序。由于靠近蚀源区，因此每个基本层序的下部，即由床沙载荷作用形成的河流底层沉积物的颗粒相对较粗，滞留砾岩发育；上部为悬浮载荷垂向加积形成的粉砂岩、粘土岩，煤层多产于这一部位。根据剖面上旋回性基本层序的发育情况和特征，有助于煤层的精确对比。山西组之上的石盒子组、双泉组沉积时，其沉积环境由滨海平原进一步转化为内陆盆地河湖相沉积。各内陆盆地有大有小，孤立分布，当时北京地区的沉积盆地主要发育于西山，从沉积特征来看，与外省市的沉积盆地不一定相连。控制沉积物形成和堆积的是内陆河流和湖泊的作用，其基本层序类型没有多大区别，两个组都由退积结构和加积结构两种基本层序类型组成。由于各个盆地所处的构造环境和构造发展阶段总体上是相同和一致的，且受统一的古气候条件变化的控制，使得不同地区不同盆地内的沉积物，其总体特征和面貌变化上具有一致和可比性。如受统一的古气候条件变化的制约，太原组和山西组为灰黑色，成煤；石盒子组岩层的主体色调为灰绿色、黄绿色和土黄色，已不成煤；北京双泉组的下部（一段）虽然厚度大大小于石千峰群，其主体色调均为强氧化色——紫红色，双泉组的上部（二段）又与二马营组相同，转变为以还原色调——灰绿、灰白和褐灰色为主。受构造环境和构造发展阶段的影响，表现在碎屑物的成分上。石盒子组的颗粒成熟度相对较高，碎屑多以单矿物为主，分选性较好，说明环境稳定，颗粒经过较长距离的搬运。双泉组下部（一段）的砂屑成分多为岩屑，而上部（二段）的碎屑岩中则出现较多的火山凝灰物质，这似乎说明受即将来临的印支运动的影响，环境由稳定向不稳定转化，而这些特征恰好在剖面垂向层序上作为划分岩石地层单位的重要标志。

# 第六章
# 晚三叠世—白垩纪

北京地区晚三叠世—白垩纪地层分布很广，山区除东部平谷县以外都见有该套地层产出。西山地区集中分布于九龙山—香峪大梁向斜、北岭向斜、百花山向斜、髫髻山—妙峰山向斜及坨里、东岭等断陷盆地中；北山则大片分布于岔道、燕羽山、凤坨梁、四海、白河堡、千家店、密北新城子，以及昌平十三陵和怀柔山前等地（见图 6-1）。

该套地层的底界为印支运动形成的不整合构造面，与下伏地层双泉组相接触；顶界则为燕山运动最晚一幕的不整合构造面所限定，上覆新生代地层。地层发育总厚 9 700 m，为产于陆相火山-沉积盆地内的巨厚多旋回复杂火山-沉积岩系，含有丰富的煤炭资源和门类众多的动植物化石群作为其显著特征。

这一断代地层的研究历史较早，有关北京地区煤炭资源开采利用的历史可追溯至上千年前。但利用近代科学技术方法进行地层的调查研究则是近百余年之事。早期有少数外国地质学家涉足，而主要研究成果则为我国地质学家所取得。叶良辅等（1920）所著《北京西山地质志》为中生代地层的划分研究奠定了基础，他们创建的“门头沟煤系”、“九龙山系”和“髫髻山系”等地层单位，其名称和含义一直为以后的地质工作者所沿用。30 年代一批老地质学家在北京西山从事地层划分和古生物研究，重要的成果有：谢家荣（1933）在坨里—大灰厂一带开展地质调查，划分建立了坨里沉积盆地内白垩纪的地层系统，创名了“大灰厂系”、“辛庄紫页岩与砾岩”、“坨里砾岩”、“芦尚坟页岩和砂岩”及“夏庄系”等地层单位。同年，王竹泉和计荣森在门头沟进行煤田地质调查时，将“门头沟煤系”细分为“下窑坡系”、“上窑坡系”及“龙门系”，地层时代均归属早侏罗世。陈恺、熊永先（1935）创立“东岭台层”、“绿色流纹岩”和“东狼沟集块岩”等火山岩石地层单位。上述工作结果基本上完整而系统地建立起北京地区侏罗—白垩纪的地层层序。各地层单位主要按照岩性组合的差异来划分，进而寻找并鉴定所含生物化石来确定其地质时代。绝大部分地层单位符合岩石地层单位划分原则。50 年代以来，地层研究进一步深入。首先是补充完善了该断代的地层系统，如杨杰（1957）将西山辉绿岩之下、三叠纪“石景山层”之上的一段灰褐色砾岩和砂页岩单独划出称“杏石口亚统”，时代归侏罗纪或开始在三叠纪晚期。1961 年北京地质学院将侏罗纪“门头沟煤系”底部的基性玄武岩层正式建立为地层单位，称南大岭组；并将髫髻山组火山岩之上的一套粗碎屑岩划分出来，其名称引用冀北的地层单位名称——“后城组”。其次是较详细地开展

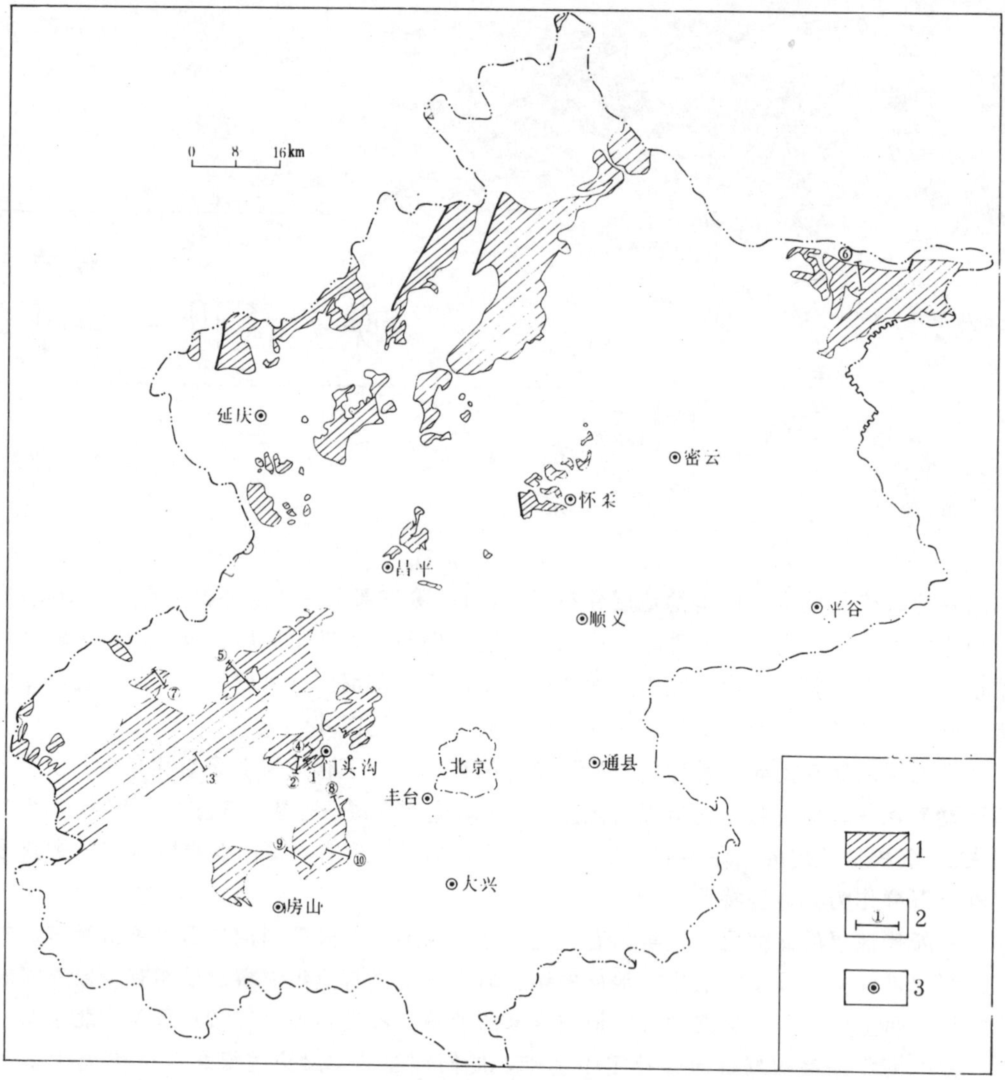


图 6-1 北京市晚三叠世—白垩纪岩石地层及层型分布简图

1. 晚三叠世—白垩纪岩石地层；2. 层型剖面：①潭柘寺东山梁杏石口组剖面；②官厅—阳坡元南大岭组剖面；③马蹄沟窑坡组剖面；④岳家坡龙门组、九龙山组剖面；⑤田庄村东南髫髻山组剖面；⑥梁西—尚家—大岭土城子组剖面；⑦沿河城村张家口组剖面；⑧大灰厂西南靶场东狼沟组、九佛堂组剖面；⑨辛开口坨里组剖面；⑩芦尚坟—刘太庄夏庄组剖面；3. 县（区）政府驻地

了生物地层的研究工作；刘宪亭在 60 年代先后两次对西山八大处虎头山下的杏石口组化石点进行采集，1988 年对鱼化石作了详细记述，命名为西山杏石口鳕。米家榕、宁岩等（1978—1980）详细采集了杏石口组的植物化石，提出其时代为晚三叠世。刘本培、杨守仁等（1982）在大台、斋堂及史家营等地窑坡组内发现双壳类化石，将窑坡组下段定为早侏罗世，上段处理为早—中侏罗世；陈芬、窦亚伟等（1984）总结了北京地质学院师生 50～60 年代采自西山侏罗纪含煤地层中的化石，编写出版了《北京西山侏罗纪植物群》专著；王自强等（1979）、洪友崇等（1982）先后报道了在京西大灰厂地区晚期中生代地层和古生物的研究成果，在双壳类、腹足类、昆虫、介形虫及植物、孢粉等方面的研究均有较大进展。肖宗正等

(1984—1989）开展北京中生代地层及生物群的专题研究，提交了内容丰富的总结成果。

70年代中期以来，以北京市地质调查所为主，在北京地区全面开展1：5万区域调查，解决了许多地层方面的重大问题，值得提出的是详细研究了中生代的几个火山岩石地层单位——南大岭组、髫髻山组、东岭台组、东狼沟组，系统测制剖面，查清火山岩石地层层序，阐明了各期、次火山活动的方式和特点，以及各种火山喷发物的空间分布和横向变化。在对坨里沉积盆地详细调查研究之后，提出了取消“辛庄组”、肢解“芦尚坟组”，解决了该区地层问题上历来争论的难点，使岩石地层的划分更趋合理。

北京地区晚三叠世至白垩纪的地层划分变化沿革分别见表6-1及表6-2。

通过本次地层对比研究，在北京地区本断代共确立12个岩石地层单位，从下往上分别为：杏石口组、南大岭组、窑坡组、龙门组、九龙山组、髫髻山组、土城子组、张家口组、东狼沟组、九佛堂组、坨里组、夏庄组。其中杏石口组、南大岭组、九龙山组、髫髻山组创名于北京，在燕辽地层分区（$V_4^7$）范围内有一定延伸，作为该地层分区内统一使用的地层单位名称。土城子组、张家口组、九佛堂组最早分别命名于辽西和冀北，按命名优先的原则进行取舍，舍弃北京原使用的“后城组”、“东岭台组”和“大灰厂组”3个组名。其中“大灰厂组”创名虽早于九佛堂组，考虑到九佛堂组的知名度大，研究程度高，地层发育情况也比大灰厂好，故统一使用九佛堂组也比较合适。对中生代含煤地层，暂时保留各省（市）已使用的名称，以后再逐步走向统一，因此窑坡组和龙门组在北京继续使用。东狼沟组、坨里组和夏庄组在岩性组合特征上有其自身的特殊性，作为地区性的岩石地层单位在北京建组使用。

## 第一节　岩石地层单位

**杏石口组　T*x*　（11-0024）**

【创名及原始定义】　杨杰于1957年创名，原称“杏石口亚统”，创名地点在北京八大处杏石口村。原始定义：杏石口亚统恰恰位于西山辉绿岩流之下、石景山绿砂岩之上，为含流纹岩卵石的砾岩和黑色页岩。在八大处的杏石口和虎头峰东北山口，西郊八宝山从八角庄到上庄这一带，西山温泉西南十三岭西口处发育最完善，并且含有黑侏罗纪的标准化石。

【沿革】　于1959年由北京矿业学院改称杏石口组。以后的地质工作只是在地质时代的归属上有些不同看法，对其地层名称和顶底界线均无改变。

【现在定义】　为一套灰色、灰黑色砾岩、砂岩、粉砂岩及粘土岩组成的山间河流相沉积地层，局部夹煤线，含有丰富的植物化石。与下伏双泉组灰绿色砂岩为不整合接触，而与上覆南大岭组玄武岩为平行不整合接触。

【层型】　正层型地层出露欠佳，现以门头沟区潭柘寺东山梁剖面作为选层型(116°01′48″，39°54′19″。由北京市地质研究所地层古生物组1990年测制）。

上覆地层：**南大岭组**　玄武岩

——————　平行不整合　——————

| | |
|---|---|
| 杏石口组 | 总厚度 29.9 m |
| 33. 灰黑色细粒岩屑砂岩及粉砂岩 | 1.5 m |
| 32. 浅灰色砾岩：砾石以石英为主，次为燧石，砾径最大为7～8 cm，分选性差，磨圆度较好，砂质胶结 | 2.6 m |

表 6-1 北京市侏罗纪地层划分沿革表

| 叶良辅等 | 王竹泉 计荣森 | 《中国区域地层表(草案)》 | 杨 杰 | 北京地质学院 | 《华北地区区域地层表·北京市分册》 | 陈 芬 等 | 《北京市区域地质志》 | 肖宗正等 | 本书 |
|---|---|---|---|---|---|---|---|---|---|
| 1920 | 1933 | 1956 | 1957 | 1961 | 1977 | 1984 | 1991 | 1994 | |
| 西山 | 西山 | 北京 | 西山 | 北京 | 北京 | 西山 | 北京 | 北京 | 北京 |
| | | $K_1$ 东岭台组 | $K_1$—$J_3$ 髫髻山统 | $K_1$ 东岭台组 | $J_3$ 东岭台组 | | $K_1$ 东岭台组 | $J_3$ 西山群 东岭台组 | 张家口组 |
| $J_3$ 髫髻山层 | | $J_3$ 髫髻山组 | $K_1$—$J_3$ 髫髻山统 | $J_3$ 髫髻山组 | $J_2$ 后城组 | | $J_3$ 后城组 | $J_3$ 西山群 后城组 | 土城子组 |
| $J_3$ 髫髻山层 | | $J_3$ 髫髻山组 | $K_1$—$J_3$ 髫髻山统 | $J_3$ 髫髻山组 | $J_2$ 髫髻山组 | | $J_3$ 髫髻山组 | $J_3$ 西山群 髫髻山组 | 髫髻山组 |
| 九龙山系 | 九龙山系 | $J_2$ 九龙山组 | $J_3$—$J_2$ 九龙山统 | $J_2$ 九龙山组 | $J_2$ 九龙山组 | 九龙山组 | $J_2$ 九龙山组 | $J_2$ 门头沟群 九龙山组 | 九龙山组 |
| $J_1$ 门头沟煤系 | $J_1$ 龙门系 | $J_2$ 龙门组 | $J_1$ 门头沟统 龙门亚统 | $J_1$ 龙门组 | $J_1$ 门头沟群 龙门组 | $J_2$ 龙门组 | $J_2$ 龙门组 | $J_2$ 门头沟群 龙门组 | 龙门组 |
| $J_1$ 门头沟煤系 | $J_1$ 上窑坡系 | $J_1$ 上窑坡组 | $J_1$ 门头沟统 窑坡亚统 | $J_1$ 窑坡组 上段 | $J_1$ 门头沟群 窑坡组 | $J_2$ 上窑坡组 | $J_1$ 窑坡组 | $J_2$ 门头沟群 上窑坡组 | 窑坡组 |
| $J_1$ 门头沟煤系 | $J_1$ 下窑坡系 | $J_1$ 下窑坡组 | $J_1$ 门头沟统 窑坡亚统 | $J_1$ 窑坡组 下段 | $J_1$ 门头沟群 窑坡组 | $J_1$ 下窑坡组 | $J_1$ 窑坡组 | $J_2$ 门头沟群 下窑坡组 | 窑坡组 |
| $J_1$ 门头沟煤系 | $J_1$ 辉绿岩 | $J_1$ 辉绿岩 | $J_1$ 门头沟统 窑坡亚统 | $J_1$ 南大岭组 | $J_1$ 门头沟群 南大岭组 | $J_1$ 南大岭组 | $J_1$ 南大岭组 | $J_1$ 门头沟群 蔡家岭组 | 南大岭组 |
| $J_1$ 门头沟煤系 | $J_1$ 辉绿岩 | $J_1$ 辉绿岩 | $J_1$ 门头沟统 窑坡亚统 | $J_1$ 南大岭组 | $J_1$ 门头沟群 南大岭组 | $J_1$ 南大岭组 | $J_1$ 南大岭组 | $J_1$ 门头沟群 南大岭组 | 南大岭组 |
| | | T 双泉组 | $J_1$ 门头沟统 杏石口亚统 | T 双泉组 | $J_1$ 门头沟群 杏石口组 | $J_1$ 杏石口组 | $T_3$ 杏石口组 | $T_3$ 双泉群 杏石口组 | 杏石口组 |

## 表 6-2 北京市白垩纪地层划分沿革表

| 谢家荣 | | 陈恺 熊永先 | | 北京矿业学院 | | 北京地质学院 | | 《华北地区区域地层表·北京市分册》 | | 王自强 王璞 | | 洪友崇 王思恩等 | | 郝诒纯等 | | 《北京市区域地质志》 | | 郑桂森等 | | 本书 |
|---|---|---|---|---|---|---|---|---|---|---|---|---|---|---|---|---|---|---|---|---|
| 1933 | | 1935 | | 1959 | | 1961 | | 1977 | | 1979 | | 1982 | | 1986 | | 1991 | | 1994 | | |
| 西山 | | 西山 | | 北京 | | 北京 | | 北京 | | 西山 | | 西山 | | 西山 | | 北京 | | 西山 | | 北京 |
| $E_2$ | 长辛店砾石层 | | | $E_{2}c$ | 长辛店组 | $E_{2}c$ | 长辛店组 | $E_{2}c$ | 长辛店组 | $E_{2}c$ | 长辛店组 | $E_{2}c$ | 长辛店组 | $E_{2}c$ | 长辛店组 | $E_{2}c$ | 长辛店组 | $E_{2}c$ | 长辛店组 | 长辛店组 |
| $K_2$ | 夏庄系 | | | 坨里群 $K_2$ | 夏庄组 | $K_2$ | 夏庄组 | $K_1$ | 夏庄组 | $K_1$ | 夏庄组 | $K_1$ | 夏庄组 | $K_2$ | 夏庄组 | $K_1$ | 夏庄组 | $K_2$ | 夏庄组 | 夏庄组 |
| | 芦尚坟页岩与砂岩 | | | | 芦尚坟组 | | 芦尚坟组 | | 芦尚坟组 | | 芦尚坟组 | | 芦尚坟组 | | 芦尚坟组 | | 芦尚坟组 | $K_1$ | 坨里组 | 坨里组 |
| | 坨里砾岩 | | | | 坨里组 | | 坨里组 | | 坨里组 | | 辛庄组 | | 坨里组 | | 辛庄组 坨里组 | | 坨里组 | | | |
| $K_1$ | 辛庄紫页岩与砾岩 | | | 岔道群 $K_1$ | 辛庄组 | $K_1$ | 辛庄组 | | 辛庄组 | | 坨里组 | | | | | | 辛庄组 | | | |
| | 大灰厂系 | $K_1$ | 大灰厂组 | | 大灰厂组 | | 大灰厂组 | | 大灰厂组 | | ?大灰厂组 | | 大灰厂组 | $K_1$ | 大灰厂组 | | 大灰厂组 | | 大灰厂组 | 九佛堂组 |
| | 髫髻山层 | | 东狼沟集块岩 | | 东狼沟组 | | 东岭台组 | $J_3$ | 东岭台组 | $J_3$ | 东狼沟组 | $J_3$ | 东狼沟组 | | 东岭台组 | | 东狼沟组 | | 东狼沟组 | 东狼沟组 |
| | | | 绿色流纹岩 | $J_3$ | 髫髻山群 | | | | | | | | 东岭台组 | $J_3$ | | | 东岭台组 | | | 张家口组 |
| | | | 东岭台层 | | | | | | | | | | | | | | | | | |

31. 灰白色中层含细粒岩屑粉砂岩，层理发育 4.4 m

30. 灰色、灰黄色中—厚层含砾中—粗粒复成分砂岩，粒度变化较大 3.4 m

29. 浅黄色、黄色薄—厚层中粒岩屑砂岩，上部为灰色岩屑粉砂岩含化石：*Cladophlebis ichunensis*, *Czekanowskia* sp., *Equisetites* sp., *Podozamites lanceolatus*, *Taeniopteris* sp., *Carpolithus* sp. 7.9 m

28. 灰色灰白色薄—中层巨粒—粗粒—细粒岩屑砂岩 7.5 m

27. 灰白色石英砾岩，砾石多为石英，燧石次之，砾径 4～8 cm，分选性较好 2.6 m

~~~~~~~~~~ 不 整 合 ~~~~~~~~~~

下伏地层：**双泉组** 浅黄色砂质板岩

【地质特征及区域变化】 本组厚度不大，一般 20～50 m。颜色灰至灰黑色，与下伏双泉组有明显区别，岩性特征与其上窑坡组含煤地层却较为近似。杏石口组的底砾岩（即宝珠洞砾岩）在八大处宝珠洞最发育，向西逐渐变薄。地层中所含砾岩层数亦以东部为多，如大峪南山、冯村西山一带以砾岩、砂岩、粉砂岩组成的旋回性基本层序多而清晰，向西则泥质、碳质增高，至百花山东南的莲花庵一带泥岩增厚，并夹煤线。植物化石亦由东向西逐渐丰富。该组地层展布于北京西山地区九龙山向斜的两翼和髫髻山向斜的南翼。推断杏石口组是在潮湿气候条件下山间盆地河流相快速堆积而成。

**南大岭组 *Jn* (11-0025)**

【创名及原始定义】 1961 年，北京地质学院在其所提交的《1∶5 万石景山幅、良乡幅区域地质测量总结报告》中创名。创名地点位于门头沟南大岭。原始定义：该报告没有下明确的定义，但将叶良辅等（1920）所称的“辉绿岩”正式确定为一个岩石地层单位，叫南大岭组，由玄武岩为主的一套喷发岩所组成。位于杏石口组之上，窑坡组之下，时代为早侏罗世。

【沿革】 发育于北京西山的中生代玄武岩层作为一个地质实体很早就被发现和记述，在叶良辅等（1920）《北京西山地质志》中已经被发现和记述，但被视为“门头沟煤系”中的“南大岭辉绿岩”侵入体。这一认识一直延续到 30 年代中期。杨杰（1936）在其所著《北平西山几个地质问题》中，根据野外观察结果，认为岩石具有结晶不完全，多气孔，有凝灰岩、集块熔岩及火山弹等特征，第一次指出西山地区深绿色之辉绿岩“确为火山喷出物”。此后杨杰（1948）又在《北平西山之岩石性质与火山活动》一文中，进一步指出：“西山向已闻名的辉绿岩 diabase 现实已经确实把它鉴定出来了，是真正的玄武岩火山堆积，熔岩居多，凝灰岩次之。”此种认识逐步被大多数地质工作者接受。

【现在定义】 为一套基性火山岩地层。岩性以灰绿色基性变玄武岩为主，夹少量凝灰质砂岩、页岩。与下伏杏石口组砂、砾岩和上覆窑坡组含煤细碎屑岩均为平行不整合接触。

【层型】 以北京市门头沟区官厅—阳坡元南大岭组剖面为正层型（116°00′22″,39°55′41″。由北京地质学院 1959 年在开展 1∶5 万石景山幅、良乡幅区调时测制）。

上覆地层：**窑坡组** 绿泥石板岩

—————— 平行不整合 ——————

南大岭组 总厚度 520.2 m

27. 灰绿色玄武岩，杏仁体很多，直径 1～5 mm 30.0 m

26. 灰绿色玄武岩 56.9 m

25. 灰绿色玄武岩，气孔大 14.3 m
~~~~~~~~~~

| | |
|---|---|
| 24. 灰色玄武岩 | 103.1 m |
| 23. 暗紫色玄武岩 | 77.7 m |
| 22. 灰绿色玄武岩 | 10.4 m |
| 21. 灰绿色玄武岩，气孔中充填绿帘石 | 10.0 m |
| 20. 紫色玄武岩 | 6.7 m |
| 19. 灰绿色玄武岩 | 5.6 m |
| 18. 灰绿色玄武岩，气孔发育 | 23.0 m |
| 17. 灰绿色玄武岩 | 3.8 m |
| 16. 灰绿色玄武岩，气孔呈云朵状，为长石和绿帘石充填 | 5.6 m |
| 15. 暗紫色玄武岩 | 10.5 m |
| 14. 灰绿色玄武岩，气孔不发育 | 3.5 m |
| 13. 灰绿色玄武岩 | 6.4 m |
| 12. 暗紫色玄武岩 | 5.7 m |
| 11. 灰绿色玄武岩 | 8.0 m |
| 10. 灰绿色玄武岩夹灰色砂岩 | 3.8 m |
| 9. 灰绿色玄武岩 | 13.6 m |
| 8. 灰白色石英粉砂岩 | 4.7 m |
| 7. 灰绿色玄武岩 | 24.6 m |
| 6. 灰绿色玄武岩，具杏仁构造 | 4.6 m |
| 5. 紫灰色玄武岩 | 6.0 m |
| 4. 灰绿色玄武岩 | 3.7 m |
| 3. 紫褐色玄武岩 | 55.0 m |
| 2. 紫灰色玄武岩 | 23.0 m |

——————— 平行不整合 ———————

下伏地层：**杏石口组**　黑色页岩

【地质特征及区域变化】　本组在正层型处厚 520.2 m，岩石组合简单，以火山溢流相玄武岩为主，夹少量凝灰质砂岩和页岩。整个玄武岩是由多次基性熔浆溢流堆积形成，每一次熔浆连续宁静的溢流，形成一个有明显顶底界面可与上下岩层区分开的基本层。这种基本层都有 a、b、c、d（从上到下）4 个小层组成，它们具有不同的颜色和结构、构造特征。

a 层：多呈紫红色（习惯上称为红顶），位于基本层的最上部，厚度较小，气孔—杏仁构造发育，气孔多呈云朵状，拉长方向与层面近似平行。

b 层：灰绿色为主，气孔—杏仁构造比较发育，但发育程度低于 a 层，且多为圆形、椭圆形，直径相对较大，分布比较均匀。

c 层：为灰绿—黄绿色，气孔不发育，多为致密块状，在各层中本层厚度相对较大。

d 层：出现在基本层的最底部，颜色相对较暗（即所谓绿底），厚度相对较小。气孔小而密，多呈椭圆形、长圆形。

每个熔岩基本层之间具有较明显的突变界面，而基本层内 4 个小层之间则为渐变过渡。据潘涧沟剖面上的测量资料，单一基本层的厚度一般在 5～20 m 之间，最大 40.69 m，最小仅 0.8 m。各地段的熔岩基本层数不一，李兆鼐（1957）曾在门头沟三家店附近测得南大岭组玄武岩有 47 个熔岩基本层，肖光华（1980）在门头沟的香峪和潘涧沟分别测得玄武岩的基本层数为 58 层和 40 层。对熔岩基本层的详细研究和测定，可获得有关火山喷溢活动丰富的资料。

南大岭组火山岩呈北东东向分布于北京西山地区，西起门头沟区的清水村和房山区抱儿水村一带，东到颐和园和八宝山附近，分布范围约为1 800 $km^2$。另外在怀柔县南部年丰地区、顺义县城的东北及顺义县东南二十里长山地区，在广布的新生代沉积物之下亦见有南大岭组基性火山岩。据航磁异常验证及煤田勘探资料，火山岩在年丰地区呈北北西向椭圆形分布，面积约30 $km^2$；顺义县城东北和二十里长山地区，火山岩面积分别为22.5 $km^2$和2.5 $km^2$，形态不规则。该组岩层厚度以门头沟模式口最大，为676.6 m，向西逐渐变薄以至尖灭。南大岭组部分地区超覆于古生代不同岩石地层单位之上。

【其他】 ①北京西山的南大岭组基性火山岩之上局部地段尚见有一套以中性粗安质喷出岩为主的火山岩层，它的分布非常局限，仅见于门头沟区西北部的法城口、牛站到清水村一带约20 $km^2$范围内。50年代末期北京矿务局陈瑞琪等曾将其单独命名为“蔡家岭组”①，北京矿业学院（1959）则称之为“桑峪组”。肖宗正等（1994）在《北京中生代地层及生物群》中确认这套中性火山岩的存在，同意和推荐“蔡家岭组”这个地层单位名称。80年代初北京市地质调查所提交的《1∶5万清水幅区域地质调查报告》认为：上述分别以基性和中性喷出岩为主的火山岩地层，是同一火山作用不同喷发阶段的产物，喷发作用连续，喷发物成分具有由基性向中性演化的特点，且中性粗安质火山岩分布很局限，不具备单独建组的条件，因此将这两种成分的火山岩层全部划归南大岭组，分别称作一、二岩性段。在成因上则解释为：于大规模基性熔浆溢流结束之后，在西北侧构造交接部位尚出现粗安质熔浆的中心式喷发，火山活动方式主要为强烈爆发伴有脉动式熔浆溢流，构成小面积局限性分布的南大岭组第二段岩石地层。②南大岭组基性火山岩最初叶良辅等（1920）称为“辉绿岩”，归属侵入岩类。此后杨杰（1936，1948）先后两次撰文指出它是玄武岩火山堆积。该岩石蚀变较强，组成矿物中斜长石晶体已全部转变为钠长石（$An<6$），岩石中绿帘石、绿泥石、阳起石、绢云母、碳酸盐矿物及石英等发育，因此，沈继方等（1985）在《北京西山变玄武岩裂隙发育规律及含水特征》一文中称之为变玄武岩。中国地质大学王人镜等（1990）在《北京西山北岭向斜早侏罗世细碧岩及成因》一文中认为这些基性火山岩在遭受绿片岩相区域变质作用之后，按其成分应归属细碧岩范畴。本次对比研究继续采用变玄武岩这一名词，以反映岩石受蚀变的情况，其成因有待进一步研究探讨。

**窑坡组② *Jy*　（11－0026）**

【创名及原始定义】 王竹泉、计荣森（1933）在北京西山门头沟进行煤田地质调查时，将叶良辅等（1920）所划分的侏罗纪“门头沟煤系”，细分为“下窑坡系”、“上窑坡系”及“龙门系”。原始定义：下窑坡系大部被新生代沉积掩盖（钻孔资料为灰色砂岩、黑色页岩和煤层），上部为灰色砂岩和页岩，厚约601 m。上窑坡系紧接下窑坡系，在地质上似无必要分出为单独一系，但这样分开经济上有重要意义。上窑坡系下部为黑灰色粗粒长石砂岩，上部为砂岩和砂质页岩，含有一些薄煤线，厚约108 m。

【沿革】 以后的地质工作，在地层实体的划分上没有多大的变动和出入，只是在名称和地层时代的归属上略有区别。《中国区域地层表草案》（1956）称“下窑坡组”和“上窑坡组”；杨杰（1957）称“门头沟统”、“窑坡亚统”；北京地质学院（1961）合称窑坡组，再分上、下两段；《华北地区区域地层表·北京市分册》（1977）采用了北京地质学院的划分方案；

① 陈瑞琪等，1986，关于建立早侏罗世蔡家岭组（$J_1c$）的意见，北京地质学会成立50周年学术论文摘要汇编（内刊）。

② 窑坡一词为岳家坡之误，但由于沿用已久，不必再作更动。

以后陈芬等（1984）、肖宗正等（1994）又从生物地层角度，强调了两者在生物化石组合面貌上有一定差别，将两者划开，在命名上仍称“下窑坡组”和“上窑坡组”，但在时代归属上，陈芬将“上窑坡组”而肖宗正则将“上、下窑坡组”一齐归属中侏罗世。本次对比研究认为：从岩石地层角度“上、下窑坡组”的岩石组合特征一致，沉积作用连续，不宜分为两个岩石地层单位，应合称窑坡组。

【现在定义】 为一套以灰绿色、灰黑色砂岩、粉砂岩、泥岩等细碎屑岩为主的含煤地层。岩层中含有丰富的门头沟植物群化石。与下伏南大岭组火山岩和上覆龙门组砂砾岩均为平行不整合接触。

【层型】 由于王竹泉和计荣森（1933）于窑坡河谷所测剖面极为粗略，且无确切厚度，故以房山区马蹄沟剖面作为次层型（115°45′02″，39°53′29″。由窦亚伟等1963年测制）。

上覆地层：**龙门组** 底部砾岩

——————— 平行不整合 ———————

窑坡组 总厚度 499.0 m

二段 135.6 m

63. 黑色粉砂岩 16.9 m
62. 深灰色细砂岩 1.2 m
61. 黑色粉砂岩，含植物化石 *Equisetites* sp.，*Phoenicopsis* sp. 13.1 m
60. 煤层及浮土覆盖 5.8 m
59. 灰色含砾中粗粒砂岩 11.1 m
58. 黑色粉砂岩，含菱铁质结核 19.7 m
57. 煤层及浮土覆盖 7.1 m
56. 黑色粉砂岩夹细砂岩，含植物化石 *Coniopteris tatungensis* 11.1 m
55. 深灰色细砂岩 3.0 m
54. 灰色含砾中粗粒砂岩 11.1 m
53. 黑色粉砂岩 1.4 m
52. 深灰色细砂岩夹粉砂岩 4.4 m
51. 煤层及浮土覆盖 6.2 m
50. 深灰色细砂岩夹粉砂岩，含植物化石 *Phoenicopsis* sp.，*Podozamites lanceolatus*，*Pityophyllum* sp. 3.3 m
49. 黑色粉砂岩，上部夹煤层，含植物化石 *Equisetites giganteus*，*Coniopteris hymenophylloides*，*Cladophlebis asiatica*，*Elatocladus manchurica* 3.9 m
48. 灰色含砾粗砂岩 16.3 m

——————— 整　合 ———————

一段 363.4 m

47. 灰黑色细砂岩和粉砂岩互层，含植物化石 *Equisetites beijingensis* 6.6 m
46. 黑色粉砂岩，含植物化石 *Phoenicopsis angustifolia* 2.6 m
45. 深灰色中细粒砂岩 7.6 m
44. 下部灰色中细粒砂岩，其上为黑色粉砂岩夹煤层，含植物化石 *Coniopteris hymenophylloides*，*Phoenicopsis angustifolia*，*Stenorachis lepida*，*Pityophyllum* sp. 2.6 m
43. 底部灰黑色细砂岩，其上为黑色粉砂岩，含植物化石 *Pityophyllum* aff. *lindstroemi*，*P.* cf. *nordenskioldi*，*Stenorachis lepida* 3.4 m
42. 黑色粉砂岩，含植物化石 *Neocalamites hoerensis*，*Coniopteris hymenophylloides*，

*Cladophlebis asiatica*, *Sphenarion latifolia*, *Elatocladus manchurica* 2.5 m

41. 灰黑色粉砂岩 2.1 m

40. 黑色粉砂岩，含植物化石 *Equisetum laterale*, *Coniopteris hymenophylloides*, *C. tatungensis*, *Cladophlebis* sp., *Ginkgoites sibiricus*, *G. beijingensis*, *Sphenarion latifolia*, *Phoenicopsis angustifolia*, *Pityophyllum longifolium* 7.5 m

39. 灰色中粗粒砂岩 20.1 m

38. 黑色粉砂岩，含植物化石 *Equisetum laterale*, *Coniopteris hymenophylloides*, *Cladophlebis asiatica*, *Pterophyllum propinquum*, *Baiera concinna*, *B. furcata*, *Czekanowskia rigida*, *Sphenarion latifolia*, *Phoenicopsis angustifolia*, *Elatocladus manchurica*, *Podozamites lanceolatus*, *Taeniopteris* sp. 4.4 m

37. 黑色粉砂岩夹煤线 2.6 m

36. 深灰色细砂岩夹中砂岩 3.8 m

35. 黑色粉砂岩 1.4 m

34. 深灰色细砂岩 2.4 m

33. 底部深灰色细砂岩，其上为黑色粉砂岩 3.8 m

32. 下部深灰色细砂岩，上部黑色粉砂岩夹细砂岩条带 2.9 m

31. 底部灰黑色细砂岩，其上为黑色粉砂岩 5.2 m

30. 底部灰黑色细砂岩，其上为黑色粉砂岩夹细砂岩条带 2.9 m

29. 底部深灰色细砂岩，其上为黑色粉砂岩，含植物化石 *Cladophlebis* sp., *Ctenis* sp., *Phoenicopsis angustifolia*, *Pityophyllum* aff. *lindstroemi*, *P. longifolium*, *Podozamites lanceolatus* 9.0 m

28. 底部深灰色细砂岩，其上为黑色粉砂岩 4.6 m

27. 底部深灰色细砂岩，其上为黑色粉砂岩夹煤层 6.7 m

26. 底部深灰色细砂岩，其上为黑色粉砂岩，含植物化石 *Neocalamites hoerensis*, *Coniopteris hymenophylloides* 7.8 m

25. 底部灰黑色细砂岩，其上为黑色粉砂岩，含植物化石 *Neocalamites hoerensis*, *Elatocladus* sp. 11.2 m

24. 黑色粉砂岩，含植物化石 *Coniopteris tatungensis*, *Stenopteris* cf. *williamsoni*, *Czekanowskia rigida*, *Podozamites lanceolatus* 4.5 m

23. 底部深灰色细砂岩，其上为黑色粉砂岩，含植物化石 *Coniopteris tatungensis*, *Pterophyllum* sp. 1.6 m

22. 下部灰黑色细砂岩，上部黑色粉砂岩夹煤层 11.0 m

21. 深灰色中细粒砂岩 19.3 m

20. 灰黑色粉砂岩，下部夹细砂岩条带，上部夹煤层，含植物化石 *Cladophlebis* sp. 17.1 m

19. 深灰色细砂岩，中上部夹粉砂岩，含植物化石 *Sphenopteris* sp. 7.3 m

18. 下部灰色细砂岩，中上部黑色粉砂岩夹煤层，含植物化石 *Neocalamites hoerensis*, *Coniopteris hymenophylloides*, *C. tatungensis*, *Cladophlebis* sp., *Podozamites lanceolatus* 0.9 m

17. 灰黑色粉砂岩夹细砂岩，含植物化石 *Ginkgoites lepidus*, *Baiera asadai*, *Czekanowskia rigida*, *Phoenicopsis angustifolia*, *Stenorachis lepida* 4.5 m

16. 深灰色中粗粒砂岩 8.5 m

15. 灰黑色粉砂岩夹细砂岩，顶部含煤 3.5 m

14. 深灰色中粒砂岩 13.5 m

13. 灰黑色细砂岩 1.8 m

12. 黑色粉砂岩，顶部夹煤层，含植物化石 *Baiera furcata*，*Czekanowskia rigida*，*Pityophyllum* sp.，*Podozamites* sp. 1.5 m

11. 深灰色含砾粗砂岩 13.7 m

10. 灰黑色粉砂岩，顶部夹煤层，含植物化石 *Neocalamites hoerensis*，*Coniopteris hymenophylloides*，*Cladophlebis argutula*，*C.* sp.，*Baiera* sp. 9.9 m

9. 浅灰黑色细砂岩 7.5 m

8. 灰黑色粉砂岩夹细砂岩 25.0 m

7. 浅灰黑色细砂岩 3.2 m

6. 黑色粉砂岩 10.8 m

5. 黑色含角砾凝灰岩 22.8 m

4. 黑色粉砂岩夹煤层 5.8 m

3. 灰黑色含角砾凝灰岩 25.8 m

2. 浮土覆盖 15.6 m

1. 硬绿泥石角岩，残留碎屑结构 4.6 m

——————— 平行不整合 ———————

下伏地层：**南大岭组** 辉绿岩

【地质特征及区域变化】 窑坡组为陆相含煤地层，总厚 440～500 m，由暗色含砾粗砂岩、砂岩、粉砂岩、泥岩及煤层组成。总体上粒度较细，据部分剖面统计，粉砂岩约占 45%～48.5%。岩层沉积旋回结构清晰，每一旋回结构的下部多为深灰—灰黑色中粒或细粒砂岩，上部为灰黑色—黑色粉砂岩、泥岩，并产有煤层。主要按照含煤情况的差异分为两个岩性段，下段含煤 5～12 层，多数可采，为重要含煤层段。上段含煤性差，多不可采，岩层中普遍发育菱铁矿结核。上、下段之间以一层具大型交错层理的含砾长石石英砂岩作为分界标志层。植物化石丰富，以蕨类、银杏类为主，苏铁类、松柏类为次，还产有淡水双壳类化石。与下伏南大岭组和上覆龙门组均为平行不整合接触。

在北京西山地区窑坡组的分布：西起门头沟区清水村西及房山区抱儿水一带，东到石景山、碧云寺以东；北至门头沟牛站、青白口一线；南到房山区猫耳山南麓；原始分布面积约 1 800 $km^2$。京东平原区据煤田普查勘探资料，在顺义、牛栏山以东与二十里长山西侧之间的龙庭侯地区新生代沉积层之下都见有窑坡组地层分布。已控制面积约 45 $km^2$。根据窑坡组地层的等厚线和煤层等厚线图分析，整体上表现为近东西向延展，表明原始沉积盆地的发育受到印支运动铸造的近东西向构造格架的限定和影响。下段一般厚 300～360 m，沉积中心在门头沟九龙山南坡大村以东至龙门、河滩一带，岩层厚度最大达 460 m，向四周厚度逐渐减小，房山马蹄沟为 363 m，斋堂 203 m，南部北岭地区仅 185 m。上段沉积时，盆地逐渐由南向北掀斜，因此沉积中心向北迁移，在斋堂、牛角岭、法城口等地均可见窑坡组上段超覆于南大岭组火山岩之上。北部髫髻山、杨家峪一带上段岩层厚度超过 300 m，至门头沟岳家坡为 195 m，而南部北岭地区厚仅 100 m 左右。

**龙门组 *Jl* （11－0027）**

【创名及原始定义】 王竹泉、计荣森（1933）在《北平西山门头沟煤田地质》一文中创建“龙门系”。创名地点在门头沟区九龙山向斜东南翼的龙门村北山坡。原始定义：该系整合覆于上窑坡系，也许两者为平行不整合。在接触处龙门系为一层砾岩，砾岩主要由石英卵石组成，并与灰色砂岩互层。卵石磨蚀好，直径多为 1～5 英寸。砾岩沉积之前是否有一个物理侵蚀面还不清楚。但就我们所知，在以前所称的门头沟煤系中该砾岩是唯一的一层。因而野外区分龙门系与其下两系毫无困难。窑坡谷一带厚约 160 m。

【沿革】 叶良辅等（1920）统称为“门头沟煤系”，后王竹泉、计荣森（1933）将其三分，当时将“龙门系”作为一个地层单位单独划分出来主要依据岩性特征上的差异，虽然与下面的“上、下窑坡系”同为灰黑色富含碳质的沉积碎屑岩，但颗粒显著变粗，夹多层砾岩，特别是底部的一层砾岩厚 10 m 以上，砾石滚圆度好，成分主要是石英、燧石及少量砂岩、灰岩等，又称“龙门砾岩”，常矗立成陡壁，特征最为显著。1956 年《中国区域地层表（草案)》改称龙门组。自此以后，该地层单位的名称、含义及顶底界线基本上确定下来，为各地质单位所普遍采用。如北京地质学院（1961)、《华北地区区域地层表·北京市分册》(1977)、陈芬等(1984)、《北京市区域地质志》(1991)。仅杨杰（1957）称作“龙门亚统”，作为年代地层单位来对待。

【现在定义】 为一套深灰色至灰黑色复成分砾岩、砂砾岩，夹有岩屑砂岩、粉砂岩和煤线。与下伏窑坡组含煤地层和上覆九龙山组灰绿色至紫红色火山碎屑沉积岩均为平行不整合接触。

【层型】 正层型位于门头沟区岳家坡村北（116°02′55″，39°05′22″。由王竹泉、计荣森 1933 年测制)。

上覆地层：**九龙山组** 底砾岩

——————— 平行不整合 ———————

| | |
|---|---|
| 龙门组 | 总厚度 159 m |
| 11. 深灰色砂质页岩夹薄层砂岩 | 104 m |
| 10. 黑色—灰色含化石砂质页岩，局部含砾 | 45 m |
| 9. 灰色砾岩，多为石英质砾石 | 10 m |

——————— 平行不整合 ———————

下伏地层：**窑坡组** 灰色砂质页岩

【地质特征及区域变化】 龙门组主要由灰、灰绿、灰黑色复成分砾岩、岩屑砂岩、粉砂岩及粉砂质泥岩组成。碎屑成分以石英、长石、岩屑为主。在粉砂岩和粉砂质泥岩中常见菱铁矿结核。整体上看龙门组基本继承了窑坡组的沉积特征，发育由砾岩—砂岩—粉砂岩构成的完整的沉积旋回结构，但亦有许多明显的差异：①龙门组砾岩层发育；②粉砂岩成厚层状，厚度相对较大，但碳质含量较低；③龙门组中局部可见火山凝灰成分。龙门组只在北岭、大安山、猫耳山等地发现有薄煤层或煤线，局部可采。

龙门组分布范围大致与窑坡组一致，但在龙门组沉积时盆地西部抬升，因此龙门组分布的西部边界仅达门头沟区青龙涧至房山区秋林铺一带，沉积中心亦随之向东迁移，在门头沟区岳家坡本组最厚达 395 m，向四周逐渐减薄，北岭地区为 330 m，千军台—大台为 150～160 m，更往西大安山附近 75 m，斋堂一带厚仅 50 m，厚度变化较大。

**九龙山组 J*j* (11－0028)**

【创名及原始定义】 叶良辅等（1920）在其所著的《北京西山地质志》中创建“九龙山系”。创名地点位于门头沟区九龙山。原始定义：所谓九龙山系者，整合于门头沟煤系之上，由紫绿色之砂岩、页岩与砾岩交互成层，而其中不夹煤层者也。

【沿革】 1949 年以后，《中国区域地层表（草案)》(1956)、北京地质学院（1961)、《华北地区区域地层表·北京市分册》(1977)、《北京市区域地质志》(1991)等均称九龙山组，对这一地层单位从名称、含义、顶底界线和时代归属等都未出现过分歧意见和争议，时代为中侏罗世。只是杨杰(1957)从年代地层学角度把中侏罗世地层称“九龙山统”，下分水塔寺、聚宝山和金仙庵3个亚统，这一意见并未得到其他地质工作者的认可和采用。

【现在定义】 为一套灰紫和灰绿色陆相火山碎屑沉积岩。岩石类型包括不同粒级的砾岩、砂岩、粉砂岩及粘土岩，以及含有大量火山碎屑物质的凝灰质砾岩、凝灰质砂岩和凝灰质粉砂岩。与下伏龙门组灰黑色复成分砾岩、岩屑砂岩为平行不整合接触，与上覆髫髻山组中性粗安质火山岩为不整合接触。

【层型】 正层型为北京市门头沟区岳家坡南山剖面(116°02′55″，39°55′52″。由北京市地质调查所1987年重测)。

| | |
|---|---|
| 九龙山组 | 总厚度684 m |
| 三段 | 216.24 m |
| 55. 紫红色中薄层状凝灰质粉砂岩(未见顶) | 4.65 m |
| 54. 灰白色细砂岩 | 25.65 m |
| 53. 中薄层状紫红色凝灰质粉砂岩与灰绿色凝灰质粉砂岩互层 | 102.08 m |
| 52. 灰绿色中薄层状凝灰质粉砂岩 | 13.06 m |
| 51. 紫红色中薄层状凝灰质粗粉砂岩 | 18.48 m |
| 50. 中薄层状，灰绿色凝灰质细砂岩与粉砂岩互层 | 9.91 m |
| 49. 紫红色中薄层状凝灰质粉砂岩夹有凝灰质细砂岩 | 16.63 m |
| 48. 灰绿—绿灰色中薄层凝灰质粉砂岩 | 14.97 m |
| 47. 灰绿色中层含砾粉砂岩 | 10.81 m |
| 二段 | 253.73 m |
| 46. 灰绿色、紫红色粉砂岩 | 19.13 m |
| 45. 灰紫色中薄层凝灰质粉砂岩与灰绿色凝灰质粉砂岩互层 | 19.19 m |
| 44. 灰绿色含细砾粗砂岩 | 6.73 m |
| 43. 灰绿色凝灰质粉砂岩夹紫色凝灰质粉砂岩 | 39.73 m |
| 42. 灰色含砾砂岩 | 28.61 m |
| 41. 紫红色凝灰质粉砂岩 | 5.41 m |
| 40. 灰绿色厚层状凝灰质中砂岩 | 14.69 m |
| 39. 底部为灰绿色厚层状含砾中砂岩，中部为凝灰质中砂岩，上部为含砾粗砂岩 | 26.02 m |
| 38. 灰绿色厚层状凝灰质砂岩与细砂岩互层 | 23.27 m |
| 37. 灰绿色凝灰质含砾砂岩 | 15.01 m |
| 36. 黄绿色巨厚层状复成分砾岩 | 55.94 m |
| 一段 | 214.69 m |
| 35. 灰绿色凝灰质粉砂岩 | 17.41 m |
| 34. 紫红色凝灰质粉砂岩 | 3.03 m |
| 33. 灰绿色凝灰质细砂岩 | 3.79 m |
| 32. 紫红色凝灰质细砂岩与凝灰质粉砂岩互层 | 46.48 m |
| 31. 紫红色、灰绿色夹灰白色凝灰质粉砂岩 | 10.04 m |
| 30. 紫红色砂砾岩 | 6.03 m |
| 29. 紫红色凝灰质粉砂岩与灰绿色、灰白色凝灰质粉砂岩互层 | 47.84 m |
| 28. 灰绿色厚层状凝灰质含砾砂岩和粉砂岩 | 66.89 m |

27. 巨厚层状复成分砾岩　　13.18 m

——————— 平行不整合 ———————

下伏地层：龙门组　土黄色中厚层长石砂岩

由于九龙山组的正层型顶部剥蚀缺失，发育不全，以门头沟区板桥下港剖面作为次层型（115°53′57″，39°57′10″。由姚文江 1964 年测制）。

上覆地层：髫髻山组　安山岩

~~~~~~~~ 不 整 合 ~~~~~~~~

| | |
|---|---|
| 九龙山组 | 总厚度 1 535.90 m |
| 三段 | 993.00 m |
| 25. 紫红色细砾岩，顶部为凝灰岩 | 15.50 m |
| 24. 紫红色凝灰质粉砂岩夹灰色凝灰质细砂岩 | 118.00 m |
| 23. 紫红、灰白色含火山角砾凝灰岩夹火山角砾岩 | 27.00 m |
| 22. 紫红、灰绿色凝灰质粉砂岩夹砾岩，底部为灰绿色凝灰质砾岩 | 97.00 m |
| 21. 紫红色凝灰质粉砂岩夹灰色砂岩 | 150.00 m |
| 20. 上部为灰绿、紫红色凝灰质粉砂岩，下部为灰白色凝灰质砾岩 | 57.00 m |
| 19. 灰绿、灰黑色凝灰质页岩，或与细砂岩互层，有时夹砂岩透镜体 | 38.00 m |
| 18. 凝灰质页岩 | 12.00 m |
| 17. 深灰色凝灰质页岩 | 32.00 m |
| 16. 灰绿色凝灰质粉砂岩夹凝灰质砂岩 | 107.00 m |
| 15. 灰白色凝灰岩及凝灰质细砂岩 | 8.00 m |
| 14. 灰绿色凝灰质粉砂岩 | 50.20 m |
| 13. 灰白色凝灰质砾岩夹凝灰质粉砂岩或两者互层 | 30.20 m |
| 12. 灰色凝灰质页岩，底部为细砾岩 | 17.30 m |
| 11. 灰绿色凝灰质砂砾岩、粉砂岩、页岩互层，顶部为页岩，底部为砾岩 | 115.00 m |
| 10. 灰绿与紫红色凝灰质页岩互层，底部为砂砾岩 | 49.80 m |
| 9. 紫红色凝灰质页岩、粉砂岩，底部为砾岩 | 69.00 m |
| —————— 整　合 —————— | |
| 二段 | 297.60 m |
| 8. 紫红色凝灰质页岩、粉砂岩，含泥灰岩结核，底部为凝灰质砾岩 | 185.00m |
| 7. 紫红色凝灰质页岩、粉砂岩，含泥灰岩结核，底部为砾岩 | 112.60 m |
| —————— 整　合 —————— | |
| 一段 | 245.30 m |
| 6. 紫红色凝灰质页岩夹粉砂岩、砂砾岩及砂岩透镜体 | 96.10 m |
| 5. 灰绿色凝灰质砂、页岩互层，顶部为层凝灰岩，底部为凝灰质砾岩 | 35.50 m |
| 4. 灰绿色凝灰质粉砂岩，底部为凝灰质砾岩 | 18.40 m |
| 3. 灰绿色凝灰质粉砂岩与砂岩互层，底部为凝灰质砾岩 | 37.00 m |
| 2. 灰绿色粉砂岩、砂岩与砾岩 | 27.90 m |
| 1. 灰绿色凝灰质砂岩，底部为灰绿色凝灰质砾岩 | 30.40 m |

——————— 平行不整合 ———————

下伏地层：龙门组　灰黄色粗砂岩

【地质特征及区域变化】　九龙山组厚度较大，达 1 000～1 500 m，岩石类型为含有大量
~~~~~~~~

火山碎屑物质的各种不同粒级的陆相沉积碎屑岩。由于岩石中含有较多的火山灰和火山玻璃，并富含铁质，使岩石多成紫红、砖红等鲜艳的色彩，夹有灰绿、灰黑、灰白等杂色。依据岩石组合和沉积特征，本组可划分为 3 个岩性段。第一岩性段由绿灰色砾岩—砂岩—粉砂岩组成沉积韵律；第二岩性段由紫红色凝灰质砾岩—砂岩—页岩构成沉积韵律，含泥质、钙质结核；第三岩性段由紫红色凝灰质砾岩—砂岩—粉砂岩构成沉积韵律。砾岩的砾石成分复杂，底部砾岩中的砾石多为石英岩、石英砂岩、燧石、花岗岩及粉砂岩，磨圆度尚好，分选性较差；上部层位的砾岩中火山物质含量增高，磨圆度、分选性均较差。

九龙山组主要分布于北京西山地区，其原始分布范围大致西到门头沟区清水村和房山区秋林铺一带，东延到山前平原，面积近 2 000 $km^2$。目前出露于百花山、髫髻山向斜的两翼和九龙山向斜、北岭向斜的轴部。在昌平十三陵地区及怀柔范各庄附近也见小面积出露。

本组岩性及厚度变化均较大，以髫髻山南麓大台、板桥一带出露完整，厚度最大，可达 1 500 m，往北至桑峪、牛站仅厚 300 m。在九龙山向斜地区，由于顶部被剥蚀，残留厚度 684 m，北岭向斜内虽然也遭受剥蚀，仍达 1 300 m。昌平十三陵九龙山组厚度仅 147 m。在岩性变化方面，总的来看表现在剖面上由下往上岩层内所含凝灰物质增多，在平面上则由南而北火山物质亦有增高趋势。在本组沉积过程中，盆地逐渐向东北掀斜，使盆地东北缘青白口—田庄一带，仅出露九龙山组三段地层，且超覆于寒武纪或中元古代地层之上。

【其他】 九龙山组与下伏地层龙门组的接触关系一直争议较大。1937 年赵金科发表了《北平西山九龙山系以前之不整合》一文，提出了九龙山组与下伏地层之间存在不整合，这一见解被以后的许多文献所接受及引用，而且将这一不整合面作为燕山运动的重要褶皱幕。该文提出不整合接触关系的主要依据是大牛道山和长沟峪两条剖面，在大牛道山剖面上原厘定的九龙山组据北京市地质调查所（1993）通过 1：5 万雁翅幅和阳坊幅区域地质调查，对地层的详细研究对比认为是土城子组（“后城组”），过去鉴定有误，而且不整合面之下的下伏地层为下古生界的寒武系和奥陶系，该构造面间缺失了很多地层，显然不能作为九龙山组与龙门组之间存在不整合的直接依据。在长沟峪剖面上地层出露完整、连续，上、下层位的产状变化和谐，大量煤田勘探和井下开采资料表明九龙山组与龙门组之间并不存在不整合。上述事实说明九龙山组与龙门组之间存在不整合的认识与实际情况有出入，应当更正。在北京地区九龙山组与下伏地层龙门组、窑坡组、南大岭组等在空间产出上形影不离，分布范围基本一致，共同堆积于中生代呈近东西向展布的沉陷盆地之中，共同卷入同一期褶皱变形，构造变形形态和构造线方向等均为一体。九龙山组沉积时由于盆地发生掀斜变动而使盆内沉积物发生侧向迁移，导致在某些地段存在超覆现象，这些类似情况亦见于其下伏的龙门组和窑坡组。九龙山组底部与龙门组接触处为巨厚层复成分砾岩，两者之间应为平行不整合接触。

九龙山组与其上覆的髫髻山组、土城子组、张家口组均以紫红和灰紫色调为主，有资料把它们都划为“红层”，认为是相同环境下的连续堆积。这种认识与划分亦与实际情况存在很大差异，九龙山组与上述上覆地层的分布很不协调，控制两者堆积的构造环境和堆积以后的构造变形特征均不一致，九龙山组的顶界是一个不整合面。

**髫髻山组　*Jt*　（11－0029）**

【创名及原始定义】 叶良辅等（1920）于其所著的《北京西山地质志》中创建“髫髻山层”，创名地点位于门头沟区刘公沟。原始定义：较九龙山系尤新，由页岩、砾岩与喷出岩所组成。其最下部夹有扁豆状之无烟煤。砾石中卵石圆形者多，大小不一，其质为石英岩、石英与红绿色之斑岩等，尤以斑岩为多。粘质中有矽质与土质，尤以斑岩状物为多。总厚度在 1 500

m左右。

【沿革】 该地层单位自叶良辅等创名以来，其名称一直沿用至今。该剖面的下部据叶良辅等描述有厚度较大的砾岩、页岩并夹有煤层。近年北京市地质调查所结合开展1∶5万雁翅幅、阳坊幅区调任务对该剖面进行检查，证明原资料描述中所提到火山岩层之下的砾岩、页岩、夹扁豆状无烟煤应分属九龙山组、龙门组和窑坡组，且受逆冲断层影响，多次重复出现，层序较乱，喷出岩层往上才属髫髻山组。因此该组的名称和基本含义虽然自创名以来未有多大变动，但其顶、底界线，内部层序和分段等方面的详细资料则是北京市地质调查所从70年代中期系统开展北京西山地区的1∶5万区域地质调查工作以来才逐步搞清的。

【现在定义】 为一套以中性粗安质熔岩、角砾凝灰岩等火山喷出岩为主，夹有凝灰质砂岩、凝灰质砾岩等的火山岩地层。与下伏九龙山组火山碎屑沉积岩为不整合接触，而与上覆土城子组则为整合接触。

【层型】 叶良辅等（1920）命名时所列剖面仅为一条示意性的信手剖面，分层粗，资料难以利用。北京市地质调查所区调一队（1990）在原命名所在地选择露头好、地层连续的田庄村东南剖面作为重测的正层型（115°54′05″，40°04′50″）。

上覆地层：土城子组 凝灰质粉—细砂岩

——————整 合——————

| | |
|---|---|
| 髫髻山组 | 总厚度 2 822.27 m |
| 四段 | 412.15 m |
| 97—96. 灰色、紫色凝灰质砾岩、砂砾岩 | 82.96 m |
| 95. 灰白色角砾凝灰岩 | 9.20 m |
| 94—93. 紫灰至灰色凝灰质砾岩 | 132.05 m |
| 92. 紫灰色粗安质集块角砾熔岩 | 23.74 m |
| 91—90. 灰色、紫灰色凝灰质砾岩 | 64.26 m |
| 89. 灰紫色粗安岩 | 8.54 m |
| 88—87. 灰紫色凝灰质砂砾岩 | 91.40 m |

——————整 合——————

| | |
|---|---|
| 三段 | 1 679.97 m |
| 86—83. 紫红色粗安岩、粗安质角砾熔岩 | 203.25 m |
| 82. 凝灰质砂砾岩 | 10.50 m |
| 81—77. 紫灰色粗安质角砾熔岩、气孔状粗安岩 | 338.71 m |
| 76—74. 紫灰色岩屑凝灰岩夹粗安岩 | 38.31 m |
| 73. 紫灰色含火山角砾集块岩 | 60.42 m |
| 72—58. 暗灰色至紫色粗安岩、粗安质角砾熔岩，局部含集块或气孔、杏仁体 | 379.94 m |
| 57—56. 紫灰色玄武岩、含角砾玄武岩 | 68.34 m |
| 55—54. 灰紫色粗安质角砾熔岩、含集块粗安岩 | 10.19 m |
| 53—52. 紫色玄武岩、含集块玄武岩 | 45.01 m |
| 51—45. 灰紫色、灰绿色粗安岩、粗安质角砾熔岩 | 53.74 m |
| 44. 紫红色气孔杏仁状玄武岩 | 4.20 m |
| 43—40. 紫灰色粗安岩、粗安质角砾熔岩 | 72.33 m |
| 39. 紫灰色玄武岩 | 30.74 m |
| 38—36. 紫灰色粗安岩、角砾熔岩及黄绿色蚀变粗安岩 | 32.11 m |

| | |
|---|---|
| 35. 灰色玄武岩 | 35.27 m |
| 34—28. 灰紫色、灰绿色粗安岩、粗安质角砾熔岩夹凝灰质粉砂岩 | 296.91 m |

——————— 整　合 ———————

| | |
|---|---|
| 二段 | 679.66 m |
| 27—25. 灰紫色凝灰质砾岩、砂砾岩与火山角砾岩互层，顶部为凝灰质粉砂岩、晶屑凝灰岩 | 87.15 m |
| 24. 粗安质火山角砾岩 | 11.93 m |
| 23—20. 紫红色、黄绿色复成分砾岩、凝灰质含砾粗砂岩夹晶屑凝灰岩 | 106.08 m |
| 19—17. 灰紫色粗安岩、粗安质角砾熔岩、含集块火山角砾岩 | 50.09 m |
| 16—15. 暗紫色凝灰质砾岩、凝灰质细砂岩 | 41.98 m |
| 14—10. 灰紫色粗安质火山角砾岩、集块角砾岩 | 198.80 m |
| 9—6. 灰绿色、灰色复成分砾岩夹粗安质火山角砾岩 | 183.63 m |

——————— 整　合 ———————

| | |
|---|---|
| 一段 | 50.49 m |
| 5. 灰紫色熔结角砾岩 | 16.39 m |
| 4. 暗紫色火山角砾岩夹凝灰质粉砂岩 | 9.41 m |
| 3—1. 暗紫色、灰绿色气孔杏仁状玄武岩夹紫红色凝灰质粉砂岩 | 24.69 m |

~~~~~~~~~~ 不 整 合 ~~~~~~~~~~

下伏地层：**九龙山组**　含砾凝灰质粗砂岩

【地质特征及区域变化】　髫髻山组火山岩在北京地区分布面积约为 1 100 km²。为北京地区分布面积最广，堆积厚度最大的火山岩系。本市范围内，火山岩产于西部和北部一系列火山断陷盆地之中，这些盆地呈北东向延伸，构成髫髻山期火山喷发带。该喷发带可进一步划分为南、北两个亚带，北亚带包括燕羽山、凤鸵梁—四海两个火山盆地，南亚带含百花山、髫髻山及新城子火山盆地。

髫髻山火山喷发堆积时期，发育有两次连续、强烈、大规模的火山喷发活动，形成了厚度较大，以粗安质熔岩、正常火山碎屑岩为主的喷出岩层的堆积。这两次火山喷发活动之后均出现较长时间的火山作用间歇期，发育形成巨厚的火山-沉积碎屑岩层。因此在剖面上，本组火山岩出现了下喷出岩段—下火山沉积碎屑岩段—上喷出岩段—上火山沉积碎屑岩段的特殊旋回性。这种火山-沉积复式旋回结构与区域构造作用的特点密切相关；强烈的大规模的火山喷发活动是构造作用激烈活动的表现；而火山活动间歇期，构造作用相对较弱，火山盆地缓慢沉陷，喷发作用基本停止，形成了以火山沉积碎屑岩为主的堆积。根据上述火山活动特点和岩性特征，本组可划分为 4 个岩性段，第一岩性段岩石类型比较简单，以粗安岩、粗安质角砾凝灰岩为主，见有少量玄武质、玄武安山质岩石。第三岩性段火山岩岩石类型相对较为复杂，特别是北部燕羽山、凤鸵梁—四海地区，除第一岩性段出现的岩石类型外，尚见有少量粗面质、流纹质熔岩及正常火山碎屑岩。燕羽山地区还出现了厚度较大的粗安质熔结凝灰岩、熔结角砾凝灰岩。火山岩总体上具有以中性粗安质岩石为主，早期出现少量玄武质岩石，晚期有少量粗面质、流纹质岩石，岩石成分由基性、中性向偏酸、偏碱方向演化的特点。第二、四岩性段以火山-沉积碎屑岩为主，其中第二岩性段以灰紫、紫红色凝灰质砂岩为主，岩石粒度相对较细且比较均匀，成层性好。岩层中常夹有薄层熔岩和正常火山碎屑岩。反映本岩性段是在不稳定的小水域湖盆相环境形成的。各盆地岩性特征相差不大，是本组火山岩划分、对比较好的标志层。第四岩性段岩石粒度相对较粗，以复成分凝灰质砾岩、沉凝灰角砾
~~~~~~~~~~

岩为主。砾石粗大，直径多在2～20 cm之间，且成分复杂，外来物质较多，无层理、分选差，反映出冲、洪积特征。密云新城子、昌平十三陵地区砾石成分以火山岩为主，磨圆度较差，属火山泥流相堆积。

髫髻山组火山岩与下伏九龙山组呈不整合接触。前已叙及，九龙山组及其下的龙门组、窑坡组、南大岭组，在空间分布上形影不离，分布范围相近，共同堆积于北京地区呈近东西向展布的燕山期第一世代沉陷盆地之中。而髫髻山组则形成于第二世代断陷盆地中，这些盆地呈NE55°～60°方向延伸，除西山地区百花山、髫髻山两个继承性盆地，叠覆于早—中侏罗世地层构成的盆地基底之上外，其他盆地均属新生性盆地，地层基底多为中元古界，分布范围明显扩大。虽然北京西山部分地区九龙山组与髫髻山组之间在局部地段表现为平行不整合接触，但从整体上看，髫髻山组与下伏的九龙山组堆积于不同世代、不同性质的沉积盆地之中，两个世代的沉积盆地延伸方向、分布范围明显不一致，属不同的褶皱构造体系，是燕山构造旋回不同构造活动幕的产物，因此两者之间应为不整合接触关系。

由髫髻山组火山岩构成的北东向火山喷发带，在本市范围内西端起自门头沟区百花山，向东北延至怀柔县长哨营和密云县新城子，呈NE60°方向延伸，在北京境域内喷发带延长达185 km。髫髻山组岩层厚度以燕羽山地区最大，厚度大于4 971 m，十三陵地区为1 134 m。北亚带火山岩厚度明显大于南亚带。各盆地内火山岩厚度变化见表6-3。

**表6-3　髫髻山组火山岩厚度统计表**

| 组段 \ 厚度(m) \ 地区 | 北亚带 | | | 南亚带 | | | |
|---|---|---|---|---|---|---|---|
| | 燕羽山盆地 | 凤驼梁-四海盆地 | | 百花山盆地 | 髫髻山盆地 | | 新城子盆地 |
| | | 凤驼梁 | 四海 | | 田庄 | 十三陵 | |
| 第四段 | | 1 199 | 402 | | 412 | 422 | 494 |
| 第三段 | 3 822 | 1 006 | 504 | 1 181 | 1 507 | 266 | 393 |
| 第二段 | 1 149 | 673 | 497 | 587 | 653 | 342 | 233 |
| 第一段 | | 2 065 | 376 | 1 045 | 50 | 104 | |
| 全组 | 4 971 | 4 943 | 1 778 | 3 442 | 2 622 | 1 134 | 1 120 |

两个喷发亚带中的火山活动和岩石特征也有不少差异。南亚带中火山岩岩石类型比较简单，以粗安质岩石为主，且火山岩层中溢流相熔岩所占比例较大，尤其是西南端百花山盆地中更为明显；北亚带的火山岩岩石类型相对复杂，虽以粗安质岩石为主，但火山活动晚期粗面质、流纹质岩石也有一定比例，岩石的碱度和分异程度明显高于南亚带。另外北亚带中火山爆发作用相对较强，喷出成因的火山碎屑岩占优势。两个亚带火山作用及其形成的火山岩石具有横向变化上的一致性，均表现为喷发带西南部的火山盆地火山活动强烈，火山喷出岩所占比例高，向东北方向盆地中火山-沉积碎屑岩厚度增大，喷发强度明显减弱。见表6-4。

【其他】　陈晋镳等（1959）在1∶100万K-50（张家口）幅区调报告中曾创立“四海组”和“后城组”两个地层单位名称，作者在该报告中作如下表述：“关于北京西山髫髻山组、九龙山组以及新命名的四海组、后城组，总起来说是一套复杂的火山-沉积岩系。……通过我们的观察，对这个问题至少可肯定三点：第一，九龙山系中确实存在着凝灰岩质和集块岩质的地层。不仅如此，而且向东这些凝灰岩质、集块岩质的地层逐渐增多，最后形成了几乎是完全的火山岩系。第二，在北京西山雁翅青白口一带确实见到了髫髻山系覆盖在九龙山系之上，因此它们并不是直接的‘相’的变化。第三，髫髻山组也确实有‘相’的变化，这个变化正与九龙山组‘相’的变化相反，由西向东沉积岩层逐渐增多，而火山物质逐渐减少，最后形成了两者的互层。正因为有这样的岩相变化，便迫使我们创立了‘四海组’、‘后城组’两个地层名称，用以说明相应的九龙山组与髫髻山组的不同相”。也就是陈晋镳等把“后城组”作为髫髻山组的同时异相。

表 6-4 髫髻山组不同岩相火山岩出露厚度百分比统计表

| 厚度百分比 \ 地区 \ 岩相 | 北亚带 | | | 南亚带 | | |
|---|---|---|---|---|---|---|
| | 燕羽山盆地 | 凤驼梁-四海盆地 | | 百花山盆地 | 髫髻山盆地 | 新城子盆地 |
| | | 凤驼梁 | 四海 | | | |
| 溢流相 | 39.94 | 33.41 | 10.90 | 74.10 | 43.40 | 41.61 |
| 爆发相 | 51.57 | 13.83 | 33.89 | 7.90 | 23.51 | 3.24 |
| 火山沉积相 | 8.48 | 24.26 | 55.19 | 18.00 | 33.10 | 55.15 |

1961 年北京地质学院在 1∶5 万四海幅区测报告及北京北山地区其他区测报告中也使用了“四海组”的名称，但将“四海组”作为髫髻山组的同时异相，“后城组”则作为髫髻山组的上覆地层。另外同一时期北京石油学院在开展汤河口幅 1∶5 万区调时，对图幅内的中生代火山-沉积地层搞不清楚，单独起了一个名称叫“汤河口组”。

70 年代后期以来北京市地质调查所在北京地区系统开展第二轮 1∶5 万区调工作，查清了上述几个地层单位之间的关系问题。①九龙山组并不存在明显的同时异相，其岩性主要为火山碎屑沉积岩，所谓向东凝灰质、集块质增多，形成了几乎是完全的火山岩系，这是把地层层位对比错了。②“四海组”完全可以对比到髫髻山组，亦可划分为 4 个岩性段，只是一、三两个喷出岩段中熔岩厚度相对减小（见表 6-4），因此“四海组”的名称可以废弃。③通过地层追索和剖面对比研究，“汤河口组”包括了一部分髫髻山组和一部分上覆地层“后城组”。层位关系已搞清，因此“汤河口组”亦可废弃。④“后城组”与髫髻山组为上下关系。

**土城子组　*Jtĉ*　(11-0030)**

【创名及原始定义】　林朝棨（1942）在辽西创名，称“土城子砾岩层”。创名地点在北票土城子附近。原始定义：指北票地区位于蒙古营子页岩层之上，孙家梁火山岩层之下的砾岩层。厚约 800 m。

【沿革】　1961 年北京地质学院在北京北部山区开展 1∶5 万永宁幅区测和白马关、古北口、三岔口三幅联测时，将髫髻山组火山岩之上的一套红色及杂色粗碎屑沉积岩层划分出来，并以冀北所使用的地层单位——“后城组”来命名。形成时代属晚侏罗世。最初“后城组”是由陈晋镳等（1959）创名，创名人对“后城组”所下的定义在前面介绍和讨论髫髻山组时已经述及，即将“后城组”作为髫髻山组的同时异相来看待。北京地质学院（1961）引用时，已将“后城组”的含义作了改变，将它作为髫髻山组的上覆地层来处理，并指出两者为平行不整合接触。《华北地区区域地层表·北京市分册》（1977）、《北京市区域地质志》（1991）均确立“后城组”作为一个岩石地层单位，前者将其归入中侏罗世，后者将其归入晚侏罗世。1990—1994 年北京市地质调查所在开展 1∶5 万雁翅幅、阳坊幅联测和密云幅、高岭幅、墙子路幅三幅联测时，分别测得完整的剖面，以充分的资料确证两者为上、下关系。本次对比研究，与邻省协商讨论后的统一意见：统一使用土城子组，“后城组”停止使用。

【现在定义】 指分布于辽西、冀北地区，平行不整合于髫髻山组之上，由紫红色粉砂质页岩、粉砂岩、灰紫色或黄褐色复成分砾岩夹砂岩，灰绿色砂岩、沸石岩、凝灰岩偶夹紫红色砾岩组成的一套沉积序列。局部产动、植物化石。其上被义县组（或张家口组）不整合覆盖。

【层型】 选层型在辽西朝阳市花张营子、项家杖子。以北京市密云县梁西—尚家—大岭剖面作为北京地区土城子组的次层型（117°11′17″，40°38′32″。由北京市地质调查所区调二队于 1993 年测制）。

石英正长岩

═══════ 断 层 ═══════

| | |
|---|---|
| 土城子组 | 总厚度 1 762.27 m |
| 三段 | >582.46 m |
| 63. 砾岩 | >187.36 m |
| 62. 复成分砾岩 | 141.04 m |
| 61. 砾岩 | 151.95 m |
| 60. 灰质砾岩 | 88.86 m |
| 59. 灰质砾岩夹中粒砂岩 | 13.25 m |

——————— 整 合 ———————

| | |
|---|---|
| 二段 | 644.69 m |
| 58. 灰绿色粉砂岩 | 28.37 m |
| 57. 灰紫色钙质粉砂岩夹中粒砂岩 | 57.45 m |
| 56. 灰绿色钙质胶结含砾砂岩 | 29.45 m |
| 55. 灰紫色钙泥质胶结细砂岩 | 35.43 m |
| 54. 灰色中粒砂岩 | 25.31 m |
| 53. 灰紫色钙质粉砂岩夹细砂岩 | 18.33 m |
| 52. 绿色含钙质粉砂岩夹少量泥质粉晶灰岩 | 128.18 m |
| 51. 钙质胶结中粒砂岩 | 3.87 m |
| 50. 紫灰色细砂岩 | 11.60 m |
| 49. 灰绿色钙质胶结粉砂岩夹含砾细砂岩（含植物化石碎片） | 60.94 m |
| 48. 灰紫色钙质粉砂岩 | 36.43 m |
| 47. 灰色钙质胶结含砾杂砂岩 | 6.36 m |
| 46. 灰紫色粉砂岩夹灰色粉砂岩 | 7.49 m |
| 45. 灰绿色粉砂岩 | 7.49 m |
| 44. 灰紫色粉砂岩 | 33.39 m |
| 43. 灰色钙质胶结含砾砂岩 | 4.65 m |
| 42. 紫灰色钙质粉砂岩 | 10.09 m |
| 41. 底部粗砂岩，向上变为细—粉砂岩，夹 3 层沉凝灰岩 | 8.20 m |
| 40. 粉砂质粉晶灰岩 | 35.15 m |
| 39. 紫灰色细砂岩夹薄层粗砂岩 | 17.27 m |
| 38. 灰紫色粉砂岩夹粉砂质泥质灰岩 | 79.24 m |

——————— 整 合 ———————

| | |
|---|---|
| 一段 | 534.85 m |

| | |
|---|---|
| 37. 灰红色中细粒砂岩 | 1.60 m |
| 36. 粗砂岩、细砂岩、粉砂岩互层 | 33.14 m |
| 35. 底部含砾砂岩，向上渐变为细砂岩—粉砂岩 | 2.52 m |
| 34. 灰色中粒砂岩，上部与粉砂岩韵律性互层 | 11.06 m |
| 33. 灰紫色粉砂岩 | 4.79 m |
| 32. 紫灰色中粒砂岩 | 2.39 m |
| 31. 灰紫色粉砂岩 | 1.91 m |
| 30. 灰色中粒砂岩 | 2.87 m |
| 29. 灰紫色含砾砂岩 | 2.39 m |
| 28. 含砾砂岩与灰紫色粉砂岩互层 | 13.88 m |
| 27. 细砂岩与粉砂岩韵律性互层 | 12.92 m |
| 26. 含砾砂岩夹紫灰色细砂岩（顶部互层） | 25.00 m |
| 25. 灰紫色粉砂岩 | 5.03 m |
| 24. 含砾砂岩 | 2.80 m |
| 23. 灰紫色粉砂岩 | 5.03 m |
| 22. 中粒砂岩与灰紫色粉砂岩互层 | 50.19 m |
| 21. 粗砂岩夹含砾粗砂岩，顶部夹粉砂岩 | 69.14 m |
| 20. 灰紫色粉砂岩 | 3.34 m |
| 19. 含砾砂岩夹粗砂岩 | 16.01 m |
| 18. 灰紫色细砂岩 | 7.68 m |
| 17. 灰白色细砂岩 | 6.38 m |
| 16. 细砂岩夹含砾砂岩 | 14.58 m |
| 15. 砾岩夹细砂岩 | 11.42 m |
| 14. 细砂岩与含砾砂岩互层 | 47.29 m |
| 13. 复成分砾岩夹含砾粗砂岩 | 14.31 m |
| 12. 细砂岩 | 6.47 m |
| 11. 复成分砾岩 | 79.70 m |
| 10. 灰紫色凝灰质粉砂岩 | 4.83 m |
| 9. 灰紫色粗面质岩屑凝灰岩 | 28.20 m |
| 8. 灰绿色流纹质浆屑凝灰岩 | 9.56 m |
| 7. 灰紫色凝灰质粉砂岩 | 24.10 m |
| 6. 砾岩 | 4.61 m |
| 5. 灰紫色凝灰质含砾砂岩 | 5.12 m |
| 4. 灰质砾岩 | 4.59 m |

———————— 整　合 ————————

下伏地层：**髫髻山**　灰紫色凝灰粉砂岩

【地质特征及区域变化】　主要为一套紫红—灰绿色河流相沉积碎屑岩，以凝灰质砂岩、复成分砾岩为主，其次为紫红—灰绿色砂岩、粉砂岩及页岩。该组地层堆积时，各地区出现强弱不等的阵发性火山活动，形成多层基—酸性火山岩夹层。按岩性、沉积作用及火山活动特征可将土城子组划分为3个岩性段。第一段由复成分砾岩、砂砾岩、凝灰质砂岩构成沉积韵律；第二段碎屑粒度较细，由凝灰质砂岩、凝灰质粉砂岩、粉砂岩构成沉积韵律，岩石成层性好，部分韵律层上部出现页岩，局部地区见有灰岩透镜体。延庆北小川尚见有3条煤线。第三段以复成分砾岩、含砾粗砂岩为主，由复成分砾岩、含砾粗砂岩、凝灰质砂岩或砂岩构成韵律层。本组岩石粒度有从下往上由较粗→细→粗的变化特征。火山岩夹层见于一、二两个岩性段，在一段岩石中较普遍的见有厚度不等的流纹质角砾凝灰岩、流纹质凝灰岩及粗安质凝灰岩。在二段的中上部有数层熔岩和角砾凝灰岩，其成分由粗面质向上变为粗安质，局部地区出现玄武岩，即土城子期时火山活动其熔浆成分有从酸性向中性、基性方向变化的趋势。

髫髻山组四段与其上覆的土城子组，在分界线附近岩石类型相近，主要为复成分砾岩、凝灰质砂岩等，但其成因特征差异明显，划分标志比较清晰。髫髻山组四段主要为火山泥石流相或冲洪积相，砾石成分多为不同类型的火山物质，外来碎屑相对较少，砾石大小混杂，分选极差，多数为次棱角—次圆状，无层理，反映出堆积物搬运距离短、堆积速度快的成因特征；土城子时期的碎屑岩，碎屑成分复杂，以外来碎屑为主，火山物质较少，分选性及磨圆度均较好，岩层层理发育，韵律结构清晰，与髫髻山时期沉积地层相比，碎屑搬运距离长，物质来源要广得多，沉积时期构造环境相对稳定，为河流相沉积产物。两套火山沉积岩系为渐变过渡关系或具小的沉积间断，属整合或平行不整合接触。

土城子组主要分布于本市北缘——延庆、怀柔、密云三县的北部，白河堡、千家店、新城子、四海-凤驼梁等火山沉积盆地之中，以及门头沟区髫髻山盆地的妙峰山地段，现今分布面积总共 280 $km^2$。

土城子组厚度变化较大，以妙峰山地区厚度最大，为 2 740.58 m，其厚度变化见表 6－5。

**表 6－5　土城子组火山-沉积岩厚度统计表**

| 厚度(m) 地区 / 组段 | 妙峰山地区 | 千家店地区 | 白河堡地区 | 新城子地区 |
|---|---|---|---|---|
| 第三岩性段 | 1 454.24 | 139.8 | 135.71 | 569.26 |
| 第二岩性段 | 524.49 | 929.9 | 822.56 | 908.51 |
| 第一岩性段 | 761.85 | 324.3 | 285.46 | 331.18 |
| 全组合计 | 2 740.58 | 1 394.0 | 1 243.73 | 1 808.95 |

本组的总体岩性变化尚属稳定，但各地火山喷出岩的夹层数量变化较大，其中千家店地区火山岩夹层的累计厚度达 490.7 m，占该区本组地层总厚的 35.2%，其次为白河堡地区，火山岩层总厚为 351.52 m，占本组总厚的 28.7%。这两个地区火山岩岩石类型相对也较为复杂。妙峰山地区火山岩层累计厚度较小，为该套火山沉积岩层总厚的 14.9%。新城子地区火山岩层最不发育，仅占该组总厚的 2.1%。土城子组堆积时期火山活动强度时间上从早到晚，空间上从北部向东向南都有逐渐减弱的趋势。

**张家口组　JKẑ　(11－0031)**

【创名及原始定义】　Pumpelly 1866 年创“张家口斑岩”，创名地点在张家口附近。原始定义：指广泛发育在张家口周围，在戈壁滩（坝上）上也有产出，既横切又覆盖于基底片麻岩上的一套粗面岩系……称张家口斑岩。地貌呈峭壁和岩墙，像城堡外观，易与花岗岩、变质岩区别。

【沿革】　Pumpelly 创名后，Barbour（1924）在《张家口一带地质观察》一文中沿用了这一名称，并确定其时代为白垩纪。赵宗溥（1959）改称“张家口流纹岩组”，河北省地质局区测队（1959）改称张家口组，并沿用了 Barbour 的含义及上下界限。北京地区与张家口组相当的地层是“东岭台组”，由陈恺、熊永先（1935）创名，创名地点在北京门头沟区沿河城附近东岭台盆地。当时创名时称作“东岭台层”，其含义系指髫髻山组之上，“东狼沟集块岩”之下的一套玄武安山岩-流纹岩-安山岩及相应的火山碎屑岩、火山碎屑沉积岩。与上覆和下伏地层均呈不整合接触。1956年《中国区域地层表草案》改称“东岭台组”，以后一直沿用此名。

本次对比研究考虑到“东岭台组”与张家口组层位相当，岩性特征基本一致，为同物异名。为便于华北地区更大范围的对比研究，按命名优先权的原则，改称张家口组，“东岭台组”停止使用。

【现在定义】　指广泛分布于冀北及相邻地区，以流纹质熔结凝灰岩、流纹岩和石英粗面岩为主，间夹安山岩、粗安岩和少量紫红色砂砾岩层。有些地方底部常见有厚几十米或百米的砾岩、含砾粗砂岩，整合或平行不整合覆盖于土城子组之上，其上与大北沟组（东狼沟组）为整合接触。

【层型】　正层型位于河北省张家口市附近的红泥湾—元宝山。北京地区选用门头沟区沿河城村剖面作为次层型（115°44′00″，40°04′00″。由北京市地质调查所1980年开展沿河城幅1∶5万区调时所测）。

上覆地层：东狼沟组　紫红、灰绿色复屑凝灰岩

——————— 整　合 ———————

| | |
|---|---|
| 张家口组 | 总厚度 1 642.0 m |
| 三段 | 938.0 m |
| 39. 浅灰紫色流纹质熔结凝灰岩 | 123.0 m |
| 38. 红、灰绿色晶屑、玻屑凝灰岩 | 41.0 m |
| 37. 浅灰紫色流纹质玻屑凝灰岩 | 31.0 m |
| 36. 灰紫色流纹质熔结角砾岩 | 64.0 m |
| 35. 灰紫色流纹质熔结凝灰岩 | 80.0 m |
| 34. 紫红色、灰紫色凝灰质粉砂岩，含砾凝灰砂岩夹薄层流纹质熔结凝灰岩 | 93.0 m |
| 33. 紫红色流纹质熔结凝灰岩 | 61.0 m |
| 32. 杂色安山质集块角砾熔岩 | 5.0 m |
| 31. 灰黑色安山岩 | 69.0 m |
| 30. 浅紫红色玻屑凝灰岩 | 21.0 m |
| 29. 紫红色凝灰质长石砂岩 | 12.0 m |
| 28. 浅灰紫色流纹质晶屑、玻屑弱熔结凝灰岩 | 75.0 m |
| 27. 浅灰紫色流纹质熔结角砾凝灰岩 | 210.0 m |
| 26. 浅灰紫色流纹质含砾玻屑凝灰岩 | 21.0 m |
| 25. 紫红色凝灰质粉砂岩 | 15.0 m |
| 24. 上部流纹质熔结角砾岩，中部紫红色流纹质熔结凝灰岩，下部灰绿色流纹质熔结角砾凝灰岩 | 17.0 m |

——————— 整　合 ———————

| | |
|---|---|
| 二段 | 507.0 m |
| 23. 上部杂色安山质砾岩、砂砾岩、中部紫红色层状凝灰质粉砂岩，下部紫红色凝灰质粉砂岩夹复成分砂砾岩 | 17.0 m |
| 22. 灰绿色凝灰质砂岩、粉砂岩夹复成分砂砾岩 | 6.0 m |
| 21. 深灰色紫灰色复成分砾岩夹凝灰质砂岩 | 85.0 m |

| | |
|---|---|
| 20. 浅灰、灰紫色复成分砾岩 | 67.0 m |
| 19. 紫红色流纹质晶屑、玻屑弱熔结凝灰岩 | 23.0 m |
| 18. 深灰、灰紫色复成分砾岩夹紫红色英安质玻屑凝灰岩 | 34.0 m |
| 17. 灰绿色流纹质晶屑、玻屑弱熔结凝灰岩 | 17.0 m |
| 16. 灰紫色复成分砾岩 | 200.0 m |
| 15. 灰紫色英安质晶屑、玻屑弱熔结含砾凝灰岩 | 18.0 m |
| 14. 紫红色英安质熔结凝灰岩 | 19.0 m |
| 13. 紫褐色复成分砾岩夹红色泥岩、砂砾岩 | 21.0 m |

——————— 整　合 ———————

| | |
|---|---|
| 一段 | 197.0 m |
| 12. 紫红色安山质火山角砾岩 | 3.0 m |
| 11. 灰黑色玄武安山岩夹火山角砾岩 | 33.0 m |
| 10. 杂色安山质火山角砾岩 | 1.0 m |
| 9. 红色粉砂岩 | 4.0 m |
| 8. 杂色安山质火山角砾岩 | 2.0 m |
| 7. 灰绿、灰黑色玄武安山岩 | 14.0 m |
| 6. 灰紫色粗安质角砾熔岩 | 40.0 m |
| 5. 紫红色凝灰质粉砂岩 | 2.0 m |
| 4. 灰紫色玄武安山岩 | 23.0 m |
| 3. 紫红色凝灰质含砾粉砂岩 | 2.0 m |
| 2. 灰紫色玄武安山岩 | 48.0 m |
| 1. 灰、灰白色砾岩 | 25.0 m |

~~~~~~~~~~ 不　整　合 ~~~~~~~~~~

下伏地层：洪水庄组　黑色页岩

【地质特征及区域变化】　本组划分为3个岩性段。一段以玄武安山岩、粗安岩、粗安质角砾凝灰岩等中性火山喷出岩为主，早期为熔浆喷溢，后期喷溢与爆发作用交替发生，喷发强度逐渐加大。底部则出现灰白色底砾岩，与下伏不同时代的地层呈不整合接触。二段为火山活动间歇期形成的复成分砾岩、砂砾岩，夹多层弱熔结凝灰岩。复成分砾岩中砾石成分复杂，以火山物质为主，大小混杂，分选差，为冲洪积相或火山斜坡泥流相堆积物。凝灰质砂岩多见于旋回性沉积的上部，为河湖相沉积。三段是火山活动最强盛时期形成的产物，火山岩层厚度大，分布广泛，各火山盆地内均有产出，以酸性火山喷发岩占绝对优势，形成了以流纹质熔结凝灰岩、流纹质角砾凝灰岩及流纹岩为主的巨厚堆积。在怀柔和东岭盆地，于火山活动晚期见有少量粗面质、粗安质熔岩及正常火山碎屑岩。根据剖面资料统计，张家口组火山岩中流纹质岩石平均占64.7%以上，其中流纹质熔结凝灰岩占24.3%，其次为中性粗安质和安山质岩石，为12.5%，火山沉积碎屑岩和沉积岩类约占19%，表明酸性熔浆的强烈喷发，特别是火山碎屑流相流纹质熔结凝灰岩的大量出现，是本阶段火山活动最主要的特征。火山活动以中心式喷发为主，显示了层火山的特征。火山活动爆发作用较强，平均爆发指数为44%，其中上大水盆地爆发指数最高，为88%。张家口组火山岩只在七道河盆地见到与土城子组呈不整合接触，其余地区多不整合于髫髻山组、九龙山组、南大岭组以及古生代甚至中—晚元古代岩石地层之上。

张家口组火山岩在北京地区分布于一系列小型火山盆地内，计有东岭盆地、杜家庄-镇厂
~~~~~~~~~~

盆地以及上大水、岔道、怀柔、七道河等断陷盆地。昌平棉山、密云五指山也有小面积出露，出露面积总计约为 295 km²。这些盆地断续分布，组成燕山晚期北北东向火山喷发带，喷发带的西界为紫荆关深断裂，东界为高丽营深断裂，整体看受北北东向深断裂控制，盆地产出的方向性极强，呈 NE30°方向延展，这一喷发带在北京境界内延长约 140 km，带宽 70～80 km，两端向外均延出本市。但带内每一个火山盆地的发育和生成则受其具体部位特定盖层断裂构造的控制，盆地的延长方向各异。各火山盆地内张家口组的厚度变化较大（见表 6－6）。

**表 6－6　张家口组火山岩厚度统计表**

| 厚度(m) 地区 组段 | 东岭盆地 | 上大水盆地 | 岔道盆地 | 怀柔盆地 | 杜家庄镇厂盆地 | 昌平棉山 | 七道河盆地 |
|---|---|---|---|---|---|---|---|
| 第一段 | 927.9 | >338.0 | >529.0 | 1 596.3 | 2 234.2 | 763 | 769 |
| 第二段 | 496.0 | 61.0 | 338.5 | 1 175.3 | 29.9 | | |
| 第三段 | 197.7 | 200.0 | 879.6 | 1 444.5 | | | |
| 全组 | 1 621.6 | 599.0 | 1 797.1 | 4 216.1 | 2 264.1 | 763 | 769 |

**东狼沟组　JK*d*　（11－0032）**

【创名及原始定义】　陈恺、熊永先（1935）创名“东狼沟集块岩”，创名地在北京市丰台区辛庄—大灰厂—羊圈头以北的丘陵地带。原始定义：这是一大套集块岩夹几层气孔状安山岩。由于该集块岩中的一些卵石在岩石特征上与上面提到的火山岩层非常相似，所以暂时认为它是西山最年轻的火山岩。上覆大灰厂含有 *Estheria* 的黑色到黄绿色页岩。

【沿革】　最初谢家荣（1933）在坨里地区作地质调查时，没有把这套火山集块岩单独划分和命名，认为其岩性特征与髫髻山组近似，因此称髫髻山组。以后的地质工作亦有按谢氏观点处理的。陈恺、熊永先（1935）提出单独建立一个地层单位，称之为“东狼沟集块岩”。《中国区域地层表草案》（1956）、北京矿业学院（1959）、王自强等（1979）、洪友崇等（1982）、以及《北京市区域地质志》（1991）都先后采用东狼沟组或“东狼沟集块岩组”这一岩石地层单位名称。本次对比研究认为：东狼沟组应保留继续使用，因其具有特殊岩性组合特征，有别于上覆和下伏地层，地层接触关系清楚，产出层位完全查清。亦有认为它基本相当于冀北的大北沟组，相比较而言，大北沟组的知名度大，研究程度高，可舍弃东狼沟组而统一使用大北沟组。进一步分析研究后认为：这两组在岩石组合特征面貌上差别较大，前者含有多量大块度的火山集块，陈恺等据此而命名为“东狼沟集块岩”；后者主要为以细小粒度为主的火山碎屑沉积岩。其次是含化石情况，大北沟组以含有大量 *Nestoria－Keratestheria* 组合作为其显著的特征和标志，而东狼沟组内则迄今尚未发现这些化石。虽然从岩石地层角度，不强调和依据生物组合及化石带来划分对比地层，但某种典型化石的大量产出，正如岩层中产有某种特殊岩石类型或标型矿物一样，作为这套地层的重要特征之一而不能忽视。由于存在上述情况，保留东狼沟组的名称，待今后研究程度提高后再作处理。

【现在定义】　指出露在北京市丰台区大灰厂—辛庄一带的一套火山-沉积岩系，主要岩石组合为：含集块角砾凝灰岩、角砾凝灰岩、沉凝灰岩、凝灰质砂岩、复成分砾岩夹数层玄武岩或粗安岩。含热河生物群早期阶段的一些生物化石组合分子。与上覆九佛堂组整合接触，在层型剖面处与下伏太原组不整合接触。

【层型】 以北京市丰台区大灰厂西南靶场剖面作为选层型（116°05′48″，39°51′30″。由北京市地质调查所1989年在开展1：5万石景山幅、良乡幅区域地质调查时测制）。

上覆地层：九佛堂组 黄绿色泥岩

——————— 整 合 ———————

| | |
|---|---|
| 东狼沟组 | 总厚度 167.85 m |
| 二段 | 117.34 m |
| 17. 灰绿色含气孔杏仁状玄武岩 | 24.82 m |
| 16. 黄色凝灰质中厚层含砾岩屑砂岩 | 0.73 m |
| 15. 绿灰色凝灰质泥质粉砂岩及泥岩 | 2.18 m |
| 14. 灰色中层凝灰质粉砂岩与黄色中层凝灰质中粒岩屑砂岩互层 | 34.70 m |
| 13. 灰黄色凝灰质泥质砂砾岩，紫色凝灰质岩屑砂岩 | 1.58 m |
| 12. 紫色凝灰质粉砂岩，灰黄色砂砾岩及砾岩，砂岩层中含化石：腹足类 *Viviparus* sp.，*Probaicalia vitimensis*，*Lioplacades* cf. *choluokyi*，*Ammicola* cf. *yunanensis*，*Trochispira donglanggouensis*，*Galba* cf. *tongshanensis*；介形虫 *Cypridea unicostata*，*C. faveolata*，*C. usualis*，*C.*（*C.*）*habros*，*C.*（*C.*）*subscariformis*，*Mongolianella* sp.；双壳类 *Ferganoconcha subcentralis*，*F.* sp.；鱼类 *Sinamia* sp. 等和植物化石碎片 | 4.56 m |
| 11. 灰黄色泥质细砂岩含生物化石碎片 | 1.01 m |
| 10. 灰黄色凝灰质岩屑砂岩，紫色凝灰质粉砂岩 | 5.57 m |
| 9. 灰黄色凝灰质砂砾岩 | 0.97 m |
| 8. 灰绿色致密块状玄武岩，上部为紫色气孔状玄武岩 | 7.13 m |
| 7. 紫色凝灰质砂砾岩 | 0.65 m |
| 6. 灰黄色凝灰质含砾岩屑砂岩 | 0.65 m |
| 5. 灰紫色气孔状玄武岩与灰绿色气孔状玄武岩互层 | 32.79 m |
| ——————— 整 合 ——————— | |
| 一段 | 50.51 m |
| 4. 紫灰色凝灰质火山沉角砾岩夹凝灰质岩屑砂岩 | 28.11 m |
| 3. 灰紫色中厚层凝灰质砾岩夹凝灰质岩屑砂岩，顶部是一层厚 30 cm 的灰紫色玄武岩 | 7.47 m |
| 2. 灰紫色厚层凝灰质砾岩夹紫色岩屑砂岩，砾石中含一定量的白云岩 | 14.93 m |

~~~~~~~~ 不 整 合 ~~~~~~~~

下伏地层：太原组 变质砂岩

【地质特征及区域变化】 该组岩性主要为含集块角砾凝灰岩、凝灰岩及沉凝灰岩，夹有玄武岩。在坨里—大灰厂地区，东狼沟组火山岩沿黄庄—高丽营深断裂带分布，地幔岩石经低程度部分熔融形成的岩浆沿该断裂快速上升喷溢，因此形成基性玄武岩层。而在东岭等盆地内则为厚层粗安岩。在坨里盆地内的东狼沟组，于沉凝灰岩层中发现小型腹足类、双壳类、微体化石介形虫等，而其他火山盆地的相当层位中，则尚未发现生物化石。

本组主要产于坨里火山沉积盆地的北部大灰厂村附近，在东岭盆地的西北部王龙口村以西，杜家庄-镇厂盆地的西部，以及怀柔凯甲坟附近出露面积都较小，总计约为 10 $km^2$。其厚度变化：坨里盆地为 420.3 m，东岭盆地 507.5 m，怀柔盆地 134.87 m，杜家庄-镇厂盆地为 175.22 m。

**九佛堂组 JK*j* （11－0033）**
~~~~~~~~

【创名及原始定义】 日本人远藤隆次（1934）创名“九佛堂统”，创名地点在辽宁省喀左县九佛堂村附近。原始定义：喀左九佛堂附近由极厚的绿色凝灰质页岩、砂岩组成。分6层：a．上部砾岩层；b．上部绿色页岩层；c．上部含油页岩层；d．下部绿色页岩层；e．下部含油页岩层；f．基底砾岩层。下盘：玄武岩床。含 *Lycoptera jeholensis*，*Estheria middendorfii*。时代白垩纪。

【沿革】 北京地区相当于九佛堂组的地层称“大灰厂组”，由谢家荣（1933）创名，创名地点在北京市丰台区大灰厂村。当时称“大灰厂系”，其含义指位于髫髫山层之上的一套黑色页岩和砂岩，厚度约51 m，其上为“辛庄层”。“大灰厂系”与下伏和上覆的岩层均为不整合接触。谢氏当时所称的“髫髫山层”鉴定有误，陈恺、熊永先（1935）名之为“东狼沟集块岩”，即现之东狼沟组。而其上覆的“辛庄层”也是长期争论的一个热点，通过1：5万良乡幅区调时的详细填图追索证实谢氏命名“辛庄层”建组依据不充分，应归入坨里组（详见后述）。谢氏在命名剖面上把“大灰厂系”划分为5层，总厚约51 m，剖面的分层描述中没有砾岩。而《北京市区域地质志》（1991）根据肖宗正等（1984—1989）开展北京中生代地层及生物群研究这一课题时重测的剖面资料，把上部暗紫色及黄绿色砾岩等一大段粗碎屑岩层亦划归“大灰厂组”，从而剖面增厚至127.8 m，这显然不符合原命名人的意见和岩石地层单位的划分原则，这次清理时作了改正。考虑到九佛堂组的知名度大等因素，本次对比研究意见：停止使用“大灰厂组”，统一改称九佛堂组①。

【现在定义】 指发育于辽西朝阳、喀左、建昌等地区平行不整合于义县组之上，以灰色、绿色为主，间夹灰黄、灰白、灰黑等色，偶见紫色，以钙质、粉砂质页岩、页岩、粉砂岩为主，夹油页岩、泥灰岩、砂岩和砾岩等一套以湖相沉积为主的沉积岩组合，其上被冰沟组整合覆盖，含热河生物群化石。

【层型】 正层型位于辽西喀左县九佛堂村。北京市丰台区大灰厂西南靶场剖面作为次层型（116°06′07″，39°50′55″。由北京市地质调查所区调一队于1989年测制）。

上覆地层：**坨里组** 黄色砂砾岩

———————— 整 合 ————————

| | |
|---|---|
| 九佛堂组 | 总厚度 28.05 m |
| 12. 灰黄色厚层泥质粉砂岩 | 4.86 m |
| 11. 灰黑色碳质页岩 | 1.94 m |
| 10. 灰色碳质页岩夹黑色薄层粉砂岩及黄色页岩，含化石：叶肢介 *Eosestheria* cf. *pei-piaoensis*，*E.* cf. *middendorfii*，*E. fengtaiensis*，*E.* cf. *persculpta*，*E.* sp.，*Diestheria longinqua*，*D. dahuichangensis*，*D.* cf. *yixianensis*，*D. suboblonga*，*Mesolimnacliopsis anguangensis*，*Yanjiestheria yanjiensis*；昆虫 *Ephemeropsis trisetalis* | 4.24 m |
| 9. 土黄色薄层粉砂质泥岩 | 4.11 m |
| 8. 灰色页岩夹黄绿色粉砂质页岩，含动物化石碎片 | 2.11 m |
| 7. 灰黄色粉砂质泥岩，可见化石碎片 | 4.33 m |
| 6. 灰黑色碳质页岩夹灰黄色钙质页岩，含动物化石 | 0.87 m |
| 5. 灰色页岩，含化石碎片 | 1.91 m |
| 4. 黄绿色页岩 | 1.01 m |

① 对大灰厂组与九佛堂组的取舍问题，尚有不同认识。

3. 灰黑色碳质页岩夹薄层粉砂岩　2.11 m

2. 灰黑色页岩　0.56 m

——————整　合——————

下伏地层：东狼沟组　凝灰岩

【地质特征及区域变化】　本组岩性比较简单，为黑色、灰色、黄绿色细碎屑岩—页岩、粉砂岩、泥岩，夹岩屑砂岩、细砂岩。页岩含有大量有机质，薄层，具水平层理，发育微细水平纹层。化石丰富，包括腹足类、双壳类、叶肢介、介形虫、昆虫、鱼类及孢粉等。著名的热河生物群典型化石狼鳍鱼-东方叶肢介-三尾拟蜉蝣（*Lycoptera - Eosestheria - Ephemeropsis trisetalis*）即产于这个层位。与上下岩层均为整合接触。上述岩石特征反映出盆地水体加深，环境稳定，形成一套以浅湖相为主的细碎屑沉积岩。

九佛堂组在北京仅在丰台区山前坨里盆地内有所分布，露头在大灰厂村附近呈带状分布出露，作 NE - SW 向延展，总面积不足 0.5 $km^2$，厚度不大。

【其他】　谢家荣（1933）最早在坨里进行地质调查时建有“辛庄层”，位于“大灰厂系”之上，其岩性为紫色页岩和砾岩。后人在该区进行地质调查时，对“辛庄组”有 3 种截然不同的意见：①同意谢氏的观点，“辛庄组”位于“大灰厂组”之上，坨里组之下，如《中国区域地层表（草案）》（1956）、《华北地区区域地层表·北京市分册》（1977）、《北京市区域地质志》（1991）等；②将“辛庄组”的层位置于坨里组之上，如第一届全国地层会议（1959）、王自强等（1979）、陈正邦（1986）；③取消“辛庄组”，如洪友崇、王思恩等（1982）、1∶5 万石景山幅、良乡幅区调报告（1989）。根据良乡幅区域地质调查资料，发现谢氏当年在大灰厂至辛庄路口“辛庄组”命名地所指的那一套紫色页岩和砾岩与下伏“大灰厂组”并非平行不整合接触，而是断层接触，而“辛庄组”之上则为下第三系长辛店组不整合覆盖，因此命名剖面上的“辛庄组”无底也无顶，又无任何生物化石资料，建组依据不充分。通过横向追索又查清原划分的“辛庄组”与“芦尚坟组”下部的“红层”为出露于不同构造部位的同一层位；结合附近施工的“丰浅 2 号”钻孔中所揭露的系统层序资料，在坨里组与下伏“大灰厂组”之间不存在这套“红层”，因此本次对比研究同意第③种观点，即取消“辛庄组”，九佛堂组（“大灰厂组”）之上直接覆盖坨里组。

**坨里组　K*t*　（11 - 0034）**

【创名及原始定义】　谢家荣（1933）创名“坨里砾岩”，创名地点在房山区坨里村。原始定义：在坨里附近出露一套厚层砾岩（单层有时厚逾 10 m），常与灰、紫色薄层页岩互层。砾岩坚实致密，含有流纹岩、粗面岩及部分安山岩的卵石。石英岩和灰岩等沉积岩的卵石也见到，但极少。该砾岩和页岩现称作坨里层，广布到良乡西的吴庄，在西北部的晓幼营也见其踪迹。此处则不整合于辛庄页岩之上。估计厚约 500 m。

【沿革】　创名时称“坨里砾岩”，为一个岩石地层单位，突出强调其岩性特征。其名称和含义一直沿用下来未有多大改变。本次清理研究同意 1∶5 万石景山幅、良乡幅区调报告的意见，即修改了坨里组的顶界，将谢家荣划分属于“芦尚坟组”下部的大套灰紫色、褐黄色砾岩夹岩屑砂岩归入坨里组。

【现在定义】　指分布于北京市丰台区、房山区山前的一套由灰紫色、黄绿色、黄褐色厚层砾岩、含砾粗砂岩和各粒级砂岩等多个旋回性基本层序组成，与上覆夏庄组黄褐色砂岩及泥岩和下伏九佛堂组灰黑色页岩均呈整合接触。

【层型】 坨里组出露不好，创名时未能提供完整的剖面。现以房山区辛开口剖面为选层型（116°01′20″，39°47′18″。由北京市地质调查所区调一队1989年测制）。其中坨里组二段利用沙锅村东—岗上剖面，坨里组一段则利用张庄丰浅2孔的钻孔资料拼接而成。

上覆地层：**夏庄组** 灰黄色复成分砾岩

——————— 整 合 ———————

| | |
|---|---|
| 坨里组 | 总厚度 741.45 m |
| 三段 | 396.67 m |
| 44. 紫红色、灰绿色泥质粉砂岩夹薄层黄色砂岩，顶部含砾 | 7.07 m |
| 43. 灰黄色中层复成分砾岩，砾石成分以沉积岩为主，含少量火山砾石 | 1.86 m |
| 42. 灰紫色、黄色含砾岩屑粗砂岩与细砂岩互层 | 7.22 m |
| 41. 灰色中层复成分砾岩与含砾砂岩互层夹白色中薄层泥质粉砂岩 | 5.44 m |
| 40. 中层紫色含砾砂岩夹中薄层泥岩 | 3.12 m |
| 39. 紫红色含砾岩屑砂岩，泥、钙质胶结，夹一层20～30 cm粉砂岩 | 0.73 m |
| 38. 灰紫色巨厚层复成分砾岩，夹泥质细砂岩和含砾细砂岩 | 48.05 m |
| 37. 深灰紫色中薄层泥质细砂岩夹复成分砾岩及含砾粗砂岩 | 2.63 m |
| 36. 灰绿色复成分砾岩夹深灰紫色中薄层含细砾泥质砂岩 | 21.54 m |
| 35. 黄色中层砂砾岩夹黄绿色—灰白色薄层含砾泥质细砂岩 | 4.21 m |
| 34. 灰紫色复成分砾岩夹深灰紫色中薄层含泥质砂岩 | 29.98 m |
| 33. 深灰紫色中薄层含砾泥质中细粒砂岩与灰紫色中层复成分砾岩呈韵律层 | 14.88 m |
| 32. 灰紫色巨厚层复成分砾岩 | 41.44 m |
| 31. 黄色中层砂砾岩 | 1.39 m |
| 30. 灰紫色巨厚层复成分砾岩 | 9.43 m |
| 29. 黄色厚层复成分砾岩与黄色中层复成分砾岩及黄色中层泥质砂岩互层 | 11.24 m |
| 28. 灰紫色巨厚层复成分砾岩夹中薄层含砾砂岩及泥质砂岩 | 15.58 m |
| 27. 黄紫色土黄色厚层复成分砾岩、砂岩互层 | 55.85 m |
| 26. 灰紫色薄层砂砾岩与含砾砂岩互层 | 6.05 m |
| 25. 杂色复成分砾岩 | 3.81 m |
| 24. 灰紫色中层复成分砾岩与紫色砂质泥岩及灰白色中粒含砾砂岩互层 | 1.59 m |
| 23. 灰紫色—杂色复成分砾岩 | 42.86 m |
| 22. 黄色中薄层粗砂岩 | 27.08 m |
| 21. 紫色中层复成分砾岩与灰色中层含砾粗砂岩及灰白色中粒砂岩组成韵律层 | 25.08 m |
| 20. 灰紫色巨厚层复成分砾岩 | 8.54 m |

——————— 整 合 ———————

| | |
|---|---|
| 二段 | 246.78 m |
| 19. 灰紫色—灰色中薄层含砾粗砂岩与含砾细砂岩互层 | 11.07 m |
| 18. 灰紫色中薄层含砾粗砂岩与土黄色中薄层细砂岩互层 | 32.52 m |
| 17. 灰—灰紫色中层砂砾岩与灰白色中层含砾砂岩互层 | 29.99 m |
| 16. 黄色中薄层砂岩，含砾砂岩与灰-灰紫色中厚层砂砾岩互层 | 13.62 m |
| 15. 土黄色中薄层粉—细砂岩夹土黄色薄层砂砾岩 | 9.72 m |
| 14. 灰—灰紫色中层砾岩夹土黄色薄层含砾砂岩 | 9.36 m |
| 13. 灰—灰紫色中层含砾粗砂岩与土黄色薄层泥质粉砂岩互层 | 14.13 m |
| 12. 灰—紫色复成分砾岩夹薄层含砾粗砂岩 | 4.05 m |

| | |
|---|---|
| 11. 土黄色中层含砾粉砂岩与含砾粗砂岩互层夹少量薄层砂质砾岩 | 13.99 m |
| 10. 土黄色中层含砾细砂岩与粉砂岩互层夹薄层砂质砾岩 | 26.22 m |
| 9. 灰紫色中层复成分砾岩与中薄层泥质粉砂岩互层，泥裂发育 | 44.93 m |
| 8. 灰黄色中层泥质粉砂岩与灰紫色中层复成分砾岩互层 | 16.16 m |
| 7. 土黄色巨厚层复成分砾岩，局部夹砂砾岩和薄层含砾细砂岩 | 3.16 m |
| 6. 灰紫色薄层复成分砾岩夹中薄层含砾泥质砂岩 | 14.26 m |
| 5. 灰紫色中厚—巨厚层复成分砾岩，顶部为一层 50 cm 泥质粉砂岩 | 3.60 m |

——————— 整　合 ———————

| | |
|---|---|
| 一段 | 98.0 m |
| 4. 黄灰色砾岩，灰-褐色中细砂岩，夹褐棕色泥质粉砂岩、粉砂岩 | 22.00 m |
| 3. 褐棕色粉砂岩，泥质岩，夹褐棕色粉砂岩及褐灰色中砂岩 | 27.00 m |
| 2. 黄灰色砾岩，含砾砂岩，深灰—绿色细砂岩夹黑灰粉砂岩 | 21.00 m |
| 1. 褐灰色粉砂质泥岩夹灰色粗砂岩 | 28.00 m |

——————— 整　合 ———————

下伏地层：**九佛堂组**　砂岩及页岩

【地质特征及区域变化】　坨里组为一套在同沉积断陷盆地内快速堆积形成的河流相至冲洪积扇相的巨厚层粗碎屑岩系。按照沉积物形成的阶段性，可将坨里组堆积过程分成早、中、晚 3 期，相应分成 3 个岩性段。一段相当于丰浅 2 号钻孔中所见的直接位于九佛堂组以上一套黄色至褐色砂砾岩层，厚约 120 m，地表仅在羊圈头有少量出露。这是坨里组形成的早期阶段，断陷盆地以较快的速度沉降，在河流作用环境下搬运堆积形成的粗粒至细粒碎屑沉积层。颜色以灰黄为主，夹褐紫色。二段分布于坨里—公主坟一带，即前人所称的“黄色坨里砾岩”，大致与原划分的坨里组相当，厚约 300 m。为中期阶段河流冲积与洪积作用下堆积形成。紫色岩层与黄色岩层呈互层产出，向上有砾石变小、砾岩层变薄及紫色岩层增多的趋势。三段分布广泛，在辛庄、晓幼营至辛开口、土洞、青龙头、岗上、小马庄一带均有出露，包括过去划分的“辛庄组”及“芦尚坟组”下部的“红层”，总厚大于 300 m。晚期阶段是坨里盆地大发展的鼎盛时期，气候干燥，以洪积作用为主，生成了分布最广、厚度最大的碎屑堆积，在盆地中形成了一个以辛开口为扇柄，岗上及青龙头一带为扇中，再向东和北东方向发展为扇缘的洪积扇地质体。故而坨里组三段在辛开口一带砾石粗、厚度大，并向扇中及扇缘方向渐次变细变薄。

坨里组砾岩已知仅产于坨里断陷盆地内，见于坨里、南坊、岗上、羊圈头、辛开口一带，出露面积约 30 $km^2$，剖面厚度大于 760 m。

【其他】　谢家荣 (1933) 最早调查研究坨里一带地质时，在“坨里砾岩”之上划分有一个地层单位，称“芦尚坟页岩与砂岩”。后人沿用了这一单位，并经详细剖面测量划分为 4 个岩性段，一段至二段下部岩性特征为灰紫色、褐黄色砾岩夹岩屑砂岩，颗粒很粗，与坨里组的岩石组合面貌近似，不易区分。二段的上部至四段多为褐黄色、灰绿色、灰白色页岩、粉砂岩和中细砂岩互层，具水平层理，局部夹含砾岩屑砂岩，其岩石组合面貌则相当于上覆地层夏庄组。在下部二段地层内发现过刺蕨属和苏铁杉属等植物化石；四段内昆虫化石较为丰富，其生物化石分子与上覆夏庄组相同，以 *Coptoclava longipota* 为代表。从岩石地层单位的划分原则来考虑，1∶5 万石景山幅、良乡幅区调报告提出肢解“芦尚坟组”，将该组的一段和二段下部划归坨里组；将二段上部直至四段并入夏庄组，从而取消“芦尚坟组”。本次地层对比研究同意上述处理意见。

**夏庄组 Kx (11-0035)**

【创名及原始定义】 亦为谢家荣(1933)所创名,创名地点在北京市丰台区夏庄村。创名时称"夏庄系"。原始定义:整合覆于刚才描述的岩层之上,由各种成分的复杂岩石构成,紫色页岩、泥岩、黄色砾岩、砂岩、泥灰岩、灰岩等均出现。该系下部钙质沉积物尤其丰富,在夏庄西发现腹足类和双壳类化石。在刘太庄西纸状页岩中发现植物化石和昆虫状化石。均可能属于上白垩统。

【沿革】 自谢家荣(1933)创名以来,以后的地质工作均沿用这一名称和含义。1:5万石景山幅、良乡幅区域地质调查报告(1989)修改了夏庄组的下界,将以往所划分的"芦尚坟组"上部地层归入本组,本次对比研究赞同这一修改意见。

【现在定义】 指北京市丰台区夏庄至朝阳山一带黄色—黄绿色的一套沉积地层。它以粉砂岩、页岩、砂岩为主,夹有砾岩及泥灰岩。上部紫色粉砂岩中夹有多层石膏层。与上覆长辛店组砾岩呈不整合接触,与下伏坨里组整合接触,二者以细碎屑岩骤然增多划界。

【层型】 以北京市丰台区芦尚坟—刘太庄剖面为夏庄组的选层型(116°06′11″,39°46′17″。系北京市地质调查所1989年在开展1:5万石景山幅、良乡幅区调时所测)。

上覆地层:长辛店组 砾岩

~~~~~~~~~~ 不 整 合 ~~~~~~~~~~

| | |
|---|---|
| 夏庄组 | 总厚度 642.17 m |
| 二段 | 295.99 m |
| 65. 黄色厚层含砾砂岩 | 0.54 m |
| 64—60. 底部黄色含细砾岩屑砂岩,往上薄层土黄色粉砂岩、泥岩 | 43.84 m |
| 59—56. 底部土黄色中粒砂岩,往上中薄层钙质粉砂岩夹薄层泥灰岩 | 28.70 m |
| 55—53. 下部复成分砾岩,上部由粗砂岩、细砂岩变为杂色页岩 | 13.19 m |
| 52—50. 灰黄色中厚层中粒砂岩夹含砾粗砂岩 | 13.45 m |
| 49—47. 下部黄色中粒砂岩,中部杂色页岩,上部灰黄色泥质粉砂岩 | 9.13m |
| 46—41. 底部含砾粗砂岩夹细砂岩,往上黄褐色粉砂岩、细砂岩、杂色页岩 | 139.01 m |
| 40—37. 复成分砾岩,往上灰白色泥灰岩与杂色页岩互层夹中薄层细砂岩 | 48.13 m |
| ——— 整 合 ——— | |
| 一段 | 346.18 m |
| 36—34. 下部含砾砂岩与粉砂岩互层,上部泥质粉砂岩夹细砂岩 | 24.24 m |
| 33—30. 底部土黄色厚层含砾粗砂岩,往上浅黄色细砂岩、泥质粉砂岩 | 55.67 m |
| 29—28. 下部褐黄色含砾粗砂岩,上部浅黄色细砂岩、泥质粉砂岩 | 30.69 m |
| 27—23. 底部灰紫色中层粗砂岩、复成分砾岩,往上土黄色细砂岩、粉砂岩夹黑色页岩 | 23.75 m |
| 22—19. 底部紫色含细砾细砂岩,往上灰黄色中薄层粉砂岩与细砂岩互层 | 49.48 m |
| 18—17. 下部灰紫色含砾粉砂岩,上部深灰色泥质粉砂岩夹细砂岩,产 *Ferganoconcha* sp. | 33.82 m |
| 16—15. 底部灰紫色粉砂岩夹含砾粗砂岩,中上部灰黄色砂岩与粉砂岩互层 | 37.88 m |
| 14—13. 土黄色含砾粗砂岩与粉砂岩互层,上部为细砂岩与粉砂岩互层 | 3.06m |
| 12—8. 底部褐黄色含砾粗砂岩,往上变为灰黄色、黄绿色中薄层粉砂岩、泥岩、钙质页岩 | 22.88 m |
| 7—6. 下部复成分砾岩,上部土黄色薄层砂岩、粉砂岩、泥岩 | 9.40 m |
~~~~~~~~~~

5—3. 底部黄色复成分砾岩，往上灰绿、灰黄色砂岩、细砂岩、泥质粉砂岩互层　48.18 m

2—1. 下部灰黄色巨厚层复成分砾岩，上部灰白色泥质粉砂岩、细砂岩互层　7.13 m

———— 整　合 ————

下伏地层：坨里组　粉砂岩、砾岩

【地质特征及区域变化】　夏庄组中出现的岩石类型有：岩屑砂岩、岩屑粉砂岩、泥岩、页岩及泥灰岩，并有少量复成分砾岩、含砾岩屑砂岩。该组可分为两个岩性段：一段由复成分砾岩—含砾粗砂岩—砂岩—粉砂岩—泥岩和含砾砂岩—粉砂岩—泥岩组成旋回性基本层序。在砂岩和粉砂岩中斜层理、平行纹理发育，层面上见有波痕构造；二段主要以砂岩、粉砂岩、泥岩为主，极少见有复成分砾岩。由砂岩—粉砂岩—泥岩（或泥灰岩）组成旋回性基本层序。平行层理和单斜层理发育，含有丰富的植物化石碎片和碳质碎屑。综上所述，夏庄组沉积环境应为陆相湖泊环境，其中一段为河口三角洲亚相、滨湖亚相至浅湖亚相；二段为浅湖—半深湖甚至深湖亚相。

夏庄组分布十分局限，仅产出在坨里断陷盆地内，在常乐寺—青龙头水库—大苑村以东，沙锅村—西王佐以西近圆形分布，出露面积约 10 $km^2$，剖面总厚 575 m。

## 第二节　生物地层概况及地层时代归属

本断代地层中含有较为丰富的动植物化石，不少地质工作者对其进行了研究，积累了一定的资料。

### 一、生物地层概况

**1. 植物群**

斯行健早在 30 年代（1931，1933）即描述记录了门头沟植物群。1956 年斯行健根据植物的进化观点来划分中国中生代的陆相地层，其中不少资料利用了北京地区的研究成果。其划分如表 6-7。

**表 6-7　中国中生代植物群划分简表**

| 植物群 | 地层建造 | 地质时代 |
|---|---|---|
| *Ruffordia - Onychiopsis* | 上部：板头系及其相当地层（北京附近的坨里及大灰厂一带）<br>下部：鸡西煤系及其相当地层（鸡西、鹤岗、阜新一带） | 下白垩纪初期（Wealden）<br>中部至上部侏罗纪（Dogger—Malm） |
| *Coniopteris - Phoenicopsis* | 门头沟煤系及其相当地层（相当大同煤系及瓦窑堡煤系） | 下部至中部侏罗纪（Lias—Dogger） |
| *Dictyophyllum - Clathropteris* | 安源煤系及其相当地层（相当于艮口、一平浪及东京煤系） | 上三叠纪顶部至下侏罗纪（Rhaetic—Lias） |
| *Danaeopsis - Bernoullia* | 延长层（陕西北部、甘肃东部、西部） | 上三叠纪下部及顶部（Keuper—Rhaetic） |

1962年斯行健、周志炎在其所著《中国中生代陆相地层》一书中又提出中国中生代晚三叠世至晚白垩世5个分别代表不同地质时代的植物群：

| | |
|---|---|
| 被子植物群： | 早白垩世晚期—晚白垩世 |
| *Ruffordia - Onychiopsis*： | 晚侏罗世—早白垩世 |
| *Coniopteris - Phoenicopsis*： | 早侏罗世—中侏罗世 |
| *Dictyophyllum - Clathropteris*： | 晚三叠世（晚期?）—早侏罗世 |
| *Danaeopsis - Bernoullia*： | 晚三叠世早期—晚期。 |

以后周志炎、李佩娟（1980）、王自强（1984）等研究华北地区中生代植物群，基本上是对上述成果的完善和补充。

陈芬、窦亚伟等（1984）研究北京西山侏罗纪植物群时将门头沟植物群（即 *Coniopteris - Phoenicopsis*）划为上、下两个组合。下组合名为 *Coniopteris hymenophylloides - Baiera* 组合，这一植物组合见于窑坡组下段，时代为早侏罗世晚期。上组合名为 *Coniopteris hymenophylloides - Anomozamites thomasi* 组合，见于窑坡组上段和龙门组，时代为中侏罗世。

肖宗正等（1994）又将 *Ruffordia - Onychiopsis* 植物群划为3个植物组合：

下组合　以 *Vitmia - Otozamites denticulatus* 为代表，分布于坨里组砾岩内，时代相当于早白垩世中期。

中组合　以 *Acanthopteris gothani - Torreya fangshanensis* 为代表，分布于坨里组顶部至夏庄组底部，时代为早白垩世中期。*Acanthopteris gothani* 组合与 *Otozamites denticulatus* 组合代表着两个同一时期却显示不同面貌的两个植物群落，前者出现在含煤沉积中，后者出现在非含煤沉积中。但也有少数地区两者共生，层位上略有高低，北京即显示这种情况。

上组合　以 *Potamogeton? jeholensis - Cissites* 为代表，产于夏庄组，此组合以出现原始被子植物为特征，其时代相当于早白垩世晚期，或延续至晚白垩世早期。

**2. 双壳类**

产于窑坡组下段的双壳类化石，最初由刘本培、杨守仁（1982）作了研究和报道。王自强等（1979）在坨里组近底部采到双壳类化石；王璞（1984）研究了夏庄组中的双壳类；肖宗正等（1994）又新采获了许多化石，特别是在延庆花盆土城子组中有产双壳类新化石层位的发现，综合各家资料，将其由早到晚划分为下列化石组合：

（1）*Naiadites - Shaanxiconcha - Tutuella* 组合　产于窑坡组下段，其中 *Naiadites* cf. *krasnojarskiensis*，*N. mentougouensis* 为早侏罗世所特有；*Shaanxiconcha* cf. *clinovata*，*Sh.* aff. *longa*，*Sh. shijiayingensis* 由晚三叠世延续而来；*Tutuella* 等则常见于早、中侏罗世。故时代定为早侏罗世。

（2）*Unio - Margaritifera* 组合　产于土城子组，在该组合中未见我国中侏罗世的常见分子 *Pseudocardinia*，*Tutuella* 等，也未出现北方晚侏罗世地层中的 *Ferganoconcha*，*Sphaerium* 等属分子，时代为晚侏罗世早期。

（3）*Ferganoconcha - Nakamuranaia - Sphaerium* 组合　早期分布产出的层位在东狼沟组，种类单调，化石较少，主要为 *Ferganoconcha* 种群；中期为发展时期，产有 *Ferganoconcha*、*Sphaerium* 和 *Nakamuranaia* 等相当数量的双壳类化石群，产出层位为九佛堂组至坨里组近底部；晚期为衰退期，仅见一些单调的小型 *Sphaerium*，产于坨里组的一些细碎屑沉积夹层中。其时代为晚侏罗世—早白垩世。

（4）*Xishanoconcha* 组合　以西山蚌类占绝对优势，共生在一起的还有一些小型球蚬类化石。产出层位为夏庄组，其时代为早白垩世晚期，可能到晚白垩世早期。

**3. 腹足类**

产于北京坨里的白垩纪腹足类化石，王自强（1979）、洪友崇（1982）、王璞（1984）等做过较多的采集与研究工作，并将产于夏庄组中的腹足类化石建立 *Pseudarinia gigantea*－*Zaptychius turritus*－*Mesocochliopa auriformis* 组合。

肖宗正等(1994)在东狼沟组中发现了一个新的腹足类化石群，并在坨里组和夏庄组发现新的腹足类化石产出层位，依据有关资料的综合分析，自下而上划分出 4 个腹足类化石组合。

(1)*Lioplacodes*－*Probaicalia vitimensis* 组合　产出层位为东狼沟组，以 *Lioplacodes*，*Amnicola*，*Probaicalia*，*Trochispira*，*Galba* 为主，构成本区晚中生代地层中一个特有的腹足类动物群。时代大致为晚侏罗世中期到早白垩世早期。

(2) *Viviparus*－*Probaicalia gerassimovi* 组合　主要产出层位为九佛堂组，延续至坨里组也见少量腹足类化石，其时代为晚侏罗世至早白垩世。

(3)*Zaptychius* 组合　本组合分布产出于夏庄组的中下部，腹足类化石个体微小，数量较少，以 *Zaptychius* 属的分子占绝对优势，还见有少量 *Mesocochliopa*，*Pseudarinia*，*Reesidella* 等属的分子，其时代为早白垩世。

(4) *Mesocochliopa*－*Reesidella* 组合　分布产出层位为夏庄组中上部，该组合属种繁多，数量丰富，个体较大，为本区腹足类最为繁盛的时期，在数量上占优势的是 *Mesocochliopa* 属的分子，其次为 *Reesidella* 属的分子，时代为早白垩世晚期。

**4. 叶肢介类**

华北地区的叶肢介化石自中石炭世至早白垩世都有分布，其中以侏罗纪最为丰富。根据王思恩、刘淑文、牛绍武（1984）的研究，侏罗纪至白垩纪时期可划分为下列叶肢介群：

(1) *Palaeolimnadiopsis wuziwanensis* 叶肢介群 ($J_1$)

(2) *Euestheria*－*Triglypta* 叶肢介群 ($J_2$)

(3) *Mesolimnadia*－*Yanshanoleptestheria* 叶肢介群 ($J_2/J_3$)

(4) *Nestoria*－*Keratestheria* 叶肢介群 ($J_3^1$)

(5) *Eosestheria* 叶肢介群 ($J_3^2$)

(6) *Yanjiestheria* 叶肢介群 ($K_1$)

北京已发现叶肢介化石的为延庆县花盆乡土城子组和丰台区坨里沉积盆地内的九佛堂组与夏庄组。肖宗正等（1994）将其划分归属为 3 个叶肢介群：

(1) *Nestoria*－*Yanshanoleptestheria* 叶肢介群，大量发现于延庆花盆乡土城子组黑色页岩夹层内，时代为晚侏罗世早期。

(2)*Eosestheria* 叶肢介群，以 *Eosestheria* 和 *Diestheria* 两属分子为主，种群丰度大，产于九佛堂组黑色页岩之中，与 *Lycoptera* 和 *Ephemeropsis trisetalis* 共生，共同构成了著名的热河动物群主体部分。时代为晚侏罗世至早白垩世。

(3) *Yanjiestheria* 叶肢介群，产于夏庄组，时代为早白垩世。

**5. 昆虫**

洪友崇（1984）研究了华北地区的中生代昆虫，划分命名了两个昆虫群：

(1) 燕辽昆虫群，又分出两个地方性的昆虫组合，即九龙山昆虫组合和海房沟昆虫组合。九龙山昆虫组合以产于河北滦平盆地九龙山组中的昆虫化石而建立的，以 *Rhipidoblattina hebeiensis*，*Yenliaocorixa chinensis* 大量出现占据统治地位为特征。

(2) 热河生物群，这是繁盛于晚侏罗世—早白垩世，广泛分布于我国北方陆相地层之中的一个特有的生物群。产于热河生物群中的昆虫以新翅式昆虫占绝对优势，种类繁多，变化复杂。最早 Grabau (1928) 曾将 *Ephemeropsis trisetalis* 作为热河生物群的主要成员，洪友崇 (1984) 重新研究了华北地区热河生物群的昆虫化石，认为“只要发现三尾拟蜉蝣化石，即完全可以肯定是热河生物群的产物。三尾拟蜉蝣的出现与绝灭，在一定程度上反映了热河生物群的发展规律。”可见这个种的重要地位。对这个昆虫群没有再作单独命名，其主要代表种属除 *Ephemeropsis trisetalis* 以外，尚有 *Coptoclava longipoda*，*Mesotendipes gregaria*，*Clypostemma xyphidle* 等。

(3) 芦尚坟昆虫群，这个昆虫群是洪友崇 1981 年研究北京芦尚坟组昆虫化石时建立的，目前仅见于北京西山，分布范围窄，系地方性的昆虫组合。以大量而占统治地位的*Xishania fusiformis* 为特色，并有其他共生的属种如：*Sunoscytinopteris lushangfenensis*，*Xishanocarabus parvus*，*Eurycoleus? foveolatus*，*Discus lushangfenensis*，*Fangshania punctata* 等组成这个昆虫群。

肖宗正等 (1994) 在延庆花盆土城子组地层中发现多种昆虫化石，经鉴定有 *Rhipidoblattina hebeiensis*，*Triassoblatta fusiformis*，*T. damiaoliangensis*，*Sinonidulina liugouensis* 等，其面貌与九龙山昆虫组合有极相似之处。肖宗正还指出，洪氏所指含九龙山昆虫组合的地层应属冀北的“后城组”(土城子组)，或属“承德砾岩”，不应为九龙山组，若如此则更能对比了。其时代为晚侏罗世。

北京地区产有昆虫化石的第二个层位为九佛堂组(原“大灰厂组”)，早有报道，只产单调的 *Ephemeropsis trisetalis*，时代为晚侏罗世—早白垩世。

以往报道的产于“芦尚坟组”和夏庄组内的昆虫化石层位，经本次地层对比研究全归入夏庄组，它是一个很有特色的地方性昆虫组合，原已命名芦尚坟昆虫群，可继续以此名之，时代为早白垩世晚期。

**6. 介形类**

苏德英、李友桂 (1989) 对中国东部侏罗—白垩纪介形虫动物群作了系统的划分对比研究，就介形虫的时空分布特点可划分为 11 个组合，其中非海相介形虫动物群为 8 个组合。序列为：

(1) 非海相早侏罗世介形虫 (组合 1)　*Darwinula - Naevicythere - Gauricythere* 相当于里阿斯期。

(2) 非海相中侏罗世介形虫 (组合 2)　*Darwinula sarytirmenensis - Timiriasevia mackerrowi*，巴通期至卡洛夫期。

(3) 非海相晚侏罗世介形虫 (组合 3)　*Wolburgia - Mantelliana - Djungarica* 属基末利期至波特兰期。

(4) 非海相晚侏罗世—早白垩世介形虫 (组合 4)　*Eoparacypris - Luanpingella - Darwinula* 相当于波特兰期至贝利阿斯期。

(5) 非海相早白垩世早期介形虫 (组合 5)　*Cypridea tumescens - C. dunkeri - C. granulosa* 相当于贝利阿斯期至凡兰吟期。

(6) 非海相早白垩世晚期介形虫 (组合 6)　*Cypridea sulcata - C. koskulensis - C. vitimensis* 相当于戈特里夫期至巴列姆期。

(7) 非海相中白垩世介形虫 (组合 7)　*Cypridea (Morinina) - C. (Bisulcocypridea) -*

*Cypridea* 相当于阿普第期至赛诺曼期。

(8) 非海相晚白垩世介形虫（组合 8） *Talicypridea* - *Cypridea* - *Candona* 相当于土仑期至马斯特里赫特期。

据北京地区对介形类化石的研究成果，在东狼沟组、九佛堂组和夏庄组中发现有介形类化石。

东狼沟组中的介形类是一个以 *Cypridea faveolata* - *Cypridea unicostata* 为代表的组合，以女星介占优势。九佛堂组的介形类化石组合以 *Cypridea amisia* - *Cypridea unicostata* 为代表，这两个组合的面貌很相似，同属女星介动物群，其演化具有连续性。女星介动物群在世界早白垩世地层中分布很广，极为繁盛。*Cypridea unicostata*，*C. faveolata*，*C. vitimensis* 等属种见于冀北的大北沟组、义县组或九佛堂组。大致可归入苏德英、李友桂所划分的 5、6 两个组合。时代相当于贝利阿斯期至戈特里夫期。

夏庄组的介形类化石，下部为 *Timiriasevia kaitunensis* - *Cyclocypris minipisiformis* 组合。该组合的特点是种属单调，数量丰富，*Timiriasevia* 占绝对优势。上部为 *Cypridea tera* - *Candona orientalis* 组合。*Cypridea tera* 主要出现在松辽平原上白垩统四方台组，*Candona*，*Candoniella* 为晚白垩世常见的介形类化石。虽然在夏庄组未发现晚白垩世的重要分子 *Talicypridea*，而其时代相当于阿普第期至土仑期似无多大问题。

**7. 鱼类**

北京市在两个层位中发现鱼化石，一为东狼沟组，产 *Sinamia*，其二为九佛堂组，产 *Lycoptera davidi*，*L. tokunagai* 和 *L. longicephalus*。

各类生物群、生物组合在侏罗纪—白垩纪岩石地层中的分布产出状况见表 6-8。

## 二、地层时代归属

依据上述各类生物群、生物组合的分布产出状况，对有关岩石地层单位的时代归属讨论如下：

**1. 杏石口组**

杏石口组的时代归属有不少争论，有重要鉴定意义的为植物化石 *Danaeopsis*? sp.。*Danaeopsis* 是世界性分布的晚三叠世重要属，北京地区所采标本定种有困难，属的确定该是可靠的。此外 *Cladophlebis gracilis*，*C. ichunensis* 为延长群的重要分子，*Ctenozamites* cf. *sarrani* 为延长植物群和越南鸿基植物群中的分子，*Glossophyllum shensiense*，*Taeniopteris graenlandica* 等常见于我国上三叠统的化石在杏石口组内均有发现。但在杏石口组中也见有 *Czekanowskia*，*Phoenicopsis* 等属于侏罗纪常见分子的植物化石；刘宪亭(1988)定名的 *Xingshikious xishanensis* 时代确定为早侏罗世。因此其地层时代尚难完全肯定，现主要依据植物化石资料，及该组底部反映为印支运动的地质界面，确定杏石口组为晚三叠世晚期。

**2. 南大岭组**

到目前为止在南大岭组沉积夹层中尚未找到可靠的化石，以前有关含植物化石的报道有误。该组火山岩多已蚀变，未能测定同位素年龄，根据上下层位推定属早侏罗世。

**3. 窑坡组和龙门组**

窑坡组下段依据其中所含有的植物化石组合 *Coniopteris hymenophylloides* - *Baiera*，以及双壳类 *Naiadites* - *Shaanxiconcha* - *Tutuella* 组合确定为早侏罗世。在窑坡组下段所含的植物组合中存在三叠纪等时代较老的延续分子，如 *Neocalamites hoerensis*。该种的普遍存在及丰

表 6-8 北京市侏罗纪—白垩纪生物群及生物组合分布序列表

| 岩石地层序列 | 生物群及生物组合序列 | | | | | | |
|---|---|---|---|---|---|---|---|
| | 双壳类 | 腹足类 | 叶肢介 | 昆虫 | 介形类 | 鱼 | 古植物 |
| 夏庄组 | *Xishanoconcha* | *Mesocochliopa* – *Reesidella*<br>*Zaptychius* | *Yanjiestheria* | *Xishania fusiformis* | *Cypridea tera* – *Candona orientalis* | | *Potamogeton*? *jeholensis* – *Cissites*<br>*Acanthopteris gothanis* – *Torreya fangshanensis* |
| 坨里组 | | | | | *Timiriasevia kaitunensis* – *Cyclocypris minipisiformis* | | *Vitmia* – *Otozamites denticulatus* |
| 九佛堂组 | *Ferganoconcha* – *Nakamuranaia* – *Sphaerium* | *Viviparus* – *Probaicalia gerassimovi* | *Eosestheria* | *Ephemeropsis trisetalis* | *Cypridea amisia* – *C. unicostata* | *Lycoptera davidi* | |
| 东狼沟组 | | *Lioplacodes* – *Probaicalia vitimensis* | | | *Cypridea faveolata* – *C. unicostata* | *Sinamia* | |
| 张家口组 | | | | | | | |
| 土城子组 | *Unio* – *Margaritifera* | | *Nestoria* – *Yanshanoleptestheria* | *Rhipidoblattina* | | | |
| 髫髻山组 | | | | | | | |
| 九龙山组 | | | | | | | |
| 龙门组 | | | | | | | *Coniopteris hymenophylloides* – *Anomozamites thomasi* |
| 窑坡组 | *Naiadites* – *Shaanxiconcha*-*Tutuella* | | | | | | *Coniopteris hymenophylloides* – *Baiera* |
| 南大岭组 | | | | | | | |
| 杏石口组 | | | | | | | |

盛情况，说明该组合有较古老的面貌。蕨类植物中木贼目的属种虽然不多，但数量相当丰富，*Equisetites laterale*，*E. beijingensis*，*E. giganteus* 3个种的茎干都很粗大，*E. giganteus* 的茎宽 7 cm 以上，*E. beijingensis* 茎干最宽达 12 cm，一般三叠纪化石的茎干较大，侏罗纪则显窄小，这也反映了较古老的色彩。此外尚有不少是欧亚或东亚晚三叠世或早侏罗世的种或相似种，如 *Cladophlebis gigantea*，*C. pseudodelicatula* 产于日本晚三叠世成羽植物群；*C. ingens* 发现于格陵兰早侏罗世的 *Thaumatopteris* 带；*C. kaoiana* 是我国晚三叠世延长植物群的分子。可见门头沟植物群下组合与三叠纪植物群的关系较为密切。在下组合中真蕨纲占绝对优势，共有 28 种，以 *Coniopteris hymenophylloides*，*C. tatungensis*，*Eboracia lobifolia* 3个种经常共同出现，反映了植物面貌的新趋势，它们是英国约克郡中侏罗世植物群的重要成员。*C. hymenophylloides* 是遍及全球各地的世界种，它最早出现于早侏罗世，很快分布于全球，中侏罗世达到发育的顶峰，至早白垩世仅存在于少数地区。据此，似乎定为中侏罗世为宜，因此在认识和处理上常存在分歧。根据各方面生物化石资料的综合分析，将窑坡组下段的时代定为早侏罗世偏晚期较为妥当。

窑坡组上段和龙门组出现门头沟植物群的上组合—— *Coniopteris hymenophylloides* - *Anomozamites thomasi* 组合，该组合的植物化石较下组合贫乏，其中蕨类植物仍占主导地位，银杏植物大为减少，苏铁与松柏两纲植物变化不大，真蕨植物中的蚌壳蕨科始终不衰，除了常见的几个种外，出现了新种 *Coniopteris beijingensis*；银杏植物大为减少，突出的是下组合中叶片深裂的 *Baiera* 各种已很少见。苏铁植物与下组合有所不同，除了 *Pterophyllum propinquum*，*Nilssonia pterophylloides* 与下组合共有外，*Anomozamites* 较多，在所见的植物化石中 *Anomozamites* cf. *gracilis*，*Ctenis kaneharai*，*Annulariopsis simpsoni*，*Ginkgoites* aff. *sibericus* 等均是约克郡植物群的分子，因此含门头沟植物群上组合的窑坡组上段和龙门组，其时代定中侏罗世。

**4. 九龙山组和髫髻山组**

这两组在北京地区至今未找到化石。王自强（1984）在《华北地区古生物图册》中描述了河北省涿鹿县夏家沟九龙山组的植物化石，计有：*Coniopteris hymenophylloides*，*C.*？*murryana*，*Dicksonia* cf. *concinna*，*D. mariopteris*，*Hausmannia leeiana*，*Cladophlebis delicatula*，*Nilssonia linearis*，*Neocalamites* cf. *hoerensis* 等，以类比的方法，北京的九龙山组亦归入中侏罗世。

髫髻山组火山岩据已有同位素年龄测定结果多在 160～152 Ma 之间，表明火山活动亦即该套火山岩层的形成时代在晚侏罗世初期，火山活动的高潮相当于牛津期（Oxfordian），而火山活动的起始阶段可能在中侏罗世末，即卡洛夫期（Callovian）的晚期即已开始。

**5. 土城子组**

根据在延庆花盆土城子组内所发现的大量动植物化石资料，有双壳类、叶肢介、昆虫及植物化石等。双壳类为 *Unio* - *Margaritifera* 组合；叶肢介为 *Nestoria* - *Yanshanoleptestheria* 叶肢介群，其中的 *Nestoria* 属分子个体小，种类较少，可能是 *Nestoria* 类叶肢介尚处于演化的初级阶段，与冀北大北沟组个体大种数多的 *Nestoria* 化石群有一定区别，亦与中侏罗世叶肢介群面貌完全不同。昆虫则为以 *Rhipidoblattina* 为代表的组合。据此将其时代定为晚侏罗世初期。

**6. 张家口组至九佛堂组**

北京地区含热河生物群典型分子狼鳍鱼-东方叶肢介-三尾拟蜉蝣（*L* - *E* - *E*）的层位为

东狼沟组和九佛堂组，关于热河动物群的时代归属牵涉到侏罗纪与白垩纪界线划分这一地质界一直争论不休的大问题，本次清理亦很难取得多数公认的结论。地层清理研究项目办公室提出这套地层时代目前暂按 $J_3$—$K_1$ 来处理。北京地区张家口组火山岩层的时代，已有较可靠的同位素年龄测定结果为 135.9 Ma（东岭盆地，全岩 Rb－Sr 等时线），其他用 K－Ar 法测定的结果更偏小，似应属早白垩世，因此把它们作为侏罗与白垩纪的过渡层位来处理亦是一种可行的方案。

**7. 坨里组**

坨里组内含有以 *Vitmia－Otozamites denticulatus* 为代表的植物化石组合。双壳类以费尔干蚌和球蚬类为主体，见于坨里组的近底部，为九佛堂组的双壳动物延续过来的分子；在整个坨里组的一些细碎屑沉积夹层中，仅见到一些单调的小型球蚬。腹足类的产出层位也在坨里组的近底部，为自九佛堂组延续过来的 *Viviparus－Probaicalia gerassimovi* 组合。总的来说，坨里组含化石不丰富，且主要见于下部靠近九佛堂组的一些细碎屑岩夹层内，与九佛堂组热河动物群关系密切，坨里期相当于热河动物群的衰退期，其时代可定为早白垩世。

**8. 夏庄组**

夏庄组内化石丰富，且呈现新的面貌。

双壳类为 *Xishanoconcha* 组合，以西山蚌类占绝对优势。

腹足类分上下两组合，*Zaptychius* 组合产于本组的中下部；中上部则为 *Mesocochliopa－Reesidella* 组合，为本区腹足类最繁盛的时期。

叶肢介为 *Yanjiestheria* 群。

昆虫为极具地方性特色的芦尚坟昆虫群，以 *Xishania fusiformis* 占统治地位。

介形类亦可划为两个组合，该组下部为 *Timiriasevia kaituensis－Cyclocypris minipisiformis* 组合，上部为 *Cypridea tera－Candona orientalis* 组合。

植物：下部为 *Acanthopteris gothani－Torreya fangshanensis* 组合，上部为 *Potmogeton ? jeholensis－Cissites* 组合。

根据这些各类化石组合充分说明夏庄组的时代相当于早白垩世晚期，甚至可延续到晚白垩世早期。

## 第三节　区域地层格架

侏罗—白垩纪时，华北陆台上发育了一系列大小不一，活动强度各有差异的陆相盆地，各类岩石地层均堆积形成于这些盆地中，因此在一定的区域地质背景上，盆地的空间分布规律和成生发展特点就从根本上决定了该地质时期的区域地层格架。

### 一、不同世代盆地的分布和产出规律，决定了各岩石地层单位在区域上有规律的展布

研究侏罗—白垩纪岩石地层的空间分布和叠覆关系必须从陆相火山-沉积盆地的成生、发展特征入手。经研究燕山构造旋回经历了 3 次构造体制的交替，每次交替都是从伸展体制转换为收缩体制，从而出现 6 个构造变形世代。这些构造体制的转换交替，均形成相似的构造发展模式，在伸展阶段地壳裂陷形成盆地接受沉积，相应地在一些盆地的特定发展阶段内火

山活动喷发堆积；在继后的收缩体制下发生褶皱变形、剪切破裂和逆冲推覆活动，并导致大量岩浆侵位。当地壳再次发展为伸展机制时，发育另一世代的盆地接受新的堆积。并在两个世代盆地堆积物之间形成不整合。因此，构造体制的转换，导致了沉积、岩浆、变形、变质等各种事件有联系、有规律地成生发展。燕山运动可划分为3个褶皱幕，相应地受构造控制而成生发展的盆地则可划分为3个世代的盆地。这3期造盆作用在北京地区的直接表现为：第一世代盆地形成了从杏石口组到九龙山组这一套火山-沉积物的堆积，第二世代盆地形成髫髻山组至土城子组的堆积，第三世代盆地形成张家口组至夏庄组的堆积。

第一世代盆地的发育和展布受到印支期构造的影响和限定较为明显，印支运动铸造的构造格架为近东西向，这一方向限定了早燕山期第一世代盆地的发育和同期火山喷发带的展布亦呈近东西向，且该世代盆地均发育在前燕山期接受有晚古生代至中三叠世沉积的基底上，为继承性上叠式拗陷盆地。北京地区该世代盆地产出在东西向密云-墙子路大断裂以南，呈近东西向延伸，中侏罗世末，区域构造应力场由引张转向挤压，在收缩体制下盆地消亡。该世代盆地中的堆积物发生纵弯褶皱和剪切滑脱作用，形成了髫髻山、九龙山—香峪大梁和北岭等侏罗山式向斜构造，轴向NE65°～70°。因此杏石口组至九龙山组这些岩石地层在空间产出上形影相随，一起分布在现今轴向呈NE65°～70°的一系列由燕山一幕所形成的向斜构造内，至于原始沉积盆地的面貌，由于受后期构造改造和破坏，已丧失殆尽难以恢复。

第二世代盆地呈NE50°～60°方向展布，明显地受到同方向深断裂——居庸关深断裂、南口-沿河城深断裂及颐和园深断裂的控制。根据盆地的展布情况，可分为两个带（见图6-2），南带西南起自百花山，往东北方向经髫髻山、妙峰山、十三陵、怀柔山前延至密云新城子一带，带宽约20 km，发育有百花山、髫髻山、新城子3个火山-沉积盆地。在东北端的新城子盆地因受到东西向赤城-古北口深断裂的制约，盆地向东西方向偏转延伸。北带处于居庸关深断裂的西北侧，包括燕羽山、凤驼梁-四海、千家店、后城等盆地。延展方向与南带平行，在髫髻山组堆积阶段盆地呈北东向展布，进入土城子阶段，盆地发育向北迁移，受到东西向赤城-古北口深断裂的影响，使接受土城子阶段堆积的火山-沉积盆地，整体上显示为近东西向偏转排列的趋势。在第二世代盆地内堆积发育髫髻山组和土城子组两个岩石地层单位。这一世代盆地很多表现为新生性的特征，发育在不同时代岩系构成的盆地基底上，因此髫髻山组常与其他不同时代的岩层不整合接触；即便在继承性盆地中，髫髻山组紧随九龙山组之后产出，两者之间总能明显地看到不连续的界面。由于两个世代的盆地展布方向不同，因此分别发育产出在两个世代盆地中的两套岩石地层亦有各自的延伸展布格局。另外，盆地的衰亡时间有先有后，所以有些盆地内仅有髫髻山组而缺失土城子组；当髫髻山组和土城子组均发育时，则两者表现为产状一致的整合接触。

燕山晚期成生发育一组截切性极强的区域性NNE向深断裂，受它制约，发育形成了第三世代的火山-沉积盆地。西界为紫荆关深断裂带，东界为高丽营深断裂带，在这两条深断裂之间，第三世代盆地总体呈NE30°方向展布。南起房山区坨里和门头沟区杜家庄一带，北到怀柔七道河地区，两端向外均延出本市，本市范围内长约160 km，宽约70～80 km，含有坨里、杜家庄-镇厂、东岭、怀柔、上大水、岔道、七道河等火山-沉积盆地。该世代盆地均为新生性上叠式火山沉积盆地，控制了从张家口组至夏庄组这一套岩石地层的分布，整体看，盆地呈NNE方向延展，但带内每一个火山盆地的发育和生成则受其具体部位特定盖层断裂构造的控制，盆地的延长方向各异，这是不同于前两个世代盆地的一个重要差异。

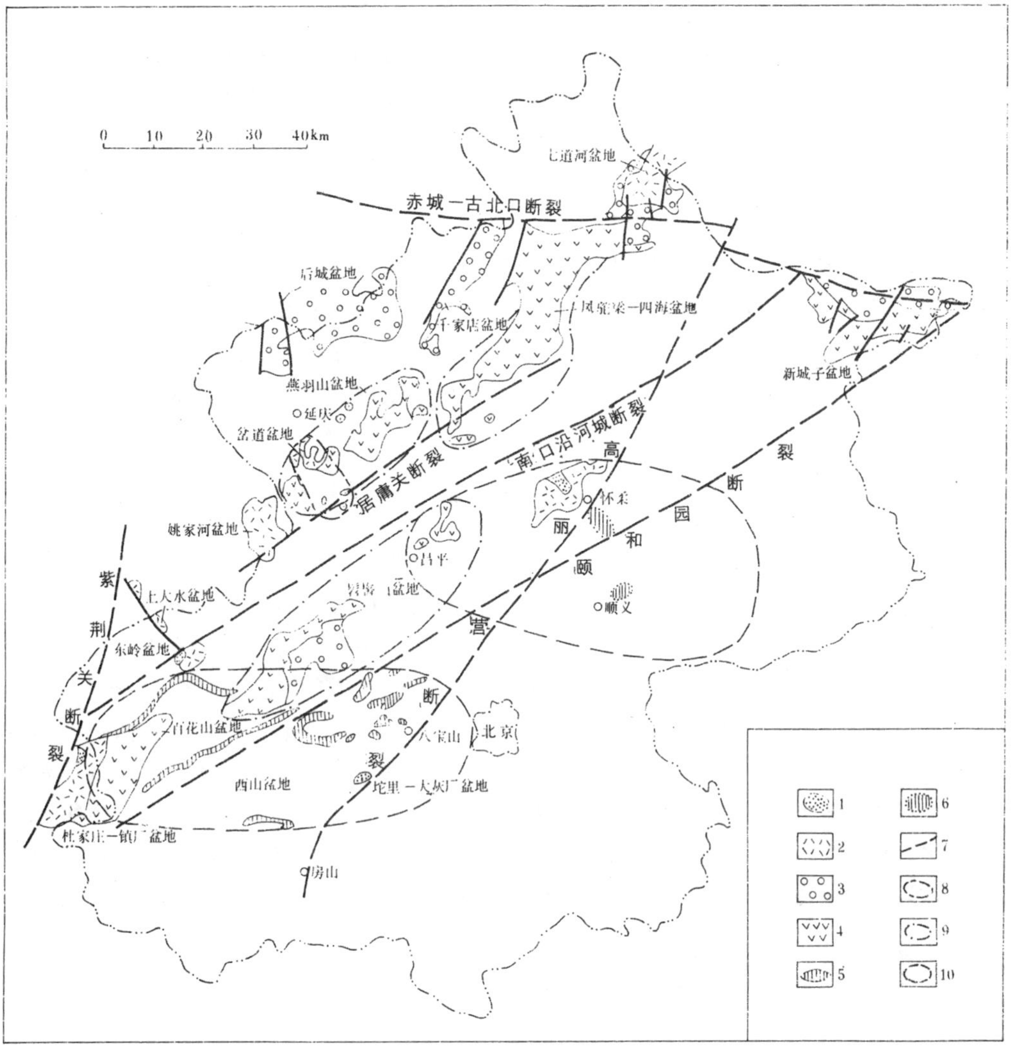


图 6-2　北京市燕山期不同世代盆地分布略图

1. 晚燕山喷发期东狼沟阶段火山岩；2. 晚燕山喷发期东岭台阶段火山岩；3. 中燕山喷发期土城子间歇（喷发）阶段火山-沉积岩；4. 中燕山喷发期髫髻山阶段火山岩；5. 早燕山喷发期南大岭阶段火山岩；6. 隐伏早燕山喷发期南大岭阶段火山岩；7. 推测深断裂；8. 晚燕山喷发期火山盆地推测原始分布范围；9. 中燕山喷发期火山盆地推测原始分布范围；10. 早燕山喷发期火山盆地推测原始分布范围

## 二、盆地从形成至衰亡发展有序，决定了各岩石地层单位在垂向剖面上有序地叠覆

盆地受构造运动的控制有从形成至扩展至衰亡的盆地发育史，其盆地内的堆积物随着盆地的成生发展亦以一定序列有规律地堆积产出。在盆地发展的早阶段，强烈的差异性升降，在底部往往堆积了山麓粗碎屑洪冲积物，伴随断裂活动导致火山喷发，堆积了大量火山岩；中阶段盆地扩展稳定沉降，形成灰黑色细碎屑内陆河湖相建造，条件适宜时形成煤层或油页岩；晚阶段盆地趋于衰亡，在强烈的氧化条件下形成紫红色或杂色河流相各粒级碎屑岩。因此，剖

面上岩性的组合清楚地显示出三分性，从下往上总体上表现为：粗碎屑岩及火山岩至暗色细碎屑岩至以紫红色调为主的杂色粗碎屑岩。由于各盆地发育程度不同，因此这一总的堆积序列表现在各盆地中不一定都很完整，第一世代盆地的发育和堆积序列最为清楚完整。第二世代盆地多缺失中期的稳定沉降阶段，暗色细碎屑岩极不发育。而第三世代盆地在发育演化过程中，常出现一次盆地的“回春”现象，因此大多数地区该世代盆地的堆积物常表现为重复出现两个旋回性堆积序列结构。

这些特点决定了陆相火山沉积盆地虽然岩性复杂多变，同样有其客观科学的自然堆积规律可循，遵循这些特点，可比较好的解决火山岩石地层划分问题。而同一世代盆地在不同地区其发育的时间不一定同步，各盆地形成和衰亡的起讫时间可有先有后，只要各盆地所处的区域地质构造条件相同或近似，就会有相近的盆地成生发展历史，形成类同的火山-沉积堆积物，就给不同盆地之间岩石地层的对比提供了基本地质依据，建立起统一的盆地沉积格架模式。

## 三、大区域气候的分带和变化制约了沉积物的特征和变化

从晚三叠世晚期的杏石口组堆积，到早白垩世九佛堂组堆积，在这一大段地质历史发展期间，整个华北陆台古气候条件的变化是一致的，不同地区相应岩组的岩石色调变化基本相同。而九佛堂组以上，冀北的青石砬组和辽西的阜新组又是一个极重要的含煤层位，岩性组合特征一致，化石面貌也相同。但在北京地区则形成另一套面貌的岩石地层，下部为砖红色、棕红色、土黄色厚层砾岩、砂岩夹粉砂岩、泥岩；上部变为杂色、灰绿色、灰白色细碎屑岩夹泥岩、泥灰岩。在北京南部坨里盆地分别称坨里组和夏庄组，其总体岩石面貌特征截然不同于阜新组或青石砬组，却与宁夏的庙山湖群、六盘山群，陕西的志丹群，一直到山东的大盛群可以对比。是否表现为大体以现今北纬40°左右有一古气候的分带，40°以北的盆地处于潮湿气候条件，均发育含煤地层，形成工业煤层；而40°以南则为干热气候，出现氧化色调。

# 第七章
# 结　语

## 第一节　本次工作所取得的主要成果和进展

通过本次地层对比研究工作，在下述方面取得了较好的成果和重要进展：

一、以《国际地层指南》和《中国地层指南及中国地层指南说明书》为指导，应用现代地层学多重划分对比的概念，对北京地区新生代以前的地层资料进行了全面的清理核查，对各地层单位的命名由来、划分变化沿革作了仔细而严格的考证、订正；清除了过去传统地层学研究中年代地层与岩石地层不分，地层命名混乱，一些地层单位概念模糊，术语不规范等现象；并与华北大区“对口接轨”，除中生代个别地层单位依据其在北京地区的发育特点而采用地区性名称以外，绝大部分岩石地层单位均采用了华北大区统一的命名方案，统一了各地层单位的概念、含义及划分标准；最终清理确定北京地区从太古宙到白垩纪的岩石地层单位36个，明确其层型、区域延伸展布和变化，列出岩石地层序列表，确定了各地层单位的地质时代归属，为地层研究的科学化奠定了良好的基础，使地学研究领域中最为基础性的地层工作有了统一的共同语言，必将大大促进今后各项地质工作的发展步伐，在扎实、严密、科学的基础上，保证并加快地学研究的各个领域取得飞跃的进展和重大突破。

二、对太古宙变质岩的划分，传统的认识和方法已暴露出重大的缺点、错误和不足，那种把大量具有片麻状构造的花岗质岩石视为沉积变质的产物，而且把构造置换结果所形成的片理当成层理，进而简单地采用沉积地层的方法将复杂的变质岩石划分成群、组、段进行对比，这种认识和成果资料存在很大问题。本次对比研究按照现代变质岩区研究的新理论、新观点和新方法，积极利用近年来在北京地区开展新一轮1∶5万区调的成果，合理地划分出表壳岩和古老变质侵入体，先把变质侵入岩进行剔除；至于现今所看到的表壳岩，都是经历了多期变质和变形作用的强烈改造，层理均被构造置换为次生面理，存在不同规模复杂的同斜褶皱，并为多期韧性剪切滑脱或逆冲推覆等构造所改造，导致地层层序的严重破坏，而且多为小面积分散孤立产出，为此合并统称其为密云（岩）群。使在变质岩区的认识和工作上跨上一个新的台阶。

三、在岩石地层单位的正确划分和细致的区域对比的基础上，查清了一些主要地层单位的区域变化和穿时现象，从而对有关地质问题的认识有了深化。如：

1. 北京地区的杨庄组原来认为只出露于东部平谷一带，由于岩性变化较大，所以很长期间在北京西山和延庆都未划分出来。80年代以来，由于工作的不断深入，确认了杨庄组在西山等地的存在。本次查清了平谷至冀东一带以形成紫红色粉砂质白云岩、页片状泥粉晶白云岩为特征，为潮下泻湖环境；往西至北京西山地区，形成以砂（砾）岩为主的碎屑岩和白云岩组合，有大量陆源碎屑物质，变为滨海海滩环境。这是同一海盆内不同相环境的变化所致。同时丰富了对杨庄组与下伏高于庄组之间平行不整合接触面特征的认识。

2. 根据洪水庄组的岩性和分布产出特征，提出它是在蓟县期海侵最大时期的产物，由于水体较深，形成了一套以陆源细碎屑物质为主的岩石，相当于层序地层学中饥饿段沉积。改变了以往一般认为在雾迷山末期发生海退，海域收缩到燕山地区，从而形成洪水庄组碎屑沉积岩层这类传统认识。合理地解决了蓟县纪—青白口纪岩石地层的格架问题。

3. 本次所划分的两个特征性非常明显、区域延展极为稳定的寒武纪岩石地层单位——馒头组和张夏组，经与层型所在地山东省对比后，清楚地看出它们的穿时现象。北京地区的馒头组从年代地层单位的划分上归属龙王庙阶的晚期，因为未发现莱得利基虫，只存在上部的 *Shantungaspis* 带，时代为中寒武世早期；而山东省这套岩石地层其形成的地质年代跨度从龙王庙阶到徐庄阶。因此北京地区馒头组的开始沉积时期相对拖后，而堆积结束的时间又相应地提前。

北京地区张夏组鲕粒灰岩的时代为中寒武世徐庄期至张夏期，山东地区鲕粒灰岩相占绝对优势的层段是在张夏期，表明本区在徐庄期已进入正常海高能鲕粒滩沉积环境，形成大套鲕粒灰岩，而山东省到张夏期才转化为相同的沉积环境，地质历史时间相对拖后，从而使张夏组鲕粒灰岩的底界出现穿时性。

4. 晚古生代岩石地层单位太原组和山西组亦同样具有穿时现象。北京地区的山西组其下部植物化石组合（*Neuropteris ovata - Lepidodendron posthumii*）具典型的早期华夏植物群面貌，时代为晚石炭世斯蒂芬期，而山西组上部地层中所见植物化石则与华北地区早二叠世早期植物化石组合面貌基本一致。由此可以看出，北京地区的山西组，其开始沉积堆积的地质时期要早于层型所在地——山西太原西山，该地山西组的地质时代为 $P_1$，作为一个岩石地层单位来说具有明显的穿时性。北京地区太原组结束堆积的时间比太原西山早，相应地山西组开始堆积的地质年代也偏早。究其原因是：北京地区在晚石炭世时靠近北侧古陆边缘，当时海水从北往南退出。在北京于晚石炭世斯蒂芬期已经海退，形成一套陆相含煤地层，而在太原西山则为滨海平原，于同期形成海陆交互相地层；到早二叠世早期太原西山才基本上海水退出，形成岩石地层特征相同的山西组陆相含煤地层。

揭示馒头组、张夏组、太原组、山西组等岩石地层单位区域上的穿时现象，将深化对古地理沉积环境的变化和演化、区域地层格架的建立等方面的认识。

5. 在对坨里沉积盆地1∶5万区调资料详细检查复核的基础上，同意石景山幅、良乡幅区调报告中所提出的观点，即对该区白垩纪地层进行重新划分和修正，取消“辛庄组”，肢解“芦尚坟组”，解决该区地层问题上历来争论的难点，使岩石地层的划分更趋合理。

指出了当冀北的青石砬组和辽西的阜新组这一早白垩世又一个极重要的含煤地层沉积时，在北京地区则形成另一套面貌的岩石地层，坨里组为砖红色、棕红色、土黄色厚层砾岩、砂岩夹粉砂岩、泥岩，其总体岩石面貌特征截然不同于阜新组或青石砬组，却与宁夏的六盘山群、陕西的志丹群、一直到山东的大盛群可以对比。产于成煤沉积中的重要植物组合（*Acan-*

*thopteris gothani* 组合）存在于坨里组的顶部，在坨里组整个层位内，则存在代表同一个时期却显示不同面貌的另一植物群落（*Otozamites denticulatus* 组合），说明坨里组与阜新组等是同时的。这是否表现为大体以现今北纬 40°左右有一古气候的分带，北纬 40°以北的盆地，处于温湿气候条件下，均发育含煤地层，形成工业煤层；而北纬 40°以南则为干热气候，出现氧化色调和粗碎屑沉积。

四、全面总结了中元古代以来至中生代各岩石地层单位的基本层序特点，深化了对各岩石地层单位形成环境和成因的认识，把北京的地层系统合理地划分为太古宙、中—晚元古代、寒武纪—奥陶纪、石炭纪—三叠纪（早、中世）、侏罗纪—白垩纪（含晚三叠世晚期）5 个大的自然断代进行分析研究总结，进而对各大断代的岩石地层格架作了探讨，揭示出各地层单位的特征，不同地层之间的关系，在时间空间方面的演化规律。

1. 概括出中—晚元古代 12 个岩石地层单位各具特色的基本层序，使之一目了然地分辨出不同岩石地层单位在垂向序列中不同的叠覆规律；根据各组段岩石基本层序和十分丰富的指相标志，将北京地区中—晚元古代岩石地层划分成 5 大沉积旋回；指出沉积环境的演化情况；分别编绘出长城纪岩石地层和蓟县纪—青白口纪岩石地层的格架示意图，以展示和解释各岩石地层单位的空间有序排列形式。

2. 早古生代华北地区演变为稳定的华北地台，成为坡度很小的缓坡型碳酸盐台地。工作中吸取了苏德辰等的研究成果，总结概括出单斜缓坡型稳定碳酸盐台地很有特色的各岩石地层单位基本层序及米级旋回层序。由于横向变化不大，因此对地层格架问题着重分析讨论了垂向叠覆关系，总结指出三大沉积旋回构成了北京地区早古生代的岩石地层格架。

3. 指出晚古生代—中三叠世决定区域地层格架的两点基本因素，一是处在华北地台继续稳定发展阶段，而且是在晚奥陶世地台整体隆升，经历了长达 140 Ma 的风化剥蚀，地表地形起伏差异很小的剥蚀夷平面上接受的沉积，因此各岩石地层单位垂向叠覆关系清楚，侧向变化较小。二是北京地区在该地质发展阶段时所处的古地理位置是在古陆的边缘，因此在整体沉积环境由海陆交替相向陆相发展变化的过程中，这样一个特殊的古地理位置，必然敏感地反映为较其他地区提早结束海侵，转为陆相沉积，从而决定了下部的两个岩石地层单位与区域对比具有明显的穿时性。通过分析研究总结出该套地层的 3 种基本层序类型，从对上述基本层序类型特征的分析，探讨沉积环境的演变和各岩石地层单位的叠覆规律。

4. 提出决定侏罗纪—白垩纪区域地层格架的决定性因素是在一定的区域地质构造背景上陆相盆地的空间分布规律和成生发展特点。指出侏罗纪—白垩纪燕山构造旋回期间受 3 次构造体制交替的制约出现 3 个成盆期，出现 3 个世代的盆地，不同世代盆地的分布和产出规律，决定了各类岩石地层单位在区域上有规律展布的特点；以及盆地从形成→衰亡的有序发展，决定了各岩石地层单位在垂向剖面上有序叠覆的规律。

上述对各断代岩石地层格架的初步探讨，达到了从整体上对北京地区各类岩石地层单位的时空有序排列产出的特点和规律有一完整的认识，其成果较以往认识大大推进了一步。

五、虽然北京地区以往在生物地层方面研究较差，本次清理尽量收集了有关成果，较为系统而概要地介绍了各时代古生物特征，并讨论了各岩石地层单位的时代归属。

## 第二节　存在的主要问题及对今后工作的建议

本项目通过一年半的工作，由于人力等方面的困难，以及受现有资料的限制，尚存在不少问题有待今后工作继续深入。

一、太古宙变质岩石地层虽然有新一代1∶5万区调成果资料作为基础，提出了变质岩石地层单位划分的新方案，是否能得到认可和在工作中推广，尚待今后的实践加以检验。

二、新生代地层都是半固结或未固结的松散堆积物，沉积类型复杂，横向变化大，而且以往资料中侧重于周口店洞穴堆积的研究，其他方面则研究程度很差，目前还达不到进行地层清理的条件，待今后工作中有目的地有针对性地做好这一断代地层的研究工作。

三、以往的地层工作侧重于岩石地层的研究，生物地层工作做了一部分，也不系统，其他方面的研究则很零散，因此本次工作内容还谈不上"地层多重划分对比研究"，很多方面工作和资料都需要今后设立专题加以补充完善。

四、地层数据库的建立是一件大事，是地质工作的基本建设。本次按照总体设计要求对各地层单位做了填卡和录入，在工作中深感资料丰富、可信度高的地层剖面资料不多，这也有待今后把工作继续下去，不断努力，真正把地层数据库建设好，为今后地质工作的发展和祖国四化建设事业发挥其应有的作用。

# 参 考 文 献


北京大学、清华大学地质系燕山工作队，1951，燕山地质。地质评论，16（1）84—100。

北京地质学院，1961，北京的地质。北京：北京出版社。

北京矿业学院煤田地质系，1960，北京煤田石炭二叠纪煤系沉积特征及煤层对比。北京：煤炭工业出版社。

北京市地质矿产局，1991，北京市区域地质志。地质专报，一．区域地质，第 27 号。北京：地质出版社。

北京市区域地层表编写组，1977，华北地区区域地层表·北京市分册。北京：地质出版社。

边兆祥，1957，景儿峪灰岩中 *Redlichia* 的发现及其对中朝陆台下寒武系划分的意义。地质评论，17（2）209。

陈芬、窦亚伟、黄其胜，1984，北京西山侏罗纪植物群。北京：地质出版社。

陈恺、熊永先，1935，北平西山之逆掩断层。中国地质学会志，14（4）535—568。

陈晋镳等，1980，蓟县震旦亚界的研究。天津地质矿产研究所主编，中国震旦亚界。天津：天津科学技术出版社。

冯增昭，1986，华北地台东部晋冀鲁京津地区早奥陶世岩相古地理。沉积学报，4（4）28—40。

高振西、熊永先、高平，1934，中国北部震旦纪地层。中国地质学会志，13（2）243—288。

管守锐、余伯高，1979，燕山西段下古生界地层及发育特征。华东石油学院学报，（1）。

韩德馨、杨起主编，1980，中国煤田地质学（下册）。北京：煤炭工业出版社。

贺高品等，1993，北京密云地区变质基性岩墙的 Sm－Nd 同位素年龄及其地质意义。岩石学报，9（3）312—317。

洪友崇，1981，京西早白垩世芦尚坟昆虫群。天津地质矿产研究所所刊，第 4 号，87—96。北京：地质出版社。

洪友崇等，1982，京西晚期中生代地层和古生物的研究。地质学报，56（2）98—110。

黄汲清，1927，北京西山寒武纪及奥陶纪地层。中国地质学会志，6（2）69—81。

计荣森、潘钟祥，1933，北平西山之双泉层及其三叠纪植物化石。中国地质学会志，12（4）491—503。

李星学著，1963，华北月门沟群植物化石。中国科学院地质古生物研究所、古脊椎动物与古人类研究所编辑，中国古生物志，新甲种第 6 号，总号第 148 册。北京：科学出版社。

李星学，1963，中国晚古生代陆相地层。全国地层会议学术报告汇编。北京：科学出版社。

李星学、姚兆奇，1979，亚洲二叠纪植物地理分区。中国古生物学会编，中国古生物学会第十二届学术年会及第三届全国会员代表大会学术论文摘要集。北京：科学出版社。

李友桂、苏德英，1989，中国东部侏罗—白垩纪介形虫动物群及其对比。中国地质科学院地质研究所地层组著，中国东部侏罗纪—白垩纪古生物及地层。北京：地质出版社。

刘本培等，1982，北京西山门头沟组双壳类动物群的发现兼论中国北部早期中生代成煤期时代。地质学报，56（4）364—372。

刘宪亭，1988，北京西山杏石口组的鱼化石。古脊椎动物学报，26（4）278—286。

卢衍豪等，1982，中国寒武纪地层对比表及说明书。中国科学院南京地质古生物研究所编著，中国各纪地层对比表及说明书。北京：科学出版社。

陆松年等，1989，蓟县—平谷长城系地质年龄数据新知及年代格架讨论。天津地质矿产研究所所刊，第 23 号，11—24。北京：地质出版社。

吕建生，1987，北京密云太古宙三期变质基性岩脉群成因关系。长春地质学院《世界地质》编辑部，世界地质，构造地质专辑，107—118。

麦延庆、吕建生，1987，密云西北部太古宙三岔口岩体的确立及变形。长春地质学院《世界地质》编辑部，世界地质，构造地质专辑，93—100。

孟祥化、乔秀夫等，1986，华北古浅海碳酸盐风暴沉积和丁家滩相序模式。沉积学报，4（2）1—18。

米家榕等，1984，北京西山杏石口组发育特征及其时代。地质学报，58（4）273—283。

乔秀夫，1956，下马岭页岩的时代。地质知识，（5）12—16。

乔秀夫，1957，中朝陆台震旦纪岩相古地理及其与寒武纪地层的界线。北京地质学院学报，（1）38—56。

乔秀夫，1963，燕山山脉寒武系的下限。中国地质学会编，中国地质学会第 32 届学术年会论文选集。北京：中国科学技术情报研究所。

乔秀夫，1976，青白口群地层学研究。地质科学，（3）246—265。

山则名，1958，华北北部及辽宁西南部震旦纪含锰地层的层位对比。地质月刊，（11）32—35。

申庆荣、廖大从，1958，燕山山脉震旦纪地层及震旦纪沉积矿产。地质学报，38（2）263—278。

盛金章等，1982，中国二叠系对比表及说明书。中国科学院南京地质古生物研究所编著，中国各纪地层对比表及说明书。北京：科学出版社。
斯行健，1933，中国中生代植物。中国古生物志，甲种，4号，1册。
斯行健著，1956，陕北中生代延长层植物群。中国科学院古生物研究所古脊椎动物研究室编辑，中国古生物志，新甲种第5号，总号第139册。北京：科学出版社。
斯行健、周志炎，1962，中国中生代陆相地层。全国地层委员会，全国地层会议学术报告汇编。北京：科学出版社。
宋天锐、高健著，1987，北京十三陵前寒武系沉积岩。地质专报，三. 岩石、矿物、地球化学，第3号。北京：地质出版社。
宋天锐等，1991，华北元古宙沉积岩。北京：北京科学技术出版社。
孙健初、王曰伦，1930，宣化一带地质构造研究。农矿部直辖地质调查所、国立北平研究院地质学研究所，地质汇报，第15号，1—11。
孙云铸，1957，寒武纪下界问题。地质学报，37（3）231—239。
天津地质矿产研究所，1984，华北地区古生物图册（二），中生代分册。北京：地质出版社。
田奇琇，1923，南口震旦纪地层和古生物。中国地质学会志，2（1—2）105—110。
王恩林、杨占兴，1987，北京密怀隆起张家坟群的解体与三棱山韧性剪切带的确定。长春地质学院《世界地质》编辑部，世界地质，构造地质专辑，69—78。
王人镜、金元，1990，北京西山北岭向斜早侏罗世细碧岩及其成因。张吉顺、单文琅主编，北京西山地质研究。武汉：中国地质大学出版社。
王英华等，1982，关于鲕粒与沉积环境的探讨。北京大学地质学系编，地质研究论文集。北京：北京大学出版社。
王竹泉、计荣森，1933，北平西山门头沟煤田地质。中国地质学会志，12，399—411。
王竹泉、李悦言，1938，北平西山杨家屯煤田地质。前经济部地质调查所、国立北平研究院地质学研究所，地质汇报，第31号，39—56。
王自强、王璞，1979，北京西山坨里—大灰厂地区晚期中生代地层古生物简报。地层学杂志，3（1）40—50。
王增吉等，1990，中国地层8，中国的石炭系。北京：地质出版社。
项礼文等，1982，中国地层4，中国的寒武系。北京：地质出版社。
项礼文、郭振明，1964，河北昌平灰岩组内的三叶虫化石及其地层意义。古生物学报，12（4）622—627。
肖宗正，1981，燕山地区震旦亚界最早叠层石组合及其地层意义。地质论评，27（5）384—390。
肖宗正，1985，北京市南口—十三陵中上元古界叠层石。第一届全国化石藻类学术会议论文选集。北京：地质出版社。
肖宗正等，1994，北京中生代地层及生物群。北京：地质出版社。
谢家荣，1933，北平西南长辛店—坨里一带地质。中国地质学会志，12（4）513—533。
邢裕盛等，1985，中国晚前寒武纪古生物。地质专报，二，地层·古生物，第2号。北京：地质出版社。
熊秉信，1936，北平西山清水涧页岩层。地质论评，1（6）673—680。
杨杰，1947，北平西山红庙岭系之时代问题。中国地质学会志，27，367—372。
杨杰，1948，北平西山之岩石性质与火山活动。地质论评，13（1—2）27—53。
杨杰，1957，北京西山髫髻山统以前的酸性火山岩。地质论评，17（2）161—179。
杨曾威等，1928，北京西山杨家屯地层之考查。国立北京大学地质研究会会刊，（3）109—114。
叶良辅等，1920，北京西山地质志。地质专报，甲种第1号，1—92。
叶良辅、刘季辰，1919，直隶临榆县柳江煤田报告。前农商部地质调查所，地质汇报，第1号，37—50。
尹赞勋等编，1966，中国地层典（七），石炭系。北京：科学出版社。
于荣炳、张学祺，1984，燕山地区晚前寒武纪同位素地质年代学的研究。天津地质矿产研究所所刊，第11号，1—24。北京：地质出版社。
张俊明等，1981，燕山地区下寒武统昌平组豹斑灰岩的古环境意义。地层学杂志，5（1）50—56。
张文堂等，1982，中国奥陶系的划分及对比——中国奥陶纪地层对比表及说明书。中国科学院南京地质古生物研究所编著，中国各纪地层对比表及说明书。北京：科学出版社。
张文佑，1935，中国北部震旦纪与寒武纪地层之分界问题。前国立北平研究院院务汇报，6（2）39—50。
张咸恭等，1951，河北省密云、平谷、三河、蓟县间地质。地质论评，16（1）94—96。
章鸿钊、翁文灏，1916，地质研究所师第修业记。北京：京华印书局。

赵家骧，1938，北平西山双泉统之时代及其中之火山岩。地质论评，3（1）25—32。
赵金科，1937，北平西山九龙山系以前之不整合。中国地质学会志，17（3—4）309—322。
赵宗溥，1959，燕辽地区中生代地层及燕山运动时期的构造基本形态。地质月刊，（4）23—28。
郑桂森等，1994，北京西山白垩纪岩石地层划分。中国区域地质，（2）123—130。
中国地质科学院主编，1982，中国地层1，中国地层概论。北京：地质出版社。
中国地质学编辑委员会、中国科学院地质研究所，1956，中国区域地层表（草案）。北京：科学出版社。
中国科学院贵阳地球化学研究所同位素地质研究室，1977，从燕山地区震旦地层同位素年龄论中国震旦地质年表。中国科学，（2）151—161。
周绍林等，1993，北京早前寒武纪地质及铁矿。地质专报，一．区域地质，第34号。北京：地质出版社。
周志炎、李佩娟，1980，从古植物学观点讨论中国中生代陆相地层的划分、对比和时代。地质部书刊编辑室编辑，国际交流地质学术论文集（四），地层、古生物。北京：地质出版社。
朱森、黄汲清，1928，北京西山辉绿岩之研究。国立北京大学地质研究会会刊，（3）91—95。
林朝棨，1942，满洲国* 锦州省北票地方的层序及地质构造。（日本）地质学杂志，49（585）228。
小幡忠宏，1939，北京西山军庄附近的地质。（日本）地质学杂志，46（549）352—354。
远藤隆次，1934，满洲地质与矿产。东京：三省堂。
Barbour G B. 1924. Preliminary observation made in the Kalgan area. Bull. Geol. Soc. China, 3 (2) 153—168.
Burchette T P. Wright V P. 1993. Carbonate ramp depositional systems. sedimentary Geology, 79.
Grabau A W. 1922. The Sinian system. Bull. Geol. Soc. China, 1 (1—4) 44—88.
Grabau A W. 1923—1924. Stratigraphy of China, part 1, Palaeozoic and older. Peking: The Geol. Surv., Ministry of agriculture and commerce.
Grabau A W. 1928. Stratigraphy of China, part 2, Mesozoic. Peking: Geol. Surv. China.
Mathieu F F. 1922. Note surla geologie de la region de Shimunjai, Lingyu hsien, Chihli, Bull. Geol. Surv. China, 4: 97—106.
Norin E. 1922. The late Palaeozoic and early Mesozoic sediments of central Shansi. Bull. Geol. Surv. China, 4: 3—80.
Pumpelly R. 1866. Geological researches in China, Mongolia and Japan.
Richthofen F v. 1882. China. Berlin: verlay von Dietrich Reimer.
Willis B, Blackwelder E. 1907. Research in China, Part one, Descriptive topography and geology. Washington, D. C.: The Carnegie Institution of Washington.
Wong W H, Grabau A W. 1923. Carboniferous formations of China. Extrait du Compte-rendu du XⅢe congres geologique international 1922 Liege, imprimerie vaillant-carmanne, 1923, 657—689.

## 区测报告

北京市地质调查所，1991，1:20万怀柔幅区域地质调查报告。
河北省地质局区测队，1966，1:20万兴隆幅区域地质测量报告。
河北省区测队，1959，1:20万张家口幅区域地质测量报告。

* 日本侵华时所建。

# 附录Ⅰ　北京市地层数据库的建立及功能简介

**一、建库情况**

为了使今后的基础地质资料实现科学化、现代化的管理，“全国地层数据库”作为地矿部专项地勘科技项目（编号：DZ1992-01）于1992年立项并开始组织实施。地层数据库分省（市）和全国二级，省（市）级库作为基础库，以岩石地层单位为基本单元建库。

北京市地层数据库在局、所领导的关怀下，人员、设备于1992年底落实，1993年3月正式建库，应用软件由全国地层数据库研建组提供的 For DOS Ⅴ1.3 版本，DCKP1～5号盘。在数据采集过程中，经历了反复多次的修改、校对、审核，终以准确、翔实的内容按时完成了全国地层清理研究项目的要求，并于1994年9月完成了全部建库工作，截止该项目完成本库有：正式采用的岩石地层单位36个，不采用和停止使用的地层单位62个，地层剖面86条，其中：正层型7条，选层型5条，次层型23条，文献卡174条。

本库软件支撑环境：MS-DOS 6.00　　Microsoft 6.0；

UCDOS 3.0　　FoxPro 2.0

本库硬件运行环境：AST 4/33 主机一台，SVGA 显示器，

CR-3240打印机一台

建库：陈海荣

校对：葛世炜、崔彬、刘振锋

审核：鲍亦冈

**二、北京市地层数据库功能简介**

本市地层数据库管理软件主要有如下功能

（一）数据采集系统

该系统是一通用模块，各卡片的数据都是通过它进行数据追加、修改、浏览、清除、插入、打印、排序、替换、携带等项功能及地层信息管理、索引管理、字典管理、文献管理、数据备份等等。

（二）数据加工系统（汇总制表）

1. 地层信息查询、检索功能

指对地层单位、地层剖面、地层单位名称、地层单位编号、地层单位代号、剖面名称、剖面编号、参考文献等的查询、检查。

2. 岩石地层单位命名监控

指用户对新建岩石地层单位进行命名监控，包括地层单位同名的监控、地层单位同名的监控（拼音）、地层单位同编号的监控、地层单位同代号的监控、新建单位有效性的监控。

3. 输出数据卡片功能

指岩石地层单位的卡片封面，岩石地层单位的综合信息卡片（卡Ⅰ），岩石地层单位的地层沿革卡片（卡Ⅱ），岩石地层单位剖面分布图和柱状对比图（卡Ⅲ），岩石地层单位的地层剖面卡片（卡Ⅳ），岩石地层单位的参考文献卡片（卡Ⅴ）。

（三）扩充部分接口，为地层数据库的其它内容及以后的进一步开发留有接口。

# 附录Ⅱ 北京市采用的岩石地层单位

| 序号 | 岩石地层单位名称 | | 编 号 | 代号 | 地质时代 | 创 名 人** | 创建时间 | 所在省 | 在本书中页数 |
|---|---|---|---|---|---|---|---|---|---|
| | 英 文 | 汉 文 | | | | | | | |
| 1 | Changping Fm | *昌平组 | 11-0013 | Є$\hat{c}$ | Є$_1$ | 张文佑 | 1935 | 北京市 | 53 |
| 2 | Changzhougou Fm | *常州沟组 | 11-0001 | Ch$\hat{c}$ | Ch | 蓟县震旦系现场学术讨论会 | 1964 | 天津市 | 15 |
| 3 | Chaomidian Fm | *炒米店组 | 11-0016 | Є$\hat{c}m$ | Є$_3$ | Willis, Blackwelder | 1907 | 山东省 | 59 |
| 4 | Chuanlinggou Fm | *串岭沟组 | 11-0002 | Ch$\hat{c}l$ | Ch | 高振西、熊永先、高平 | 1934 | 天津市 | 17 |
| 5 | Dahongyu Fm | *大红峪组 | 11-0004 | Ch$d$ | Ch | 高振西、熊永先、高平 | 1934 | 天津市 | 20 |
| 6 | Donglanggou Fm | *东狼沟组 | 11-0032 | JK$d$ | $J_3—K_1$ | 陈凯、熊永先 | 1935 | 北京市 | 117 |
| 7 | Gaoyuzhuang Fm | *高于庄组 | 11-0005 | Ch$g$ | Ch | 高振西、熊永先、高平 | 1934 | 天津市 | 23 |
| 8 | Hongshuizhuang Fm | *洪水庄组 | 11-0008 | Jx$h$ | Jx | 高振西、熊永先、高平 | 1934 | 天津市 | 30 |
| 9 | Jingeryu Fm | *景儿峪组 | 11-0012 | Qn$j$ | Qn | 高振西、熊永先、高平 | 1934 | 天津市 | 36 |
| 10 | Jiufotang Fm | 九佛堂组 | 11-0033 | JK$j$ | $J_3—K_1$ | 远藤隆次 | 1934 | 辽宁省 | 119 |
| 11 | Jiulongshan Fm | *九龙山组 | 11-0028 | J$j$ | $J_2$ | 叶良辅等 | 1920 | 北京市 | 104 |
| 12 | Liangjiashan Fm | 亮甲山组 | 11-0018 | O$l$ | $O_1$ | 叶良辅、刘季辰 | 1919 | 河北省 | 63 |
| 13 | Longmen Fm | *龙门组 | 11-0027 | J$l$ | $J_2$ | 王竹泉、计荣森 | 1933 | 北京市 | 103 |
| 14 | Longshan Fm | *龙山组 | 11-0011 | Qn$l$ | Qn | 郝诒纯<br>(乔秀夫) | 1954<br>(1956) | 北京市 | 35 |
| 15 | Majiagou Fm | 马家沟组 | 11-0019 | O$m$ | $O_2$ | Grabau | 1922 | 河北省 | 65 |
| 16 | Mantou Fm | *馒头组 | 11-0014 | Є$m$ | Є$_2$ | Willis, Blackwelder | 1907 | 山东省 | 55 |
| 17 | Miyun Gr | *密云(岩)群 | 11-0036 | Ar $MY$ | $Ar_1$ | 索书田等<br>(北京地质学院) | 1959<br>(1961) | 北京市 | 10 |
| 18 | Nandaling Fm | *南大岭组 | 11-0025 | J$n$ | $J_1$ | 北京地质学院 | 1961 | 北京市 | 98 |
| 19 | Shanxi Fm | 山西组 | 11-0021 | CP$\hat{s}$ | $C_2—P_1^1$ | Willis, Blackwelder | 1907 | 山西省 | 80 |
| 20 | Shihezi Fm | 石盒子组 | 11-0022 | P$\hat{s}$ | $P_1^2—P_2^1$ | Norin | 1922 | 山西省 | 83 |
| 21 | Shuangquan Fm | *双泉组 | 11-0023 | PT$\hat{s}$ | $P_2^2—T_2$ | 计荣森、潘钟祥 | 1933 | 北京市 | 85 |
| 22 | Taiyuan Fm | 太原组 | 11-0020 | C$t$ | $C_2$ | 翁文灏、Grabau | 1922 | 山西省 | 77 |
| 23 | Tiaojishan Fm | *髫髻山组 | 11-0029 | J$t$ | $J_3$ | 叶良辅等 | 1920 | 北京市 | 108 |
| 24 | Tieling Fm | *铁岭组 | 11-0009 | Jx$t$ | Jx | 高振西、熊永先、高平 | 1934 | 天津市 | 31 |
| 25 | Tuchengzi Fm | 土城子组 | 11-0030 | J$t\hat{c}$ | $J_3$ | 林朝棨 | 1942 | 辽宁省 | 111 |
| 26 | Tuanshanzi Fm | *团山子组 | 11-0003 | Ch$t$ | Ch | 陈晋镳 | 1962 | 天津市 | 19 |
| 27 | Tuoli Fm | *坨里组 | 11-0034 | K$t$ | $K_1$ | 谢家荣 | 1933 | 北京市 | 120 |
| 28 | Wumishan Fm | *雾迷山组 | 11-0007 | Jx$w$ | Jx | 高振西、熊永先、高平 | 1934 | 天津市 | 27 |
| 29 | Xiamaling Fm | *下马岭组 | 11-0010 | Qn$x$ | Qn | 叶良辅等 | 1920 | 北京市 | 33 |
| 30 | Xiazhuang Fm | *夏庄组 | 11-0035 | K$x$ | $K_1$ | 谢家荣 | 1933 | 北京市 | 123 |
| 31 | Xingshikou Fm | *杏石口组 | 11-0024 | T$x$ | $T_3$ | 杨 杰 | 1957 | 北京市 | 95 |
| 32 | Yangzhuang Fm | *杨庄组 | 11-0006 | Jx$y$ | Jx | 高振西、熊永先、高平 | 1934 | 天津市 | 25 |
| 33 | Yaopo Fm | *窑坡组 | 11-0026 | J$y$ | $J_{1-2}$ | 王竹泉、计荣森 | 1933 | 北京市 | 100 |
| 34 | Yeli Fm | *冶里组 | 11-0017 | O$y$ | $O_1$ | Grabau | 1922 | 河北省 | 62 |
| 35 | Zhangjiakou Fm | 张家口组 | 11-0031 | JK$\hat{z}$ | $J_3—K_1$ | Pumpelly | 1866 | 河北省 | 114 |
| 36 | Zhangxia Fm | *张夏组 | 11-0015 | Є$\hat{z}$ | Є$_2$ | Willis, Blackwelder | 1907 | 山东省 | 57 |

*代表本岩石地层单位原始定义源于原始参考文献。

**创名人栏（ ）为介绍人；创建时间栏（ ）表示介绍时间。

# 附录Ⅲ　北京市不采用的地层名称

附录Ⅲ-1

| 序号 | 地层单位名称 | | 编号 | 地质时代 | 创名人 | 创建时间 | 所在省 | 不采用的理由 |
|---|---|---|---|---|---|---|---|---|
| | 英文 | 汉文 | | | | | | |
| 1 | Beilingzi fm | 北岭子层 | 11-0052 | $O_1$ | Mathieu | 1922 | 河北省 | 与亮甲山组同物异名 |
| 2 | Benxi Fm | 本溪组 | 11-0055 | $C_2$ | 赵亚曾 | 1926 | 辽宁省 | 本市不发育，并入太原组 |
| 3 | Caijialing Fm | 蔡家岭组 | 11-0090 | $J_1$ | 陈瑞琪等 | 1959 | 北京市 | 依据不足，归南大岭组 |
| 4 | Chadao Series | 岔道统 | 11-0089 | $K_2$ | 杨　杰 | 1957 | 北京市 | 不符合命名原则，归张家口组 |
| 5 | Chaergou Fm | 岔儿沟组 | 11-0106 | $P_1$ | 北京矿务局煤田预测组 | 1976 | 北京市 | 已划归山西组 |
| 6 | Changcheng Quartzite | 长城石英岩 | 11-0059 | Ch | 高振西等 | 1934 | 天津市 | 已改称常州沟组 |
| 7 | Changshan Fm | 长山组 | 11-0053 | $\in_3$ | 孙云铸 | 1924 | 河北省 | 保留长山阶，并入炒米店组 |
| 8 | Dabeisi fm | 大悲寺层 | 11-0083 | T | 杨　杰 | 1957 | 北京市 | 原始定义不清，归石盒子组上部 |
| 9 | Dacao Fm | 大槽组 | 11-0096 | Ar | 索书田等 | 1961 | 北京市 | 依据不足，表壳岩层归密云（岩）群 |
| 10 | Dahuichang Series | 大灰厂系 | 11-0056 | $K_1$ | 谢家荣 | 1933 | 北京市 | 已改用九佛堂组 |
| 11 | Donglingtai fm | 东岭台层 | 11-0060 | $K_1$ | 陈凯、熊永先 | 1935 | 北京市 | 已改为张家口组 |
| 12 | Duanshuliang Fm | 椴树粱组 | 11-0099 | Ar | 索书田等 | 1961 | 北京市 | 原岩相当常州沟组—高于庄组，从太古宙变质岩中划出 |
| 13 | Fengshan Fm | 凤山组 | 11-0054 | $\in_3$ | 孙云铸 | 1924 | 河北省 | 保留凤山阶，并入炒米店组 |
| 14 | Gushan Shale | 崮山页岩 | 11-0050 | $\in_3$ | Willis, Blackwelder | 1907 | 山东省 | 本市不发育，保留崮山阶，并入炒米店组 |
| 15 | Haofang Conglomerate | 郝坊砾岩 | 11-0064 | P | 王竹泉、李悦言 | 1938 | 北京市 | 原始含义不清，相当石盒子组底部 |
| 16 | Haojiafang Fm | 郝家坊组 | 11-0104 | $P_1$ | 杨士恭 | 1963 | 北京市 | 未被认可，已划归山西组 |
| 17 | Hongmiaoling Sandstone | 红庙岭砂岩 | 11-0051 | P—T | 叶良辅等 | 1920 | 北京市 | 已划归石盒子组 |
| 18 | Hongshankou Sandstone | 红山口砂岩 | 11-0082 | P | 杨　杰 | 1957 | 北京市 | 原始定义不清，已划归石盒子组 |
| 19 | Houcheng Fm | 后城组 | 11-0092 | J—T | 陈晋镳 | 1959 | 河北省 | 已改用土城子组 |
| 20 | Houpo Shale | 后坡页岩 | 11-0079 | Qn | 郝诒纯 | 1954 | 北京市 | 与下马岭组同物异名 |
| 21 | Huiyu Fm | 灰峪组 | 11-0103 | $C_2$ | 杨士恭 | 1963 | 北京市 | 已划归山西组 |
| 22 | Jinshankou Purple Shale | 金山口紫页岩 | 11-0084 | P—T | 杨　杰 | 1957 | 北京市 | 相当于双泉组下部 |
| 23 | Jinxian'an Subseries | 金仙庵亚统 | 11-0088 | $J_{2-3}$ | 杨　杰 | 1957 | 北京市 | 不符合命名原则，相当九龙山组上部 |
| 24 | Jubaoshan Subseries | 聚宝山亚统 | 11-0087 | $J_{2-3}$ | 杨　杰 | 1957 | 北京市 | 不符合命名原则，相当九龙山组中部 |
| 25 | Junzhuang fm | 军庄层 | 11-0062 | $C_2$ | 王竹泉、李悦言 | 1938 | 北京市 | 与太原组同物异名 |
| 26 | Junzhuang fm | 军庄层 | 11-0072 | $O_2$ | 小幡忠宏 | 1939 | 北京市 | 与马家沟组同物异名 |
| 27 | Laoyemiao fm | 老爷庙层 | 11-0065 | $P_1$ | 王竹泉、李悦言 | 1938 | 北京市 | 含义不清，相当石盒子组下部 |
| 28 | Lushangfen Shale and Sandstone | 芦尚坟页岩和砂岩 | 11-0058 | $K_1$ | 谢家荣 | 1933 | 北京市 | 已被肢解，归坨里组上部及夏庄组下部 |
| 29 | Maozhuang Fm | 毛庄组 | 11-0077 | $\in_2$ | 卢衍豪、董南庭 | 1953 | 山东省 | 已被取消，已归馒头组 |

| 序号 | 地层单位名称 | | 编号 | 地质时代 | 创名人 | 创建时间 | 所在省 | 不采用的理由 |
|---|---|---|---|---|---|---|---|---|
| | 英文 | 汉文 | | | | | | |
| 30 | Mengyao fm | 孟窑层 | 11-0073 | $P_2$—T | 小幡忠宏 | 1939 | 北京市 | 未被认可，大致相当于石盒子组到双泉组 |
| 31 | Nankou fm | 南口层 | 11-0067 | $\in_1$ | 小幡忠宏 | 1939 | 北京市 | 与昌平组同物异名 |
| 32 | Nanshanpo fm | 南山坡层 | 11-0081 | $\in_2$ | 郝诒纯 | 1954 | 北京市 | 与馒头组同物异名 |
| 33 | Nanzhuang fm | 南庄层 | 11-0069 | $\in_2$ | 小幡忠宏 | 1939 | 北京市 | 与张夏组同物异名 |
| 34 | Qianpo Shale | 前坡页岩 | 11-0080 | Qn | 郝诒纯 | 1954 | 北京市 | 已划归龙山组 |
| 35 | Qingshuijian Shale fm | 清水涧页岩层 | 11-0061 | $C_2$ | 熊秉信 | 1936 | 北京市 | 改用太原组 |
| 36 | Sanjiadian fm | 三家店层 | 11-0075 | $J_2$ | 小幡忠宏 | 1939 | 北京市 | 未被认可，大致相当于龙门组到九龙山组 |
| 37 | Sangyu Fm | 桑峪组 | 11-0093 | $J_1$ | 北京矿业学院 | 1959 | 北京市 | 依据不足，归南大岭组上部 |
| 38 | Shachang Fm | 沙厂组 | 11-0095 | Ar | 索书田等 | 1961 | 北京市 | 剔除变质侵入体，归密云（岩）群 |
| 39 | Shanshenmiao Conglo-merate | 山神庙砾岩 | 11-0066 | P | 王竹泉、李悦言 | 1938 | 北京市 | 含义不清，大致相当石盒子组下部 |
| 40 | Shanshenmiao Fm | 山神庙组 | 11-0100 | Ar | 索书田等 | 1961 | 北京市 | 归密云（岩）群 |
| 41 | Shibapan fm | 十八盘层 | 11-0070 | $\in_2$ | 小幡忠宏 | 1939 | 北京市 | 与炒米店组同物异名 |
| 42 | Shicheng Fm | 石城组 | 11-0098 | Ar | 索书田等 | 1961 | 北京市 | 变质闪长岩体为主，取消 |
| 43 | Shijingshan fm | 石景山层 | 11-0085 | T | 杨　杰 | 1957 | 北京市 | 早已废弃，归双泉组 |
| 44 | Shuitasi Subseries | 水塔寺亚统 | 11-0086 | $J_2$ | 杨　杰 | 1957 | 北京市 | 归九龙山组下部 |
| 45 | Sihai Fm | 四海组 | 11-0091 | $J_3$ | 陈晋镳 | 1959 | 北京市 | 与髫髻山组同物异名 |
| 46 | Sihetang Group | 四合堂群 | 11-0110 | Ar | 周绍林等 | 1991 | 北京市 | 建群有误，归密云（岩）群 |
| 47 | Songyingzi Fm | 宋营子组 | 11-0101 | Ar | 索书田等 | 1961 | 北京市 | 归密云（岩）群 |
| 48 | Tanzhesi Mem | 潭柘寺段 | 11-0111 | $T_2$ | 肖宗正等 | 1991 | 北京市 | 推广不开，使用不便 |
| 49 | Tanghekou Fm | 汤河口组 | 11-0094 | $J_3$ | 北京石油学院 | 1959 | 北京市 | 划分有误，分归髫髻山组、土城子组 |
| 50 | Taoyuan fm | 桃园层 | 11-0068 | $\in_2$ | 小幡忠宏 | 1939 | 北京市 | 与馒头组同物异名 |
| 51 | Weiziyu Fm | 苇子峪组 | 11-0108 | Ar | 麦延庆等 | 1981 | 北京市 | 建组理论陈旧，归密云（岩）群 |
| 52 | Woniutai Fm | 卧牛台组 | 11-0105 | $P_1$ | 杨士恭 | 1966 | 北京市 | 未能推广，已划归石盒子组 |
| 53 | Xibeijian fm | 西北涧层 | 11-0071 | $O_1$ | 小幡忠宏 | 1939 | 北京市 | 归冶里组、亮甲山组 |
| 54 | Xiwanzi Fm | 西湾子组 | 11-0109 | Ar | 周绍林等 | 1991 | 北京市 | 建组有误，相当坨里组 |
| 55 | Xiangyu fm | 香峪层 | 11-0074 | $\in_2$ | 小幡忠宏 | 1939 | 北京市 | 未被认可，大致相当于窑坡组 |
| 56 | Xinzhuang Purple Shale and Conglomerate | 辛庄紫页岩和砾岩 | 11-0057 | $K_1$ | 谢家荣 | 1933 | 北京市 | 划分有误，相当坨里组 |
| 57 | Xuzhuang Fm | 徐庄组 | 11-0078 | $\in_2$ | 卢衍豪、董南庭 | 1953 | 山东省 | 保留徐庄阶，归馒头组 |
| 58 | Yangpodi Fm | 阳坡地组 | 11-0097 | Ar | 索书田 等 | 1961 | 北京市 | 建组有误，归密云（岩）群 |
| 59 | Yinshan fm | 阴山层 | 11-0063 | $C_2$ | 王竹泉、李悦言 | 1938 | 北京市 | 含义不清，相当石盒子组下部 |
| 60 | Yinshangou Fm | 阴山沟组 | 11-0107 | $P_1$ | 北京矿务局煤田预测组 | 1976 | 北京市 | 已划归石盒子组 |
| 61 | Yingtaogou fm | 樱桃沟层 | 11-0076 | $J_3$ | 小幡忠宏 | 1939 | 北京市 | 未被认可，现确认属土城子组 |
| 62 | Zhangjiafen Gr | 张家坟群 | 11-0102 | Ar | 索书田等 | 1961 | 北京市 | 建组有误，归密云（岩）群 |